U0224622

倾倒边坡变形演化机理与稳定评价

王玉孝　张强　张雷　孙平　等 著

·北京·

内 容 提 要

本书依托茨哈峡水利枢纽工程左岸倾倒边坡，通过现场调研、数值模拟分析及 InSAR 等手段，系统阐述了倾倒边坡成因机制与影响因素、倾倒变形的时空演化规律与稳定性，建立了倾倒边坡时空演化模型，提出了倾倒边坡稳定性评价体系。其主要内容包括绪论、工程概况与地质环境、4 号倾倒体倾倒变形形成机理及影响因素离散元分析、4 号倾倒体倾倒变形时空演化规律分析、4 号倾倒体二维与三维抗滑稳定性分析、4 号倾倒体失稳滑动过程模拟与滑坡涌浪分析等。本书研究成果可为倾倒边坡变形演化规律研究和稳定性评价提供技术支撑，可为类似倾倒边坡提供借鉴和参考。

本书可供水利工程、岩土工程、边坡和道路工程等专业方向的科研工作者和工程技术人员借鉴和参考，也可供大专院校相关专业师生阅读。

图书在版编目（CIP）数据

倾倒边坡变形演化机理与稳定评价 / 王玉孝等著
. -- 北京 : 中国水利水电出版社, 2021.6
ISBN 978-7-5170-9635-1

Ⅰ. ①倾… Ⅱ. ①王… Ⅲ. ①水利枢纽—边坡稳定性—评价 Ⅳ. ①TV698.2

中国版本图书馆CIP数据核字(2021)第123249号

书　　名	**倾倒边坡变形演化机理与稳定评价** QINGDAO BIANPO BIANXING YANHUA JILI YU WENDING PINGJIA
作　　者	王玉孝　张强　张雷　孙平　等 著
出版发行	中国水利水电出版社 （北京市海淀区玉渊潭南路 1 号 D 座　100038） 网址：www. waterpub. com. cn E - mail：sales@waterpub. com. cn 电话：(010) 68367658（营销中心）
经　　售	北京科水图书销售中心（零售） 电话：(010) 88383994、63202643、68545874 全国各地新华书店和相关出版物销售网点
排　　版	中国水利水电出版社微机排版中心
印　　刷	北京印匠彩色印刷有限公司
规　　格	170mm×240mm　16 开本　11.25 印张　196 千字
版　　次	2021 年 6 月第 1 版　2021 年 6 月第 1 次印刷
印　　数	001—800 册
定　　价	**68.00** 元

凡购买我社图书，如有缺页、倒页、脱页的，本社营销中心负责调换

版权所有·侵权必究

前　言

我国蕴藏的水资源相当丰富，但水资源区域分布呈现不均的特点。伴随国家基础建设的大力投入，在金沙江、长江、黄河、雅砻江等流域逐步形成了具备一定开发规模的大型水电基地。

近年来随着我国调整能源结构、推进节能减排、发展低碳经济等重大战略的实施，加快水资源开发已成为一项重要战略举措。一批大型、特大型水利水电工程相继开工建设，还有一大批水利水电工程进入前期筹建阶段。然而，我国水资源开发普遍面临库坝安全、工程移民、环境保护、高效运行等挑战性难题。其中，库坝安全是水利水电工程安全的基石与工程成败的关键。

现阶段，我国大型水利水电工程多布置于深切河谷，在大规模开挖后建造大坝、蓄水发电和通航，大坝、高陡边坡和水库组成一个相互作用的有机整体。在高山峡谷地区建设大型水利水电工程，确保库坝稳定与安全是工程的首要任务，而库坝安全的前提之一是高陡边坡的稳定。随着工程建设，高陡边坡中倾倒变形现象逐渐被大量发现和揭露，且在水利水电建设中边坡工程倾倒变形破坏问题尤为突出。在此背景下，解决倾倒变形体的形成机理、变形特性及稳定性等相关问题已成为当务之急。

本书的编纂立意是面向从事倾倒边坡成因机理、时空演化及稳定性的各方面技术人员，力求对其他类似倾倒边坡工程和相关技术人员有一定参考价值和使用价值，力图为我国倾倒边坡稳定性分析评价起到推动作用。

本书主要内容如下：

第1章　绪论。介绍了倾倒边坡国内外研究现状、倾倒边坡成因机理与稳定性研究内容及技术路线、边坡稳定性研究目的及意义等。

第2章　工程概况与地质环境。介绍了工程概况、区域工程地质、坝址区工程地质、4号倾倒体工程地质等。

第3章　4号倾倒体倾倒变形形成机理及影响因素离散元分析。介绍了离散元数值计算程序及原理、4号倾倒体倾倒变形特征、4号倾倒体倾倒变形形成过程离散元分析、4号倾倒体倾倒变形影响因素分析和边坡倾倒变形形成条件统计分析等。

第4章　4号倾倒体倾倒变形时空演化规律分析。介绍了InSAR基本原理、InSAR数据处理、4号倾倒体变形规律分析等。

第5章　4号倾倒体二维与三维抗滑稳定性分析。介绍了概述、失稳模式宏观分析与判断、二维抗滑稳定性分析、三维抗滑稳定性分析等。

第6章　4号倾倒体失稳滑动过程模拟与滑坡涌浪分析。分析了4号倾倒边坡的失稳滑动过程及潜在滑坡体失稳产生的涌浪。

本书在编写过程中，得到了中国电建集团西北勘测设计研究院有限公司、西安理工大学及中国水利水电科学研究院等单位的大力支持，在此向他们表示诚挚谢意！本书定稿过程中，中国水利水电科学研究院王玉杰正高级工程师、姜龙正高级工程师，中国电建集团西北勘测设计研究院有限公司吕庆超博士对本书提出了许多宝贵意见和建议，在此向他们表示感谢！

本书第1章由王玉孝执笔，第2章由王玉孝、张雷执笔，第3章由王玉孝、张强执笔，第4章由王玉孝、张雷执笔，第5章由王玉孝、孙平执笔。全书由王玉孝、张强、张雷、孙平统稿。

限于作者水平，书中难免存在缺点和错误，敬请广大读者批评指正。

作者

2020年12月

目　录

第1章　绪　　论

我国蕴藏的水资源相当丰富，但水资源区域分布呈现不均的特点[1]。伴随国家基础建设的大力投入，在金沙江、长江、黄河、雅砻江等流域逐步形成了具备一定开发规模的大型水电基地[2]。

近年来，随着我国调整能源结构、推进节能减排、发展低碳经济的重大战略的实施，加快水资源开发已成为一项重要战略举措。一批大型、特大型水利水电工程相继开工建设，还有一大批水利水电工程进入前期筹建阶段。然而，我国水资源开发普遍面临库坝安全、工程移民、环境保护、高效运行等挑战性难题。其中，库坝安全是水利水电工程安全的基石与工程成败的关键[3]。

现阶段，我国大型水利水电工程多布置于深切河谷，在大规模开挖后建造大坝、蓄水发电和通航，大坝、高陡边坡和水库组成一个相互作用的有机整体。在高山峡谷地区建设大型水利水电工程，确保库坝稳定与安全是工程的首要任务，而库坝安全的前提之一是高陡边坡的稳定。随着工程建设，高陡边坡中倾倒变形现象逐渐被大量发现和揭露（表1.1）[4]，且在水利水电建设中边坡工程倾倒变形破坏问题尤为突出。在此背景下，解决倾倒变形体的形成机理、变形特性及稳定性等相关问题已成为当务之急。

表1.1　　典型倾倒变形体统计

编号	名　称	岩　性	坡高/m	坡脚/(°)	发育深度/m（水平X；垂直Y）
1	大渡河上游金川水电站	变质砂岩、千枚岩	400	50	X：50～80；Y：20～50
2	黄河上游某边坡	花岗岩、花岗闪长岩	302	38	
3	茨哈峡水电站倾倒体	变质砂岩、板岩	162～284	40～45	X：40～100；Y：18～80
4	拉西瓦水电站变形体	花岗岩	150	53	X：50～95

续表

编号	名称	岩性	坡高/m	坡脚/(°)	发育深度/m（水平X；垂直Y）
5	黄河上游某巨型倾倒体	砂岩、板岩	310	43	X：100；Y：80
6	小浪底水电站	砂岩、页岩	180	35	X：30；Y：35
7	锦屏一级水电站	砂岩、板岩	180	35	
8	澜沧江某水电站倾倒体边坡	板岩、变质石英砂岩	250～280	35～50	X：50
9	澜沧江上游某水电站	变质角砾岩、板岩	270	40	
10	里底水电站	千枚岩	145	39	X：64
11	白龙江干流某梯级电站	千枚岩、凝灰岩	240	45	
12	澜沧江上游河段	板岩、变质石英砂岩		50	
13	大渡河某水电站新扎沟左侧变形体	变质细砂岩、千枚岩	340	43	X：60～180
14	雅砻江干流某水电站	砂岩、板岩	142	43	
15	公伯峡水电站古什群倾倒体	片麻岩、片岩	200	55	X：55；Y：35～50
16	麒麟寺水电站倾倒体	千枚岩、变质凝灰岩	300	45	
17	瀑布沟水电站倾倒变形体	砂岩、板岩	150～240	40～43	
18	新龙水电站倾倒体	砂岩、板岩	240～300	45～50	X：35～60
19	多松多水电站	变质砂岩、板岩	85	40	
20	克孜尔水库倾倒体	泥岩、粉砂岩	110	50	
21	黑水河毛儿盖电站	千枚岩、变质砂岩	65	50	Y：20～30
22	羊曲水电站倾倒体	变质砂岩、板岩	200	40	X：40；Y：50
23	澜沧江上游某水电站倾倒体	变质角砾岩、泥质板岩	350	40	

续表

编号	名　称	岩　性	坡高/m	坡脚/(°)	发育深度/m（水平 X；垂直 Y）
24	小湾水电站左岸倾倒体	花岗片麻岩、片岩	200	43	X：180；Y：160
25	乌弄龙水电站巴东岸坡	砂岩、板岩	330～350	41～43	X：90～150；Y：35～62
26	中梁水库硝洞槽-郑家大沟岸坡	灰岩	640	45	
27	俄米水电站倾倒体	变质细砂岩	546	50	X：33～70；Y：25～40
28	苗尾水电站右岸倾倒体	板岩、变质石英砂岩	410	38	X：60
29	黄登水电站右坝肩变形体	变质角砾岩、板岩	270	40	X：28～200；Y：80
30	雅砻江中游某水电站进水口边坡	变质粉砂岩	220	45	X：15～80
31	格尼电站变形体	砂岩、板岩	332～420	47～52	Y：25～48

1.1 国内外研究现状及评述

1.1.1 倾倒变形分类研究现状

岩质边坡的研究至今已经历现象认识、地质分析、岩体力学分析、机制分析-定量评价等四个阶段[6]。层状岩质边坡的研究始于20世纪70年代，Muller等[7]首次提出岩块倾覆现象。Ashby等[8]首次提出倾倒来描述边坡失稳。Frietas等[9]将倾倒变形作为一种特殊的边坡变形类型。

Goodman和Bray[10]将层状边坡失稳分为弯曲倾倒、块体倾倒和块状弯曲倾倒等三种基本类型（图1.1）。Hoek和Bray[11]进一步总结提出了次生倾倒的概念（图1.2），并划分为：滑移-坡顶倾倒、滑移-基底倾倒、滑移-坡脚倾倒、拉张-倾倒和塑流-倾倒等五种次生类型。

张咸恭等[12]将倾倒边坡的变形破坏模式按运动方式分为崩塌类、滑动类、倾倒类、崩塌-滑动类、倾倒-滑动类等。

洪玉辉[13]、白彦波[14]、宋玉环[15]等分别依据岩体质量分类及反倾边

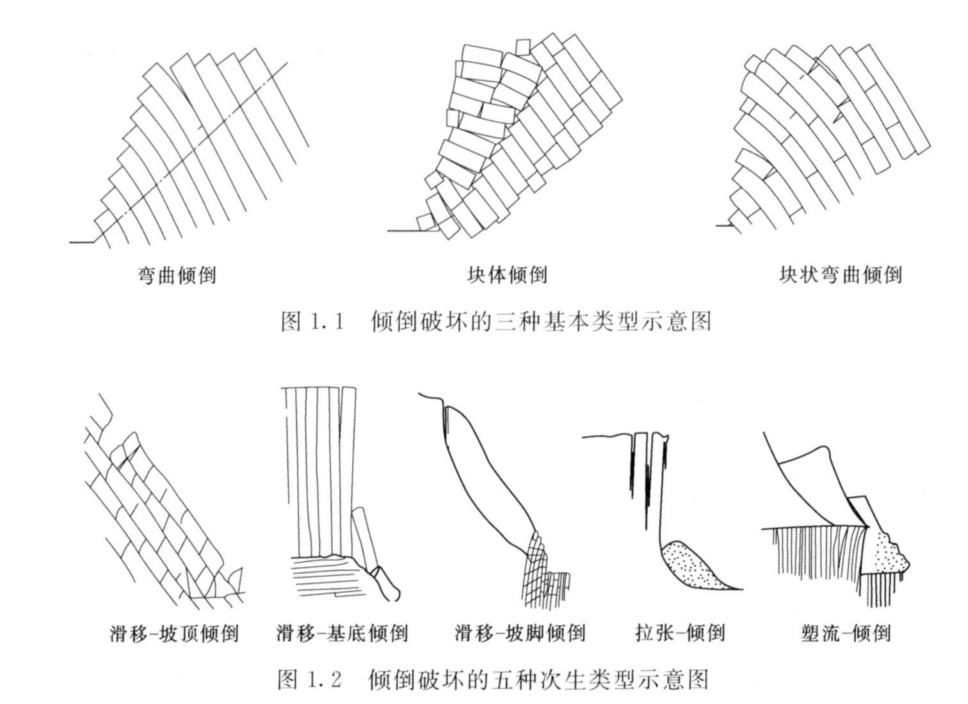

图 1.1　倾倒破坏的三种基本类型示意图

图 1.2　倾倒破坏的五种次生类型示意图

坡结构和变形破裂特征、岩性和构造作用、岩体结构及地形条件、倾倒变形的发生机理和软硬互层的坡体结构特性等方面进行了大量的倾倒次生分类研究。

Goodman 和 Bray 等提出的三种基本类型已得到国内外学者的普遍认可，但对于 Hoek 和 Bray 等提出的次生倾倒的研究有待进一步完善。

1.1.2　倾倒变形机理研究现状

倾倒变形现象开始关注和研究始于 20 世纪 50 年代，并作为一种有别于常规岩质边坡的破坏而提出。Muller[16]详尽地对倾倒变形现象与滑坡之间的关系进行了梳理，总结了倾倒变形的变化特征和破坏现象。Frettas 等[17]首次作为斜坡变形的模式提出，并称其为“倾倒变形”，更系统地揭示了变形特征和破坏模式。Goodman 等[18]针对层状岩体结构边坡倾倒破坏进行了系统性研究，提出了倾倒体的弯曲变形破坏模式，也总结了其他倾倒变形破坏类型。

Burman 等[19]采用离散单元法模拟了变形岩层的倾倒、翻转现象，对倾倒变形的运动学特征、破坏规律等进行了系统研究，分析了倾倒岩层的块体转动对平面破坏的影响。Hsu 等[27]应用离散元法分析反倾软岩边坡的变形特征及破坏规律，并发现除倾倒外，岩块内部还存在滑移和剪切破坏迹象。通过离散元法对英国某采石场板岩产生的深层弯曲倾倒破坏特征和失稳机制进行了分析，阐述了地下水位上升对该类变形的影响，提出深层弯曲倾倒破坏模式。

Pritchard 等[31]在刚体极限平衡、有限元、离散元等方法为基础，通过大量倾倒体的实例分析，提出离散元法的适用条件和范围，并指出该方法对倾倒岩体的运动过程和破坏机理研究方面有一定的优势。以英国哥伦比亚冰川国家公园的 Heather Hill 滑坡为例，提出深层破坏面的存在是引起坡体浅表部倾倒变形的直接原因，并以此总结了该类型倾倒的变形特征和破坏模式。Radko[32]基于结构力学的悬臂梁理论，采用牛顿迭代法推导了倾倒破裂面形成的非线性方程，总结了倾倒变形产生的力学原理，提出了弯曲倾倒、块体倾倒和块状弯曲倾倒并不是三种不同的变形类型，而是倾倒变形过程中的三个阶段的主张。

Adhikary 等[33-35]利用脆性和塑性材料模型的离心试验，揭示了节理岩质边坡发生弯曲倾倒破坏的机理，提出更适合节理裂隙的倾倒破坏模式和变化规律。Nichol 等[36]认为弯曲倾倒型变形通常发育于塑性较强的软岩边坡中，块状倾倒型变形则通常发育于脆性较强的硬岩边坡内。弯曲和块体倾倒破坏机制在破坏前的应力条件明显差异。对于弯曲倾倒而言，破坏前的最大主应力的方向与坡面平行；而对于块体倾倒来说，破坏前的最大主应力趋于垂直。

Leandro 等[37]通过数值计算和现场试验，发现了边坡中存在下部为圆弧形滑动破坏而上部为倾倒破坏的复合机制类型，并提出了新的复合类型破坏模式。Goodman 等分析了 Belden 隧道 36 年来倾倒变形裂纹的变化特征，并总结了其变形破坏机理，认为在临空条件允许的情况下，重力作用是层状岩体发生倾倒变形的外在动力；而对于不具备良好临空条件及潜在滑面的反倾边坡，水或者其他作用力将成为影响边坡倾倒变形的主要因素。

我国在矿产资源开采过程中发现了边坡滑动-倾倒复合变形现象，张倬元等[40]、王思敬[41]、孙玉科等[44]通过现场勘查与室内试验及模拟，发现和揭露了倾倒变形的破坏模式和变形特征。随着基础建设的投入，水利水电工程建设过程中，逐渐发现倾倒现象，引起了行业的重点关注和研究，王根夫[49]、王士天等[53]、伍法权[55]等将作为边坡的一种变形破坏模式来进行探索和发现，提出了倾倒体的变形过程特征和破坏模式，并进一步研究潜在的复合破坏类型，初步判断其发育深度十几米不可能达到几十米的认识。常祖峰等[56]、谢阳等[57]、王士天[58]初步探讨了倾倒变形发育的坡体结构条件及演化发展过程，并阐述了启动机制及相应的失稳判据。

黄润秋[59]、李强[61]、许强等[63-64]、韩贝传等[67]结合我国所揭露和发现的倾倒变形体，从边坡倾倒的变形特点出发，分析了倾倒变形的力学机制和影响倾倒变形的各类因素，论述了倾倒变形弯曲折断、弯曲-拉裂等失稳破坏模式的力学判据，进一步总结了初始应力场、坡型、几何特性等因素对失稳破坏的具体表征，针对反倾结构面的倾倒破坏，明确指出主要的危险不是在坡脚而是在坡顶。汪小刚等[79]、程东幸等[68]、徐佩华等[70]、任光明等[72]应用离心机模拟、离散元数值计算、物理模拟实验等，开展了倾倒变形特征和成因机制过程的系统分析评价，建立了弯曲倾倒、块体倾倒和块状弯曲倾倒的边坡破坏模式再现和还原，提出了结合工程实际边坡的复合破坏模式和变形特征，进一步研究了工程边坡的倾倒变形发展历程和变化规律。

左保成等[80]、邹丽芳等[81]，申力等[85]、鲁地景等[90]结合工程实际倾倒变形情况，开展了岩体质量分级、岩体力学参数、边坡变形特征及破坏机制等方面的系统研究，深入讨论了岩层倾角效应、坡角效应、软基效应以及互层效应对于倾倒变形的影响，揭示了深部破裂的倾倒变形体形成机制和破坏特征，进一步总结了倾倒变形破坏模式的复合类型。宋彦辉等[91]、杨根兰等[92]、伍保祥等[94]、白彦波等[96]应用野外调查、平洞资料、现场观测、物理模拟等手段，进行了水利水电工程高陡边坡的倾倒变形破坏机理研究，认为开挖和卸荷会诱发倾倒变形，并利用数值模拟和室内试验进一步进行了验证。

宋彦辉等[97]、鲍杰等[98]、蔡静森等[99]、陈从新等[100]结合具体工程系统研究了倾倒变形的成因机制和破坏模式，总结了自身高陡边坡的倾倒变形时空演化特征和变形破坏类型，并应用数值模拟、物理模拟等手段，提出了河流侵蚀和岩体卸荷为倾倒变形的成因机制，建立了适合的倾倒变形分析方法，进一步揭示了倾倒边坡折断破裂面贯穿机制及发展演化过程，提出了倾倒边坡折断破裂面的优势形态。

综上所述，倾倒变形成因机制较为复杂，不同的边坡基本类型均能得以描述，但具体边坡的复合（次生）类型难以准确评价。虽倾倒变形机理已有相当程度的系统研究和评价，但不同的倾倒变形演化机制差异性依然存在。对于倾倒变形的发育特征和成因机制进行系统研究，远未达到基础理论和工程应用的深度。现阶段，进一步挖掘和揭示倾倒变形的成因机理仍是一项艰巨而迫切的科研攻关任务。

1.1.3 倾倒变形影响因素研究现状

倾倒边坡变形机理复杂，影响因素众多，研究不同影响因素对倾倒变形的响应规律和演化特征一直是科研关注的重点。Bishop[146]、Adhikary[138]、Cruden等[149]通过离心机物理模拟试验和理论分析，研究了节理间距、坡角、岩层倾角、抗拉强度等指标对倾倒变形方式的影响，提出倾倒变形主要受抗拉强度控制，岩块内摩擦角影响不显著。Alejano等[140]、Calcaterra等[148]、Bozzano等[147]应用二维、三维离散元模拟了结构面倾向、倾角、摩擦角等指标对倾倒变形演化过程敏感性和影响程度评价，提出了节理连通率、坡脚开挖对倾倒变形影响较显著。

韩子夜等[102]、贺续文等[104]、黄建文等[106]、黄秋香等[107]研究了倾倒边坡现场观测技术，并应用离散元模拟方法，探讨了结构面间距、岩体力学参数对边坡变形的影响，认为坡型、不连续面几何特性、地下水等指标对变形程度有一定影响。

黄润秋等[108-111]、卢海峰等[121]通过几个大型倾倒的实例，指出大型倾倒破坏与岩性软弱、岩层厚度有关，且一般都有较长的孕育周期。认为不同岩层倾角及边坡坡角与变形深度有一定联系，当岩层倾角、坡角均大于60°时，边坡的变形深度最小。通过大量实测资料和工程实例，进一步总结了倾倒变形发生的起始条件，认为坡角大于30°和岩层倾角大于45°的反倾层状边坡中才会发生倾倒变形。

任光明等[83]、孙钧等[123]、史秀志等[124]、王立伟等[125]研究了陡倾顺层、反倾层状边坡的倾倒变形的地质条件和影响因素，认为陡倾顺层边坡多发育在软硬相间、岩层倾角大于60°且河流快速下切的地质环境中，反倾边坡一般为坡角70°左右、岩层倾角65°左右时最容易发生倾倒破坏，并对倾角、初始应力、地下水与地震力等指标进行了影响因素敏感性分析与评价。王林峰等[126]、王宇等[127]、位伟等[128]进一步分析了反倾边坡的倾倒变形影响因素，探讨了坡体临空条件、岩体结构特征和特殊侧向控制面对倾倒变形的影响，认为岩层倾角在60°～70°之间时稳定性最小。

余成学等[129]、伍法权[130]、殷坤龙等[131]结合现场实际工程，应用节理有限元、离散元等数值方法，进行了倾倒变形的敏感性分析，探讨了坡体几何特性、岩体力学指标、地下水等对倾倒变形的影响。研究现场观测技术，建立了倾倒变形监测体系，总结了倾倒变形的破坏判别标准。谢良甫[5]、张社荣等[134]、张世殊等[135]以大量的实际工程为基础，探讨了倾倒变形的影响因素，总结了各因素对倾倒变形的影响程度，认为一级影响因子中几何特征因素对倾倒变形影响最大，二级影响因子中坡角、岩层厚度、密度、泊松比为高敏感因子；岩层倾角、岩体内摩擦角、层理内摩擦角为次敏感因子；弹性模量、岩体黏聚力、抗拉强度、层理刚度比、层理黏聚力为低敏感因子。

倾倒变形主要受内因与外部诱因综合控制，内因包括斜坡几何与结构特征、岩体物理力学指标、层理力学指标等，外因包括人类活动、地震、降雨及库水位等。

上述已对倾倒变形进行了大量研究工作，得到了一些有益的结论和建议。但系统全面研究各因素对倾倒变形敏感性成果较少，且评价指标选取不一，定量确定因素敏感度方法有待完善。进一步系统全面对分析评价倾倒变形的影响因素，建立适合的定量分析评价体系对研究倾倒变形机理及稳定性方面具有重大意义。

1.1.4 倾倒变形稳定性分析方法研究现状

边坡稳定性问题研究一直是工程界的难点和热点。评价方法总体分为定性和定量两大类。定性评价方法主要包括地质分析法、工程地质类比法、RMR法、图解法等。定量评价方法包括刚体极限平衡法、物理模型试验法、数值模拟方法等。倾倒边坡由于变形机制的特殊性，一般分析方法并不适用。

(1) 刚体极限平衡法。Goodman等[151]建立了基于极限平衡原理的倾倒变形分析方法，采用静力平衡条件评价边坡倾倒。此后，许多学者[155-158]进行了推广和应用，并在G-B法基础上进行了改进。陈祖煜等[155]、汪小刚等[156]通过引入安全系数、增加岩柱底滑面连通率，改进破坏模式判定方法等对Goodman-Bray法进行了改进，并经过现场实际工程边坡的验证，取得较好工程应用效果。陈红旗等[65]将反倾岩层概化为板梁，研究了岩层倾倒折断破坏的挠度判据，可用以确定岩板折断深度。左保成等[80]则根据倾倒变形的叠合悬臂梁特征建立了计算模型，并导出了临界折断深度表达式。蒋良潍等[66]假设岩板为底端固定、上端自由的悬臂等厚弹性板，考虑岩板层面摩阻力，采用能量法分析了岩板发生弹性屈曲和弯折破坏的临界条件，并通过实例初步讨论了两种倾倒破坏模型的合理性。

杨保军等[158]结合传递系数法以及滑动-倾倒组合破坏地质力学模型，提出了岩质边坡滑动-倾倒组合破坏形式的解析分析方法，分析了初始下滑推力及岩块底部凝聚力的影响因素，并进行了敏感性分析。陈从新等[100]以极限平衡理论和物理模型试验为基础，将倾倒体分为滑移区、叠合倾倒区及悬臂倾倒区，并且指出在对反倾岩质边坡进行稳定性评价时不能简单地选择圆弧形滑坡模式或指定破裂面进行分析，建立了岩质反倾边坡弯曲倾倒破坏的力学模型和稳定性分析方法。

(2) 物理模型试验法。Ashby[160]最早开展了反倾岩体倾倒变形物理试验研究，进行了倾斜台面模型试验和基底摩擦试验。Stewart 等[162]开展了离心模型试验，进行了柔性边坡的倾倒变形研究，探索了开挖对倾倒变形的影响。通过模型试验，黄润秋等[163]开展了物理模型试验，进行了倾倒变形因素敏感性分析，给出了变形深度、坡角及岩层倾角三者之间的关系。汪小刚等[156]开展了离心模型试验，应用两种材料模拟了层状边坡，揭示了倾倒破坏的机理并进行了模型验证。罗华阳等[164]开展了物理模型试验，进行敏感性因素对稳定性的影响，并以五强溪水电站左岸船闸边坡为例，研究表明开挖卸荷后边坡发生明显变形。为了解节理化岩体边坡弯曲倾倒变形机理，Adhikary 等[35]开展了离心机模拟试验，总结了倾倒变形的不同类型模式，并推导了反倾岩体的推力判据。阿发友等[166]开展了离心模型试验，模拟了地震荷载作用对斜坡的倾倒变形破坏过程，总结了其变化特征和演化规律。Adhikary 等[167]开展了离心模型模拟试验，模拟了倾倒变形的弯曲倾倒基本模式，揭示了瞬时性与渐进性弯曲倾倒破坏的发生主要受底面摩擦角控制。

(3) 数值模拟方法。基于弹黏塑性“Cosserat 介质”理论，佘成学等[168]在考虑弯曲效应情况下的层状岩体弹黏塑性本构模型基础上，开发了有限元算法。韩贝传等[67]应用宾汉模型，开展了切向变形刚度和层面间距对边坡变形的影响，提出坡顶应为反倾边坡的重点关注部位。常祖峰等[56]应用有限元法，开展了小浪底库岸区边坡倾倒变形研究。苏立海等[169]通过 FINAL 软件，模拟了五个重要因素对反倾边坡的影响，分别为岩层层厚、倾角、岩体强度、开挖坡角、软弱夹层厚度。

何怡等[170]利用三维离散元软件 3DEC 进行边坡块状倾倒破坏的行为模拟，提出依据单个岩块的运动状态等效整体边坡的破坏模式方法，对所提出的方法进行验证。邢万波等[171]采用3DEC软件分析了锦屏一级水电站左岸坝肩边坡开挖变形特征及潜在变形失稳模式。孙东亚等[177]利用DDA模拟了反倾边坡的倾倒变形，并对变形机理进行了探讨。何传永等[172]用DDA方法，模拟了倾倒变形使岩柱产生旋转以及裂缝张开，对Hoek经典倾倒例题进行验证，初步讨论了倾倒变形的制动机制。基于非连续变形分析法（DDA），张国新等[173]在经典G-B模型基础上，探讨了影响岩质边坡倾倒变形的因素，并进行了边坡倾倒变形及失稳过程模拟；结果显示水对岩质边坡倾倒变形有一定的触发作用。蔡跃等[174]、王章琼等[175]、吴辉等[176]利用离散元软件UDEC对岩质边坡倾倒破坏进行了相关研究。

综上所述，倾倒变形稳定性分析和评价的定量评价方法包括刚体极限平衡法、物理模型试验法、数值模拟方法等。学者们研究成果较多，研究方法较广泛，但对于倾倒变形的变形破坏次生模式考虑较少，且并未考虑滑移-倾倒衔接区、过渡带的影响以及模型参数选取采用何种试验成果为宜等。因此，进一步开展倾倒变形的稳定性分析评价，提出适合的评价体系，更能反映工程实际情况，具有很强的现实意义。

1.1.5 倾倒变形监测及预警研究现状

（1）监测技术。边坡变形监测早期主要手段是人工现场巡查和常规测量技术。20世纪20年代开始在坝工建设中开展安全监测工作。我国的安全监测工作始于20世纪50年代，以研究大坝安全为主；80年代初，在露天矿边坡和水电开挖高边坡开始安全监测实验研究，引进和研制了部分仪器。

在国家“六五”和“七五”攻关计划的支持下，监测仪器、监测方法和监测设计、施工及监测成果应用等方面不断得到改进，监测技术在高边坡安全研究中的应用越来越引起重视，并取得了一些明显的成效；20世纪90年代，隔河岩、小浪底、五强溪、二滩、三峡、东风、李家峡、天生桥等大型水利水电工程对开挖边坡开展了安全监测。边坡监测技术水平无论从仪器质量、监测设计与施工、观测与资料整理分析等多个方面都取得了长足的进步，监测技术已从研究阶段转入了生产实用阶段。

在边坡监测方面，采取考虑整体兼顾局部的统筹兼顾的设计理念，且边坡岩土体破坏以变形为主要表征。常规监测主要为表面和深部变形[177,179,131]，新的监测技术如GIS技术[181-182]、雷达监测技术[147,184,187-188]、激光扫描技术、光纤应变分析技术等。

（2）预警体系。边坡预警预报的研究工作始于20世纪60年代，最早的滑坡预报主要以现象预报和经验预报为主。边坡预警预报方法是根据边坡失稳前发出的一些前兆信息，结合已发生失稳的边坡典型案例对边坡发展趋势进行推断。但是现象预报只对具有明显前兆失稳特征的边坡还较为适用，且预报成功率并不是很高，属于定性预报的范畴。此后，日本学者根据大量的现场监测资料，分析边坡变形-时间曲线的演化规律，提出了滑坡失稳的时间预报公式。

随着20世纪80年代现代数理力学理论的兴起，大批学者也开始参与到滑坡的预警预报研究中，灰色预报模型、Verhulst模型、黄金分割预报法模型等滑坡失稳预警模型相继被提出[6-11]。90年代以来，学者们开始逐渐意识到滑坡的预报工作是一个复杂的非线性科学问题，并以分形理论、突变理论、非线性动力学理论为基础建立边坡失稳准则，先后提出了尖点突变模型、灾变模型、协同预报模型等多样化的滑坡预报模型[106-115]。

金海元等[189]在总结国内外有关滑（边）坡预测预报成果的基础上，对其适用性及使用条件进行深入研究。张振华等[191]针对采用工程类比方法获得的单一的、静态的边坡监测预警指标无法表达某一边坡在施工开挖过程中动态的变形规律和特征，提出了基于设计安全系数和破坏模式的边坡开挖过程中动态变形监测预警指标的研究思路和方法，并将其应用于开挖过程变形监测预警指标的确定；通过与现场监测结果的对比分析表明，该边坡开挖过程中是稳定的，分析与工程实际是相符的。许强等[139]依托大量滑坡变形监测数据，对滑坡从开始变形到失稳破坏全过程中的累计位移、变形速率和加速度等的变化规律进行了系统的分析和研究，发现加速度的变化表现出与累计位移和变形速率完全不同的特点。陈胜波从边坡失稳的宏观破坏特征分析入手，分析了其主控因素，提供了改化的极限平衡边坡稳定系数计算公式。赵明华等[165]在分析总结边坡变形规律的基础上，针对边坡的典型位移-历时曲线需经历初始变形、稳定变形和加速变形三个阶段，呈反S形的特点，根据边坡位移的实测时间序列资料建立边坡变形的成长曲线反函数变权重组合的时变预测模型。

随着边坡预警预报研究工作的逐步推进，许强等认为将地质（Geology）结构基础、内部力学破坏过程机理（Mechanism）及变形（Deformation）三者有机地结合起来的G－M－D预报模型是今后边坡监测预警发展的必然趋势[133-134]；建立了不同时间尺度（中长期、短期）发生时间预测预报模型和方法，提出了采用速度倒数法可作为短期预报；发现了崩塌加速变形阶段前的时间与整个变形阶段时间之比为0.8～0.9作为中长期预测预报。

综上所述，倾倒变形监测技术借鉴了边坡滑坡的经验和教训，且在常规监测、GPS、GIS、遥感、雷达、激光扫描等技术方面取得了较好的应用效果，相应监测技术较为适用。倾倒变形监测预警体系基于监测技术开展较多，但倾倒变形存在较大的变形量值，且变形阶段划分较为复杂。倾倒变形监测技术已能较好地满足理论研究和工程应用，也具备倾倒变形预警的现场观测前期基础，尝试建立一套倾倒变形预警体系有其实际工程意义。

1.2　研究内容及技术路线

1.2.1　研究内容

依托“黄河茨哈峡水电站坝前4号倾倒变形体稳定性分析及工程治理措施研究课题”，从工程实际应用出发，针对茨哈峡4号倾倒体的研究难点和优先解决工程现实问题的迫切需要和本研究所要达到的目标，通过现场调查、理论研究以及数值计算等手段，对倾倒边坡变形机理及稳定性进行研究，主要开展内容如下。

(1) 适用于倾倒变形破坏数值分析的岩体结构模型研究。

通过整体分析地质资料，在地质建议参数的基础上，通过合理的概化边坡实际岩体结构面，建立能够反应倾倒变形体实际破坏模式的计算模型是本研究的重点。具体研究内容包括：

1) 整理分析地表及地勘平洞实际结构面的发育及分布特征，并采用数学分析方法，对未勘察区域各级结构面概化模拟。与甲方地质专业人员沟通后，确定需模拟的结构面及其范围。

2) 研究可反应茨哈峡4号倾倒体实际破坏模式的计算模型，主要从计算分析方法和本构模型两方面开展研究。

3) 倾倒变形岩体及结构面物理力学参数的深化研究；用现场、室内试验、统计分析和反演等方法，对岩体及结构面物理力学参数进行深化研究。给出合理的强度及变形参数取值，作为后续稳定分析的基础。

(2) 4号倾倒变形体边坡变形机制研究。

本研究主要包括两个方面的内容：

1) 根据天然边坡岩体结构特征，对倾倒变形体的形成机制及可能破坏模式进行分析。

2）从触发机制和影响因素的角度，分析水库蓄水对4号倾倒变形体边坡的稳定性及变形所造成的影响。

（3）4号倾倒变形体静动力工况下稳定分析研究。

根据研究内容（1）中所要求模拟的结构面，按照采用的计算分析方法建立相应的计算分析模型，并对4号倾倒体变形体各工况下的稳定性进行分析。具体研究内容包括：

1）整体稳定分析。要求针对不同分区可能破坏模式，采用三维有限元法及Goodman－Bray法（不限于），对边坡稳定性进行分析。鉴于不同分区控制标准不同，且4号倾倒体分布范围较广，建议三维数值分析分区建模。

2）局部稳定分析。对于趾板边坡要求采用三维刚体极限平衡法，确定可能失稳块体。

（4）4号倾倒体处理方案优化设计研究。

1）根据稳定分析结果，按照不同分区控制标准，研究4号倾倒体处理的范围及规模。

2）若压脚贴坡后仍无法满足要求，可适当进行削坡减载，进行开挖方案的优化，寻求处理工程量与处理效果的平衡。

3）根据最终方案稳定分析成果，提出监测断面布置建议，以确保电站长期安全运行。

（5）4号倾倒变形体风险分析研究。

茨哈峡4号倾倒体体积巨大，虽然Ⅱ区及Ⅲ区处理后发生整体失稳的可能性不大，但局部失稳的风险仍存在，主要体现在涌浪影响、失稳堆积影响等方面。因此需针对这两个区域的边坡开展以下内容的研究：

1）最大一次下滑体积及滑速研究。

2）可能失稳块体引起涌浪在库区内的传播、衰减特性研究。

3）可能失稳块体引起涌浪对工程危害分析及风险评估。

4）失稳块体在库内堆积形态对建筑物安全及电站运行影响研究。

1.2.2 技术路线

以黄河茨哈峡水电站坝前4号倾倒变形体为研究对象，通过现场调查、理论研究以及数值计算等手段，研究倾倒边坡变形机理及稳定性，给出稳定性系数，提出倾倒边坡评价体系。

（1）通过现场踏勘、地质探洞等资料，分析倾倒边坡发育特征及时空分布规律，为数值计算的模型建立和参数选取提供科学依据。

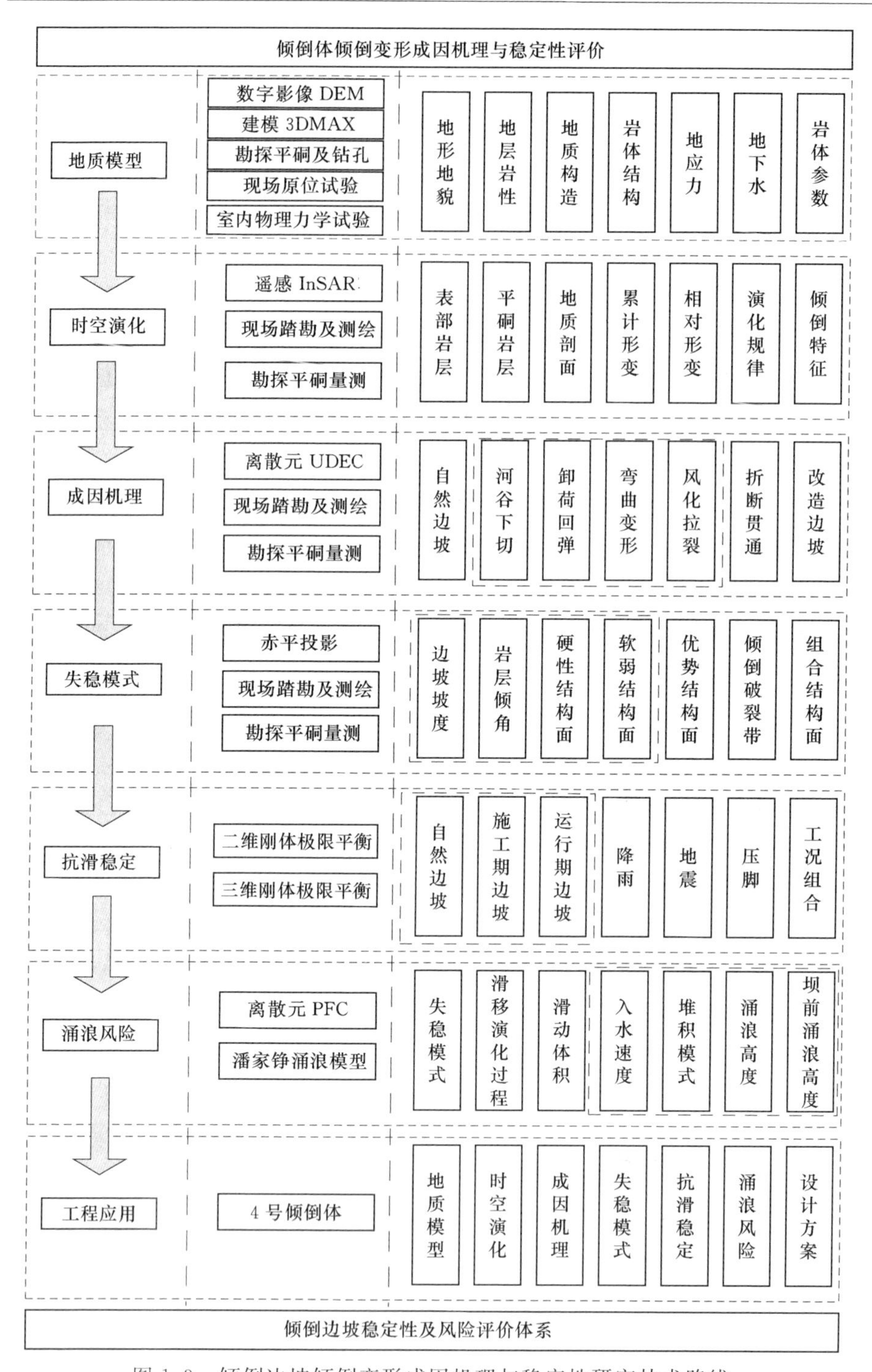

图1.3 倾倒边坡倾倒变形成因机理与稳定性研究技术路线

（2）通过离散元理论、牛顿第二运动定律、块体运动接触力学、能量守恒定律等理论分析，为 UDEC 数值模型的建立提供理论基础。

（3）通过刚体极限平衡、速度场、力学传递机制、能量守恒定律等理论分析，为 EMU 数值模型的建立提供理论基础。

（4）通过室内试验、现场试验和模型正反演结果，进行模型参数反演研究，为倾倒边坡成因及稳定性分析提供精确的数值计算物理力学参数。

（5）通过对倾倒边坡实际工况、因素敏感性分析，应用 UDEC 数值模型，进行倾倒边坡成因机理分析评价。

（6）通过现场调查、InSAR 分析，应用合成孔径雷达干涉测量模型，进行倾倒边坡倾倒变形时空演化规律分析评价。

（7）通过对倾倒边坡实际工况、开挖支护方案等分析，应用二维、三维刚体极限平衡理论模型，进行倾倒边坡稳定性分析评价。

（8）通过对倾倒边坡失稳后滑体的运动堆积特征及涌浪分析，进行倾倒边坡失稳分析评价。

（9）基于倾倒边坡倾倒变形时空演化规律、倾倒变形形成机理与稳定性评价以及失稳风险分析成果，建立倾倒边坡稳定性及风险评价体系。

具体的研究技术路线如图 1.3 所示。

1.3 研究意义

随着我国对水资源大量的开发和利用，大型乃至巨型的水利水电工程陆陆续续开工和完建。在其工程建设和蓄水运行期间出现了各种规模的倾倒变形体，尤其是在西南、西北的高山峡谷地区，倾倒变形体更是发育众多。有的发育在地表浅部，其危害相对较小；有的发育深达几百米，已形成大型或者超大型的地质灾害区域，其危害性难以预估[5]。这些大规模的岩体倾倒变形和破坏，已超出学者对其基本判断和规律性认识，也成了工程建设的重大工程地质问题。因此，通过对倾倒体在长期地质历史时期的演化过程进行成因机理分析和变形稳定性评价已成为研究边坡发生倾倒变形破坏的新方向。本书以茨哈峡水电站 4 号倾倒体为依托，以 InSAR 资料、勘察资料、平洞编录和实验资料为基础，采用卫星遥感、工程地质学、岩体力学等相关学科的理论，并结合 D-InSAR 解译、离散元、刚体极限平衡等分析方法，研究倾倒变形时空演化规律和特征、倾倒变形成因机理、倾倒体变形稳定性和预测预报及预警等，揭示倾倒变形演化机理，提出倾倒变形稳定性评价方法，建立一套适合的倾倒变形体分析评价体系。由此可见，本研究不仅对倾倒体稳定性分析评价提供理论依据和技术支撑，而且对水利水电工程的库坝安全提供重要的实际应用价值，更可为研究成果推广到地质灾害治理、矿山能源开发、交通基础建设等领域提供理论依据和应用价值。

第2章　工程概况与地质环境

2.1　工程概况

茨哈峡水电站位于青海省海南州兴海县与同德县交界处的茨哈峡峡谷内，是黄河干流龙羊峡以上、海拔3000m以下河段最大的梯级电站，上、下游分别为尔多水电站（规划）、班多水电站（已建）。坝址下游约10km有兴海—同德公路通过，坝址附近黄河左岸有曲什安乡—中铁乡公路通过，对外交通条件一般。

水电站位于茨哈峡峡口上游3.5～8.7km（全长5.2km）范围。大坝为混凝土面板堆石坝，正常蓄水位2990m，装机容量2600MW。右岸是主要泄洪建筑物，左岸是引水发电系统和导流洞。工程主要任务是发电，工程规模为Ⅰ等大（1）型。

2.2　区域工程地质

2.2.1　区域地质环境

茨哈峡水电站在大地构造单元上属松潘-甘孜褶皱系的青海南山冒地槽次级单元（图2.1）。

区域岩性以三叠系地层、第四系覆盖层为主（图2.2），茨哈峡所在的兴海-同德地区表部有大片第四系覆盖，其下全为中三叠统的浅变质砂岩、板岩分布（图2.3）。

区域构造大致以共和盆地为界，共和盆地东北面大的构造格架以北西向为主，共和盆地以南大的构造格架以北西西及近东西向为主（图2.4），反映了早期区域构造应力场的差异。

依据《区域地质调查报告（1/20万）》《青海省区域地质志》、中国地震局地壳应力研究所《黄河茨哈峡水电站工程场地地震安全性评价报告》

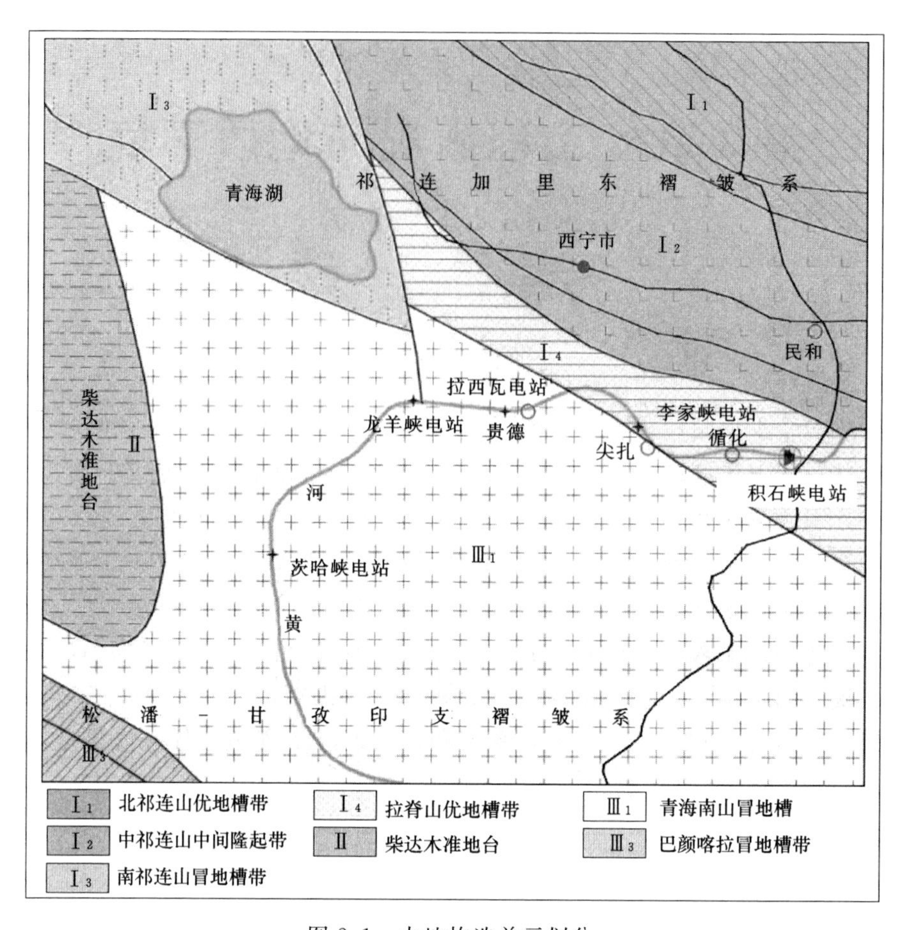

图2.1　大地构造单元划分

等资料，按断裂活动性及地震地质条件，工程近场区范围内地壳稳定性较好，坝址区属区域构造基本稳定区。

坝址场地50年超越概率10%的地震动峰值加速度为115.4*g*，100年超越概率2%的峰值加速度为266.4*g*。根据《中国地震动参数区划图》（GB 18306—2015）地震峰值加速度与地震基本烈度的对应关系，电站场地的地震基本烈度为Ⅶ度。

2.2.2　区域水文环境

本地区多年平均气温为2.3℃，极端最高气温为31.8℃，极端最低气温为－29.2℃，极端最高气温与极端最低气温相差可达61℃。区内月平均气温较高时段一般在6—8月（平均为11.6～13.4℃），温度较低时段一般

图 2.2 区域岩性、构造地质图

Pt—片麻岩混合岩；P_1—碳酸岩、碎屑岩；J_1—侏罗系；T_1—碎屑岩、灰岩；

T_2—砂岩、板岩；N—紫红碎屑岩；Q_3^{pl}—砾石、砂、黄土

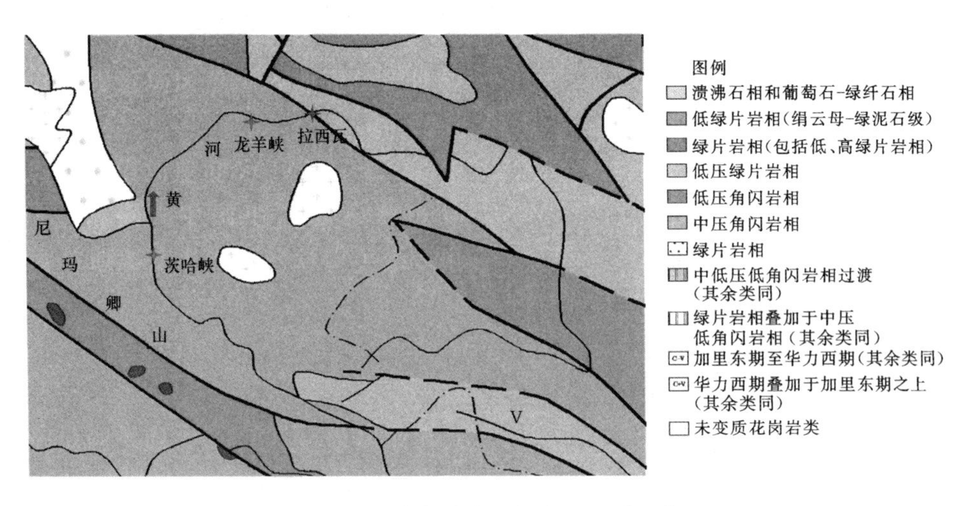

图 2.3 区域变质岩（据中国地质图集）

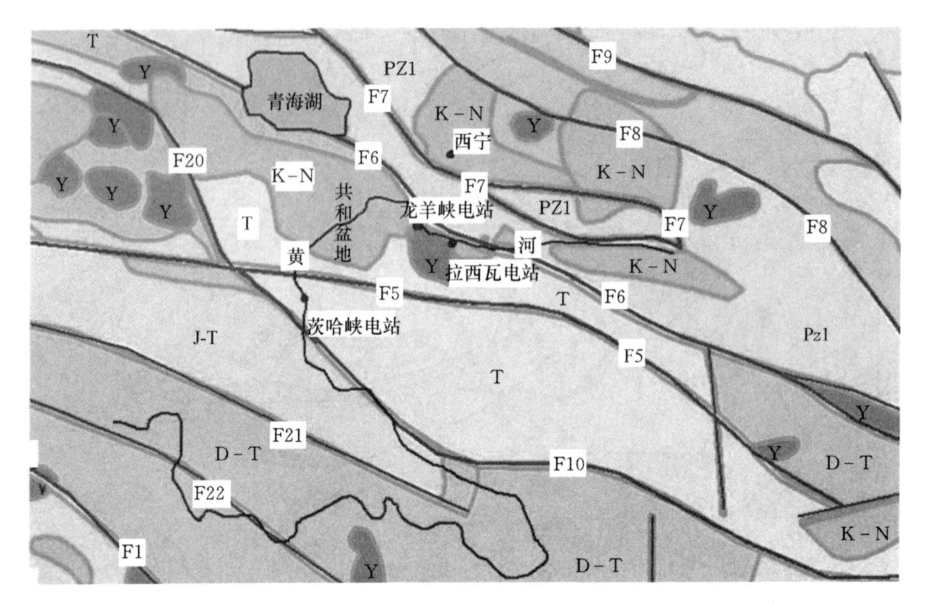

图 2.4　茨哈峡区域断裂格架

在12月及次年1—2月（平均为－11.0～－7.0℃）。

本地区主要降水集中于5—9月（占全年的80%～90%），而且夜雨多（占总降水量的60%以上）。降水日数多，强度小，降水量垂直变化明显。日降水量大于0.1mm的为12～170d，大于5.0mm的为5～50d，大于10.0mm的为4～20d，大于25.0mm的为1～2d，大于50.0mm的暴雨则极为稀少。

区域代表性水文站（唐乃亥测站）1971—2005年共33年降雨资料分析表明，可见区内多年平均降水量为247.85mm，一般为59.4～337.6mm，雨量分布不均匀，多集中在5—9月，尤其是6—9月（平均降雨量为101.3～166mm）（图2.5）。

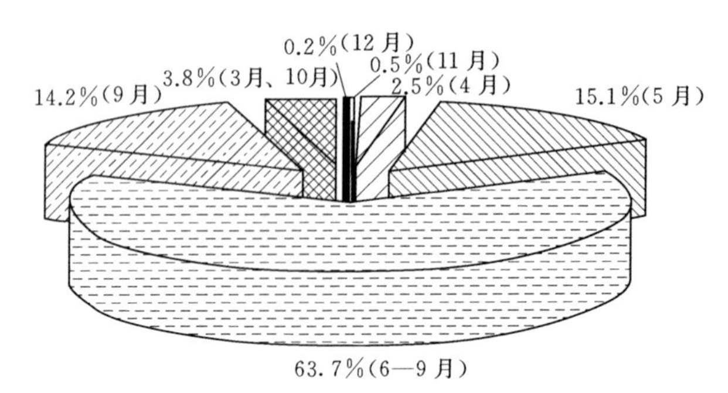

图 2.5　唐乃亥站1971—2005年各月降水量比例饼状图

2.3 坝址区工程地质

2.3.1 地形地貌

茨哈峡坝址区位于青藏高原东北部，受印度板块北冲的影响，呈隆升趋势。茨哈峡一带黄河发育于构造侵蚀的高山峡谷内，受黄河水系下蚀作用和青藏高原区域造陆隆起双重影响，发育了多次区域地壳抬升运动和规模相对较大的河流下切。坝址区地形地貌特征（图2.6）如下。

（1）枢纽区河段长近3km，呈较缓V字形，河床宽为90～120m，岸坡高为370m左右，左岸基岩（T_2）顶板高程为3000～3075m（平均3040m）；右岸基岩（T_2）顶板高程为3048～3102m（平均3080m），左岸基岩面略低。总体流向NE15°，进一步细分为以下4段：

1）多宗龙洼沟口—4号倾倒体下游（横7剖面）：NE25°～30°、长1000m。

2）横7—榆树沟口（横18）：近S—N向、长850m。

3）横18—2号倾倒体下游（横24）：NE43°～49°、长600m。

4）横24—Ⅱ号滑坡（横30）：NW350°～358°、长500m；另外横30以下（枢纽区外围）：NE4°。

（2）吉浪滩平台台面高程为3130～3180m，地形总体从前缘至后缘呈缓坡。左岸坡总体坡度40°～45°，局部较陡（75°～80°）。榆树沟为左岸最

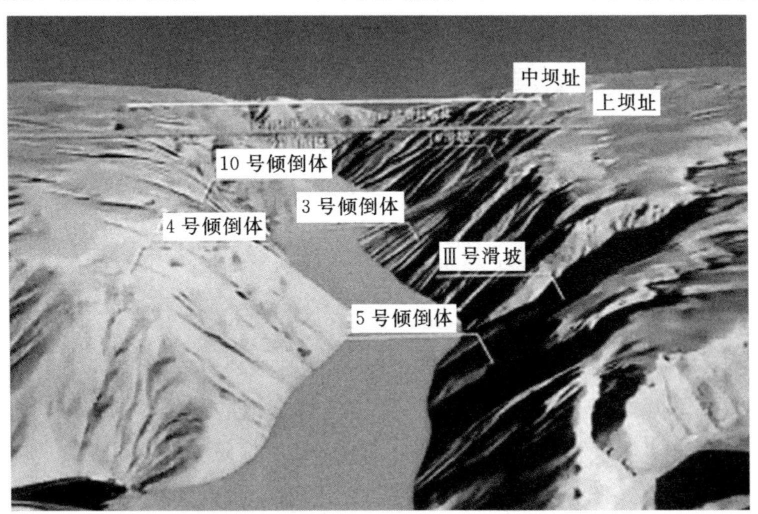

图2.6 枢纽区地形地貌三维图

大冲沟，无常年流水，沟源位于吉浪滩腹地，沟口至水边，宽为15～80m，切割深度为40～100m。其他小型冲沟6条，均延伸较短，切割深度为20～50m。

（3）胡列滩平台台面高程为3072～3162m，地势总体从前缘至后缘呈斜坡，局部为缓坡。右岸除Ⅰ号滑坡、3号倾倒变形体等部位边坡较缓（25°～35°），其他地段总体坡度40°～50°（局部70°）。右岸较大冲沟为Ⅲ号滑坡下游侧的桑吉沟及Ⅰ号滑坡下游侧的乱石滩沟，沟源位于胡列滩腹地，沟口下切至水边，宽20～120m，切割深度50～120m，无常年流水。岸坡其他小型冲沟发育，间距为24～240m，至岸坡中部或岸顶消失，切割深为5～40m，形成“梁峁”状微地貌特征。

2.3.2 地层岩性

枢纽区边坡基岩裸露条件较好，主要为三叠系中统第三岩组（T_2c）砂板岩［印支期中酸性侵入岩脉（γ_5）］、高处少量晚第三系上新统（N_2）黏土岩，此外为第四系（Q）各类松散堆积物。

（1）三叠系中统第三岩组（T_2c）。三叠系中统第三岩组为枢纽区两岸主要地层，分布在3040～3080m高程以下岸坡及河谷，由一套巨厚的浅变质砂、泥质碎屑岩组成，岩性主要为薄层灰色板岩与灰-灰绿色砂岩互层、局部为中-薄层砂岩夹板岩，系层状结构岩体。据工程地质测绘及勘探揭露，按不同岩性组成比例及岩体工程特性不同，将三叠系中统（T_2）划分为以下4个岩组：

1）T_2-Ss：为中-薄层砂岩局部夹板岩。

2）T_2-Ss+S_l：为薄层-中厚层灰黑色砂岩夹板岩、局部互层。

3）T_2-S_l+Ss：为薄层灰黑色板岩与砂岩互层或板岩夹砂岩。

4）T_2-S_l：为薄-极薄层板岩、炭质板岩，局部夹砂岩。

砂岩多呈灰绿-灰色、灰黑色，中细粒-细粒结构，层状构造，单层厚度一般为5～40cm，岩质致密坚硬，抗风化，地表一般呈凸起及陡峭地形。板岩多呈灰色-暗灰色，砂质、泥质为主，部分炭质，单层厚度一般为0.5～10cm，岩质相对软弱，易风化，地表风化呈碎裂、碎块及碎片状，一般呈缓坡或沟槽地形。尤其泥质、炭质板岩性软、遇水极易软化崩解，有时也在T_2-Ss、T_2-Ss+S_l层中出现，呈透镜状，工程性状差。

三叠系中统（T_2）中印支期中酸性侵入岩脉（γ_5）：岩性主要为花岗岩、石英岩、石英闪长岩等，灰白及浅肉红色为主，岩性致密坚硬，耐风化，地表显示突出地形，一般厚为0.5～5m，以顺层、斜切 T_2c 岩层和沿断裂带呈岩脉状，与 T_2c 地层接触性状一般。

(2) 晚第三系上新统（N_2）。其分布均在正常蓄水位以上。岩性主要为紫红色、浅红色粉砂质泥岩及少量砂砾岩，岩性软弱，遇水易软化崩解，但天然干燥状态下较坚硬，常形成陡立面。主要分布在坝区两岸平台前缘，高程为2938～3150m，随古地形沉积形成，厚度差异性很大，3～50m不等。近水平状产出，与下伏地层（T_2c）呈角度不整合接触。

(3) 第四系（Q）松散堆积，成因类型有洪冲积、冲积、洪积、坡积、崩坡积等。

1) 上更新统洪冲积（Q_3^{pl+al}）。其表部黄土状粉土，分布于两岸平台表部，最大探明厚度为17～26m；中下部砂砾石层（$Q_3^{pl+al}-sgr$），近水平分布于两岸平台中下部，左岸出露高程为3018～3146m，右岸出露高程为3010～3090m。左岸较厚（平均87m），右岸较薄（平均20m）。与下伏地层（T_2c 或 N_2）呈角度不整合接触。

2) 全新统冲积砂卵砾石层（$Q_4^{al}-sgr$）。其分布于河床下部，根据大量河心孔资料及局部黄河涸水时河中心有基岩露头的情况，厚度不大，以3～6m为主。

3) 全新统洪积块碎石土（Q_4^{pl}）。其分布于枢纽区两岸冲沟沟口，各处厚度不一。

4) 全新统坡积碎石土（Q_4^{dl}）。其分布于岸坡坡脚及两岸斜坡地带，表层为0.5～1m的砂土含量较高，局部植物根系发育，一般厚度为0.5～3m，最大厚度为20～40m。

5) 滑坡堆积。坝址区有Ⅰ号、Ⅱ号、Ⅲ号滑坡。

6) 全新统崩坡积块碎石土（Q_4^{col+dl}）。其分布于两岸水边线以上及岸坡缓坡地带，不同地段厚度差异较大，一般为3～5m，最厚40m以上（如1号堆积体、4号堆积体）。

2.3.3 地质构造

坝址区地质构造主要受秦岭-昆仑纬向构造带（近E-W向构造）控制，青藏滇缅歹字形构造（NE向、NW向）及河西系（NNW向）构造的波及影响相对轻微。因此，秦岭-昆仑纬向构造（在坝区具体表现为NEE～近E-W向构造）构成坝址地质构造基本格架，如一系列NEE～近E-W向的挤压（顺层）断裂等。按区域地质资料及坝址区地质测绘，坝址区范围内无区域性断层通过（最近的区域性断层为堪里贡巴断层，距坝址上游直线约9km），多为小型褶皱和一般断层。断层以顺层为主，切层次之，中陡倾角为主、少量缓倾角。

（1）岩层产状。坝址区内三叠系中统地层（T_2c）整体上呈近E-W向陡倾单斜构造。岩层产状在坝址不同部位虽略有不同（并见有小规模的挠曲和揉皱，局部岩层产状变化较大），但受近E-W向区域构造的明显控制，整体上比较稳定。经大量统计，枢纽区岩层产状为：走向NE50°～80°、倾向NW（局部SE向）、倾角60°～85°。

（2）断裂构造及分组。

1）根据地质测绘和勘探揭露，坝址区共发现1730条断层。对断层破碎带宽度进行统计：破碎带宽大于100cm的，共17条（约占1%），平均宽度约30cm；破碎带宽为10～100cm的，共641条（约占37%），平均宽度21cm；破碎带宽小于10cm的，共1077条（约占62%），平均宽度3.9cm。即断层以宽度小于10cm的为主，10～100cm的次之，少量大于100cm。

2）产状分布特点。从图2.7坝址区断层极点等密度图可见，层间挤压断层最为发育，占2/3左右，产状基本为岩层产状；次为切层断层，总体数量少，分布较散，因而在极点等密度图上反映不明显。

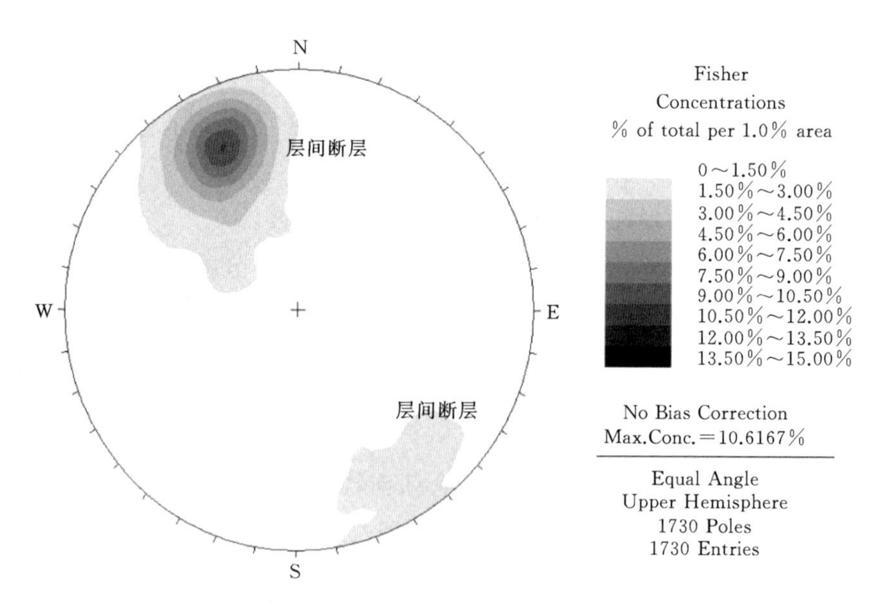

图2.7　坝址区断层极点等密度图

层间挤压断裂（①组）：系岩层受强烈挤压，形成区域性褶皱构造时，层间产生挤压错动而形成，局部微切层。为坝址内发育密度最大的断裂类型，规模相对较大，顺层延伸较长。断裂带挤压紧密，破碎带宽一般为5～20cm，最宽为50～300cm，组成物为糜棱岩、碎裂岩、片状岩、断层泥等，胶结差或未胶结。因其沿岩石层面发育，断层面较平直或局部呈舒缓波状。地质勘探发现，砂岩层（T_2-Ss）中该组断裂较之其他岩层明显偏少，系不同岩性强度差异所致，板岩层薄且相对软弱，因而以板岩为主的岩层，层间错动带明显增多，在砂岩、板岩互层的岩层中，主要沿砂岩与板岩的接触部位发生。同时倾倒岩体中该组断裂明显多于未倾倒岩体，且规模较大，系岩体在倾倒变形过程中进一步剪切错动所致。

切层断裂（压性）：该类在坝址区内发育次之，约占断裂总数的1/3，规模较大，延伸较远。主要发育4组，按其优势发育情况依次为②、③、④、⑤组。

第②组主要为走向NE10°～55°、倾向SE（NW）、倾角65°～85°。破碎带宽一般为5～15cm，最宽为200cm，组成物为糜棱岩、角砾岩、碎裂岩、断层泥等，胶结差或未胶结，断裂面平坦光滑。

第③组为缓倾角断裂，在坝址区较为发育，一般规模较小，破碎带宽为10～25cm，组成物为角砾岩、碎裂岩、断层泥等，胶结差或未胶结，断裂面较平直，延伸不长。但在右岸平洞揭露的f27断裂（PD10、PD21、PD22）和F1断裂（PD24、PD27、PD34、PD40），规模上为该组断裂最大者，也是坝址区发现的最大切层缓倾角断裂，并明显控制岸坡岩体的后期变形和整体稳定性。

f27：走向NE13°～21°、倾向NW、倾角37°～41°，破碎带及影响带水平宽为240～510cm，充填片岩、碎裂岩、糜棱岩、断层泥，中间夹有强烈揉皱炭质板岩条带，无胶结，面上见有竖向擦痕，延伸长约480m。研究表明，该断裂构成坝址区右岸泄水边坡（蠕滑拉裂变形体）的控制性蠕滑面。

F1：走向NE18°～37°、倾向NW、倾角19°～25°，破碎带及影响带水平宽为97～500cm，破碎带中间为20～30cm的断层泥质条带，呈规整连续条带状，断层泥两侧为碎裂岩及岩粉屑，潮湿，密实，无胶结，面平直光滑，面上发育倾向坡外的擦痕。延伸长约520m。联合其他断裂（F2），构成坝址区右岸3号倾倒变形体的控制性蠕滑面。

第④组断裂在坝址区发育相对较少，以中陡倾角为主，少量缓倾角，破碎带一般宽为10～25cm，组成物为角砾岩、碎裂岩、断层泥等，弱胶结或中等胶结，断裂面平直，延伸不长。

第⑤组断裂在坝址区发育最少，破碎带宽一般为5～15m，主要组成为碎裂岩、角砾岩、糜棱岩、断层泥等，胶结程度稍好。

（3）裂隙及分组。构成坝址区的主要地层为层状、薄层状岩体，层面裂隙是最发育的裂隙。在浅表部由于受岩体变形和其他动力地质作用的影响，微张或张开，宽度一般为2～5mm，最宽10mm，充填岩粉、岩屑及泥质物，未胶结，面上附着紫红色铁锈；深部层面闭合。其产状同岩层产状、层间挤压断裂产状一致。

除层面裂隙外坝址区全部平洞共编录16348条（不包括卸荷拉张裂隙、裂缝），分组情况见图2.8。

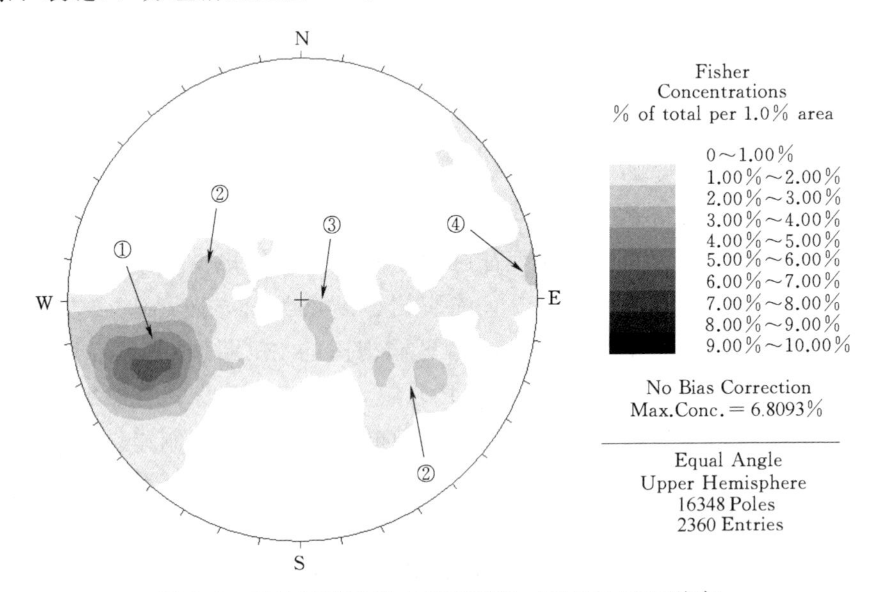

图2.8　坝址区裂隙极点等密度图（不包括层面裂隙）

最发育的是①组：走向NW320°～355°、倾向SW、倾角55°～82°，其延伸长度一般不超过20m。宽度一般为2～5mm，最宽为8mm，充填岩粉、岩屑，少量泥质物，钙质胶结较好，一般平直延伸。

次发育的是②组：走向NE5°～45°、倾向NW（SE）、倾角35°～70°，其延伸长度一般不超过10m。宽为1～4mm，充填岩粉、岩屑及钙质薄膜，钙质胶结较好。

再次是③组：走向NE1°～65°、倾向SE、倾角2°～30°，是坝址区最为发育的一组缓倾结构面。平直延伸，断续状发育，规模较小，延伸一般小于10m，宽度一般为1～3mm（部分闭合），充填岩粉、岩屑及钙质薄膜，钙质胶结较好。对洞室稳定和边坡稳定均不利。

最后是④组：走向NW345°～360°、倾向NE、倾角83°～89°，其延伸长度一般不超过10m。多闭合，一般平直延伸。

2.3.4 地下水特征

（1）地下水赋存及运动。枢纽区地层岩性为三叠系中统第三岩组（T_2c）砂板岩［印支期中酸性侵入岩脉（γ_5）］、晚第三系上新统（N_2）砂质泥岩及少量砂砾岩和第四系（Q）松散堆积物，无可溶岩地层岩性，因此枢纽区地层中无岩溶水赋存，地下水主要赋存于岩土体的孔隙及岩体中的断裂及裂隙中。构成枢纽区的主要地层砂板岩层属贫水地层，总体地下水赋存较少。坝址区发育的断裂主要为压性结构，规模一般较小，形成地下水渗漏的集中通道可能性小，地下水运动主要方式为网状、脉状。

（2）地下水类型。地表测绘、枢纽区水文地质工程地质钻探揭露，与工程有关的浅表部地层中地下水以潜水的形式赋存与运移，未发现承压水。其主要类型为孔隙水和基岩裂隙水。

孔隙水：主要赋存于河床砂卵砾石层孔隙之中，水量较丰富。其他第四系松散堆积中的孔隙潜水基本为季节性。

基岩裂隙水：赋存于基岩裂隙中，由大气降水和远山冰雪融化水补给，水量较小，向河谷方向排泄。

（3）地下水位。枢纽区左岸吉浪滩平台、右岸胡列滩平台周边被黄河、多宗龙洼沟、曲什安河、巴沟河等分割呈“半岛”状。地下水由大气降水和远山冰雪融化水补给，特殊的地貌特征、地表蒸发量远大于降水水量，因此补给水量较少。周边的沟河切割深度较深，基本与黄河一致，平台周边三叠系中统地层（T_2c）出露较好，构成了地下水径流、排泄广泛通道，地下水补给周边沟河。

枢纽区边坡未见泉水出露，大量平洞揭露可见，除近河边平洞在较浅部位揭穿地下水（主要为滴渗水、少量线状流水），大多为干洞；勘探钻孔大多在深部才揭露出地下水。

左岸地下水位潜水面高程为2773.11～2848.94m，水位最大变幅为0.49～1.91m；右岸地下水位潜水面高程为2765.40～2870.45m，水位最大变幅为0.90～1.94m；左岸水力坡降为10°～26°，右岸水力坡降为10°～23°。可见枢纽区两岸地下水位埋藏较深，水位变幅较小，水力坡降较缓。两岸地下水动态特征略有不同，但差异性不大，基本对称分布。长观资料所反映的水位变幅，主要是季节性变化所致，雨季（6—9月）水位抬升，除此之外水位下降，季节性变化特征明显。从地下水位最大变幅可见，坝址区降雨对地下水影响不大，下渗补给地下水的量较小，主要沿岸坡排泄于黄河。

2.4　4号倾倒体工程地质

2.4.1　地形地貌

倾倒体前缘位于黄河水位以上，高程为2785m左右。倾倒体后缘位于左岸边坡顶部，高程为3050～3100m，整个倾倒体边坡垂直高差为300m左右，顺黄河方向长近千米。在倾倒体中部冲沟较发育，发育多条规模不等的冲沟（图2.9和图2.10）。

图2.9　4号倾倒体地形地貌特征

为了进一步分析左岸4号倾倒体斜坡地形的平整度，利用三维数字模型技术，对4号倾倒体三维实体模型进行平切，分别平切了6个平切面，高程分别为2800m、2840m、2880m、2920m、2960m、3000m，各平切面上地形平整度见图2.11。从图2.11中可知：

（1）从横向上来看，在斜坡上游靠近多宗龙洼的转角处，地形突出。

（2）在高程2860m以下，斜坡地形横向上平整度总体较平直，起伏差也相对小一些。

图 2.10 倾倒体斜坡表部发育多条冲沟

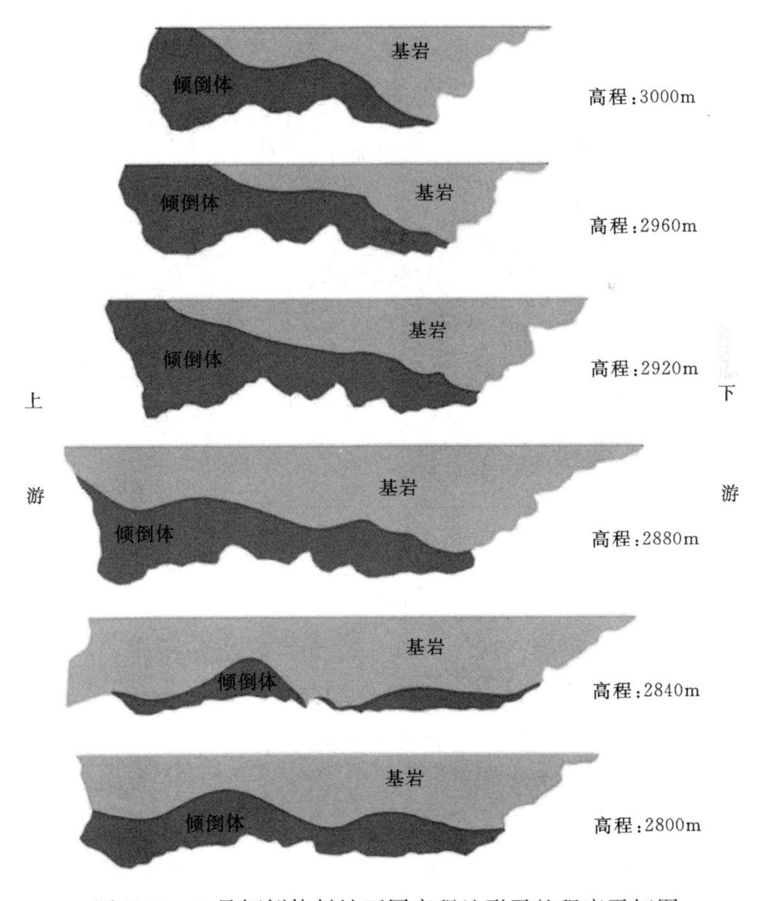

图 2.11 4号倾倒体斜坡不同高程地形平整程度平切图

（3）在高程2860m以上，主要是在斜坡中部，发育几条规模较大的冲沟，导致斜坡横向上平整度较差。

2.4.2 地层岩性

倾倒体斜坡地层岩性见图2.12，其主要地层由三叠系中统第三岩组（T_2c）的一套巨厚的浅变质砂、泥质碎屑岩组成，岩性为薄层灰色板岩与灰绿色砂岩互层、局部为中-薄层砂岩夹板岩。在斜坡中上部出露少量印支期中酸性侵入岩脉（γ_5）和第三系上新统（N_2）地层，在斜坡顶部为第四系覆盖，对各地层描述如下：

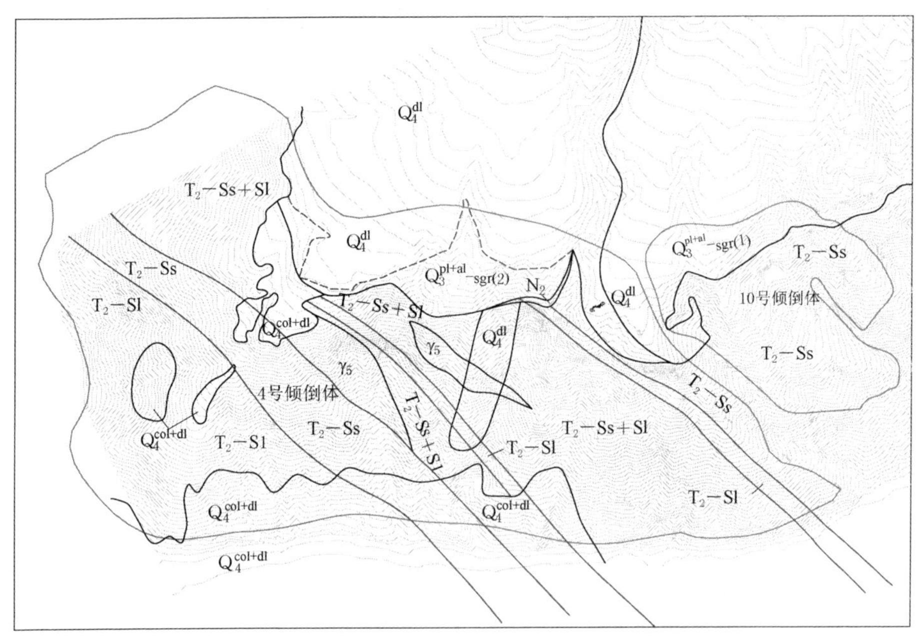

图2.12 左岸4号倾倒体斜坡地层岩性

（1）T_2-Ss：为中-薄层砂岩局部夹板岩。砂岩多呈灰绿-灰色，中细粒结构，层状构造，单层厚度一般5～25cm，岩质致密坚硬，抗风化，地表一般呈凸起及陡峭地形。

（2）$T_2-Ss+Sl$：为灰绿色砂岩夹灰色板岩。

（3）T_2-Sl：为薄-极薄层板岩局部夹砂岩。板岩多呈灰-暗灰色，泥质结构，极薄层及薄层构造，单层厚度一般0.5～10cm，岩质相对软弱，易风化，部分为砂质板岩，地表风化呈碎裂、碎块及碎片状，一般呈缓坡或下凹地形。

(4) 印支期中酸性侵入岩脉（γ_5）：岩性主要为花岗岩、石英岩、石英闪长岩等，岩性致密坚硬，耐风化，以顺层、斜切 T_2c 岩层和沿断裂带呈岩脉状侵入。

(5) 第三系上新统（N_2）：分布在倾倒体斜坡上部，岩性主要为紫红色粉砂质泥岩，岩性软弱，近水平状产出，与下伏地层（T_2c）呈角度不整合接触。

(6) 上更新统洪冲积砂砾石层上部［$Q_3^{pl+al}-sgr$ (2)］：分布在倾倒体斜坡上不接近平台处，组成物为卵石、砾石及砂，成分为砂岩、石英岩、花岗岩、灰岩、板岩等，磨圆度好。干燥、中密-密实，仅局部有胶结。

(7) 全新统坡积碎石土（Q_4^{dl}）：分布在倾倒体斜坡顶部平台，以碎石土为主，块石含量较少，成分为砂岩、板岩等，松散无胶洁。

(8) 全新统崩坡积块碎石土（Q_4^{col+dl}）：分布在倾倒体斜坡下部，组成物以块石、碎石为主，部分地段有大块石，成分为砂岩、板岩等，呈棱角状，大小混杂，松散未胶结。

2.4.3　结构面特征

2.4.3.1　硬性结构面

对4号倾倒体边坡勘探平洞中发育的硬性结构面进行了全面的统计，统计得到近千条裂隙，对这些裂隙进行分组，得到的硬性结构面优势方位见图2.13和表2.1。从图表可知，4号倾倒体斜坡中一共有两组优势方位，其中最发育的是倾向SE、倾角在50°以上的一组陡倾裂隙，这组优势裂隙倾向坡外，另外一组优势裂隙倾向坡内。

表2.1　4号倾倒体边坡硬性结构面优势方位

组号	范围值/(°)		优势方位/(°)		备注
	倾向	倾角	倾向	倾角	
①	70～135	50～88	102	78	倾向坡外
②	245～285	60～88	266	80	倾向坡内

2.4.3.2　软弱结构面发育特征

对4号倾倒体平洞中的弱面进行统计，共计285条弱面。对这些弱面进行分组，只有一组优势弱面（图2.14）：345°、∠47°。这组优势弱面与岩层的产状基本相同，可以判断其为层间弱面。

对弱面的优势方位进行分析以后，进一步对弱面破碎带宽度和倾角进

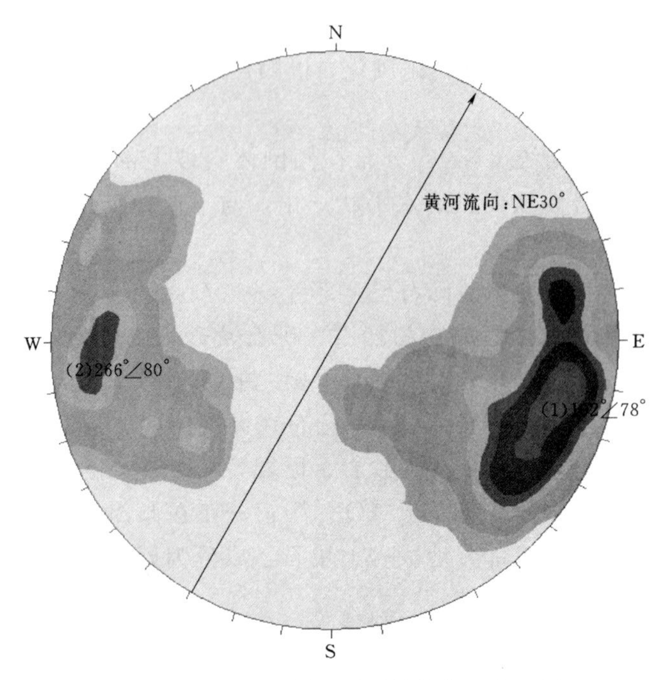

图 2.13　4 号倾倒体边坡硬性结构面等密图

行统计，其结果见图 2.15、图 2.16 和表 2.2，从图表可知，破碎带宽度为 1～2cm 的弱面条数是最多的，一共有 104 条，所占的比例 36.88%。其次是破碎带宽度为 2～5cm 的弱面，共有 85 条，破碎带宽度为 5～10cm 的弱面 54 条。根据统计结果，破碎带宽度在 10cm 以下的弱面一共有 260 条，所占的比例 92.25%。另外还有部分弱面规模较大，破碎带宽度在 10cm 以上，但这部分弱面数量较少（22 条）。

表 2.2　　　　4 号倾倒体边坡弱面破碎带宽度统计

破碎带宽度/cm	<1	1～2	2～5	5～10	>10
条数	17	104	85	54	22
百分比/%	6.03	36.88	30.14	19.15	7.80

倾倒体边坡中的弱面主要是层间挤压带，但是仍然还有数十条切层弱面，鉴于每条弱面对边坡稳定性均有影响，特别是缓倾角弱面，对边坡稳定性影响较大，因此对倾倒体边坡中发育弱面的倾角进行分析统计，统计结果见图 2.16 和表 2.3：倾角小于 30°的弱面一共有 20 条，其中近水平状的弱面（倾角在 10°）以下的弱面有一条，而大部分的弱面倾角在 30°以上，属于中陡倾弱面。

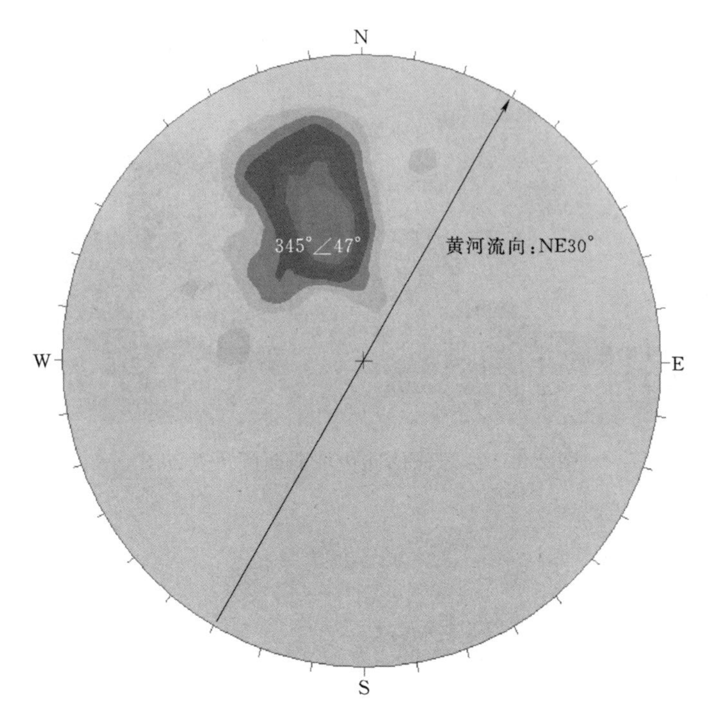

图2.14　4号倾倒体边坡弱面优势方位

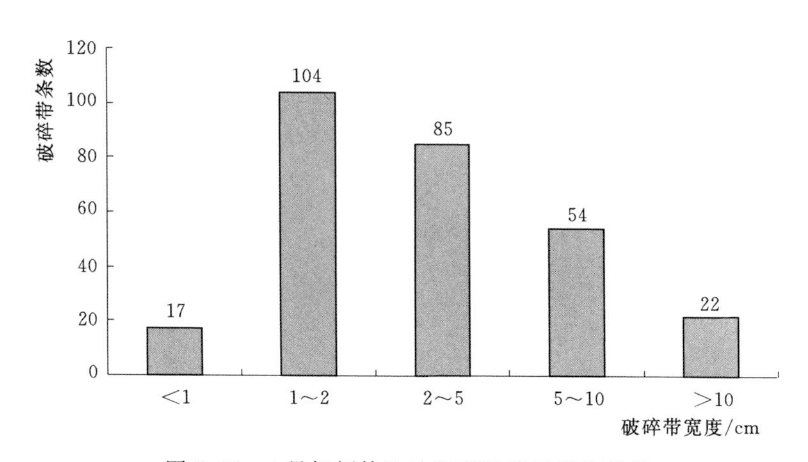

图2.15　4号倾倒体边坡弱面破碎带宽度统计

表2.3　4号倾倒体边坡弱面倾角统计

弱面倾角/(°)	<10	10~30	30~60	60~80	>80
条数	1	19	164	94	7
百分比/%	0.35	6.67	57.54	32.98	2.46

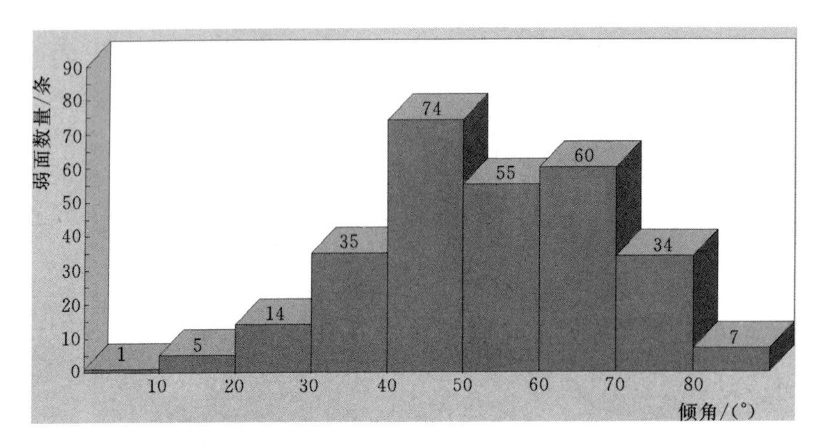

图2.16 4号倾倒体边坡弱面倾角直方图

第3章　4号倾倒体倾倒变形形成机理及影响因素离散元分析

4号倾倒体大多属坝前边坡，下游局部属枢纽区边坡（趾板开挖边坡），上游为左岸导流洞进口及上围堰边坡。其位于坝址左岸选定坝线上游152～1188m，顺河长1km左右。4号倾倒体位置重要、倾倒规模及潜在破坏影响大，是茨哈峡水电站工程建设及运行安全重点关注与研究的区域。

通过选取典型4号倾倒体地质剖面，采用离散元数值模拟，分析边坡倾倒变形形成机理及演化过程，并探讨倾倒变形特征的形成条件。在此基础上，探讨岩层倾角、岩层厚度、坡高等因素对4号倾倒体倾倒变形特征的影响，为倾倒体稳定性分析和工程治理提供科学依据。

3.1　离散元数值计算程序及原理

3.1.1　UDEC程序简介

通用离散元程序UDEC（universal distinct element code）是一款针对非连续介质模型的离散元数值程序，主要用来模拟静载或动载条件下非连续介质模型的力学特征。1971年，离散单元法最早由Peter Cundall提出理论雏形，试图描述离散介质在二维空间的力学行为，后于1980年这一方法进一步拓展到涉及颗粒状物质的破裂、破裂的扩展和颗粒流问题的研究层面。目前，UDEC作为ITASCA公司的三大重要软件之一，已被国内外岩土工作者广泛使用，在经过实际问题模拟分析之后，研究成果得到了众多工程人员以及科研学者的高度认可。

针对非连续介质承受动静荷载时的相应问题，UDEC软件非常适用。非连续介质通常由不连续的块体和块体间的不连续界面组成，块体可以沿不连续面产生位移或转动。另外，每一个块体也可以视为变形体或者刚体。若针对块体剖分，每个单元发生变形时遵循线性或非线性应力应变条件，而块体间的不连续面根据上述应力-位移关系在切向或法向方向进行移动。UDEC既可分析平面应力问题，也可分析平面应变问题。

UDEC开发了完整块体和不连续面的多种材料模型，科研学者可根据需要从中选取，来反应材料的力学行为。例如，完整块体的本构模型主要有：开挖模型（模拟开挖、回填、钻孔等）、M－C塑性模型（模拟混凝土和岩土）、弹性模型（模拟工业材料，如钢铁）、D－P塑性模型（模拟软黏土）、应变软化/硬化M－C塑性模型（模拟非线性软化或者硬化的颗粒材料或各向异性的层状材料）、双屈服模型（模拟低黏结性颗粒材料）。不连续面的本构模型主要有：点接触滑移模型（模拟松散颗粒材料）、面接触滑移模型（模拟具有节理、断层、层面的岩石）、连续屈服模型（模拟逐渐破坏的岩石节理）等。

通用离散软件（UDEC）的计算流程类似于其他数值模拟软件，具体运算流程如图3.1所示。

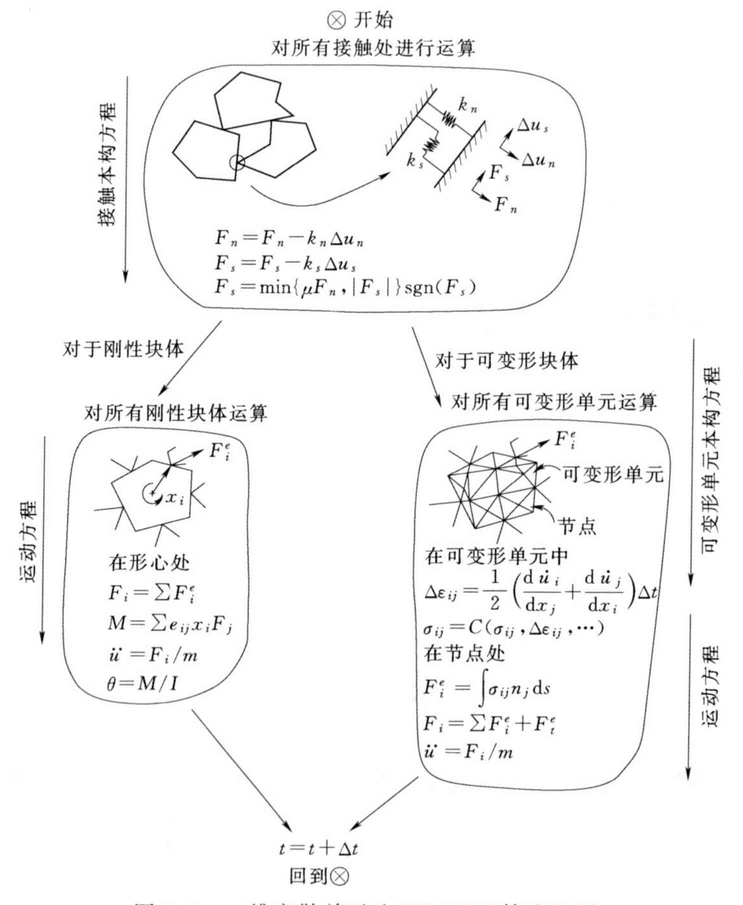

图3.1　二维离散单元法UDEC运算流程图

3.1.2 UDEC 计算原理

3.1.2.1 运动方程

作用于块体上的不平衡力的大小与方向描述了块体的运动。UDEC 中运动方程阐释了块体的转动与平动。假设块体运动空间是一维的，根据牛顿第二定律有

$$\frac{\mathrm{d}\dot{u}}{\mathrm{d}t}=\frac{F}{m} \tag{3.1}$$

式中：F 为外力；$\dot{u}$ 为速度。

在时间尺度 t 时对式（3.1）中心差分可得

$$\frac{\mathrm{d}\dot{u}}{\mathrm{d}t}=\frac{\dot{u}^{(t+\Delta t/2)}-\dot{u}^{(t-\Delta t/2)}}{\Delta t} \tag{3.2}$$

将式（3.1）代入式（3.2）得

$$\dot{u}^{(t+\Delta t/2)}-\dot{u}^{(t-\Delta t/2)}=\frac{F^{(t)}}{m}\Delta t \tag{3.3}$$

则半个时步处位移和瞬时速度的关系为

$$u^{(t+\Delta t)}=u^{(t)}+\dot{u}^{(t+\Delta t/2)}\Delta t \tag{3.4}$$

因为位移决定了力，力/位移计算可以一次完成。图 3.2 的箭头代表了中心差分的运算顺序。中心差分法在计算过程中消去了一阶误差，且具有二阶精度，此性质阻止了长期运算误差的积累。

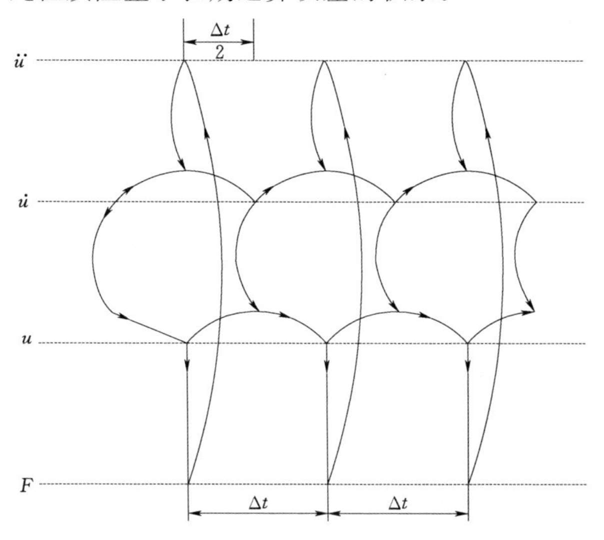

图 3.2 UDEC 中心差分法运算流程图

块体二维空间中运动考虑重力时，速度方程为

$$\dot{\theta}^{(t+\Delta t/2)}-\dot{\theta}^{(t-\Delta t/2)}+\left(\frac{\sum M^{(t)}}{t}\right)\Delta t \tag{3.5}$$

$$\dot{u}_i^{(t+\Delta t/2)}-\dot{u}_i^{(t-\Delta t/2)}+\left(\frac{\sum F_i^{(t)}}{m}+g_i\right)\Delta t \tag{3.6}$$

式中：$\dot{\theta}$为块体形心处的角速度；$\sum M$ 为合力矩；$\dot{u}_i$ 为块体形心处的速度；g_i 为重力加速度分量。

由笛卡儿坐标系可知

$$x_i^{(t+\Delta t/2)}=x_i^{(t)}+\dot{u}_i^{(t+\Delta t/2)}\Delta t \tag{3.7}$$

$$\theta^{(t+\Delta t/2)}=\theta^{(t)}+\dot{\theta}^{(t+\Delta t/2)}\Delta t \tag{3.8}$$

式中：θ 为块体中心处转角；x_i 为块体中心处坐标。

3.1.2.2 动量和守恒方程

在 UDEC 中块体 a 和块体 b 发生碰撞，对于块体 a 和块体 b 的动量守恒有

$$m_a+\ddot{u}_a=F \tag{3.9}$$

$$m_b+\ddot{u}=-F \tag{3.10}$$

两式联立积分得

$$m_a[\dot{u}_a^{(T)}-\dot{u}_a^{(0)}]=-m_b[\dot{u}_b^{(T)}-\dot{u}_b^{(0)}] \tag{3.11}$$

假设块体在力 F 的作用下由初始速度 v_0 运动到速度 v，产生的位移为 s，则

$$m\dot{v}=F \tag{3.12}$$

积分得

$$m\int_0 v\mathrm{d}v=\int_0 F\mathrm{d}s \tag{3.13}$$

$$\frac{1}{2}m(v_2-v_0^2)=Fs \tag{3.14}$$

如果力与位移的关系满足胡克定律，则

$$m\int_0 v\mathrm{d}v=-\int_0 ks\mathrm{d}s \tag{3.15}$$

$$\frac{1}{2}m(v_2-v_0^2)=\frac{1}{2}ks^2 \tag{3.16}$$

3.1.2.3　力与位移的关系

在二维离散元 UDEC 中，节理是块体间的接触线，在接触处往往假设位移和力之间符合线性关系，即

$$\Delta\sigma_n=-k_n\Delta u_n \tag{3.17}$$

式中：$\Delta\sigma_n$ 为有效法相应力增量；k_n 为法相刚度；Δu_n 为法相位移增量，如图 3.3 所示。

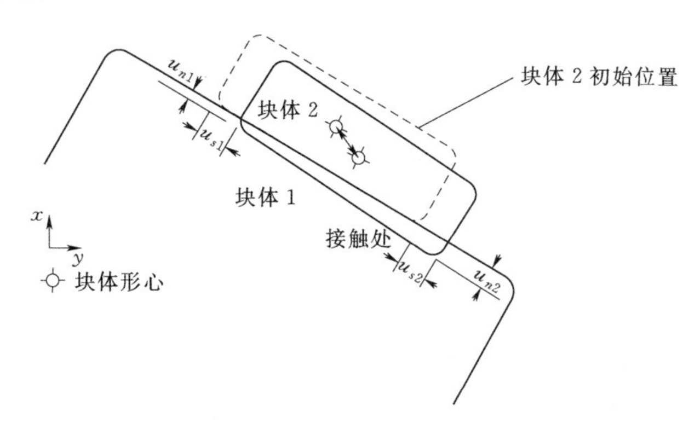

图 3.3　刚性块体的接触

以上阐述了二维离散元 UDEC 计算原理。二维离散元 UDEC 中能够选用刚性和可变性三角形两种块体，在考虑选择刚性块体时，首先对相邻块体单元的接触进行力的计算，其次利用牛顿第二运动定律进行每个块体单元运动方程的运算；在考虑选择可变形块体时，首先对相邻块体单元的接触进行力的计算，接着对可变形块体逐一进行本构关系运算和运动方程计算。

3.2　4号倾倒体倾倒变形特征

3.2.1　地形地貌

4号倾倒体前缘位于黄河水位以上，高程在 2785m 左右。倾倒体后缘位于左岸边坡顶部，高程为 3050～3100m，整个倾倒体边坡垂直高差在 300m 左右，顺黄河方向长近千米。在倾倒体中部冲沟较发育，发育多条规模不等的冲沟。

4号倾倒体斜坡地层岩性为一套板岩夹砂岩地层，砂岩和板岩在力学性能上有一定的差异，导致在斜坡表部岩体风化剥落程度不等，坡面有一定起伏。4号倾倒体斜坡坡度随高程变化情况，不同高程统计得到的地形坡度和坡比见图3.4和表3.1。由图表可见，不同高程部位边坡坡度变化范围主要位于30°～60°。

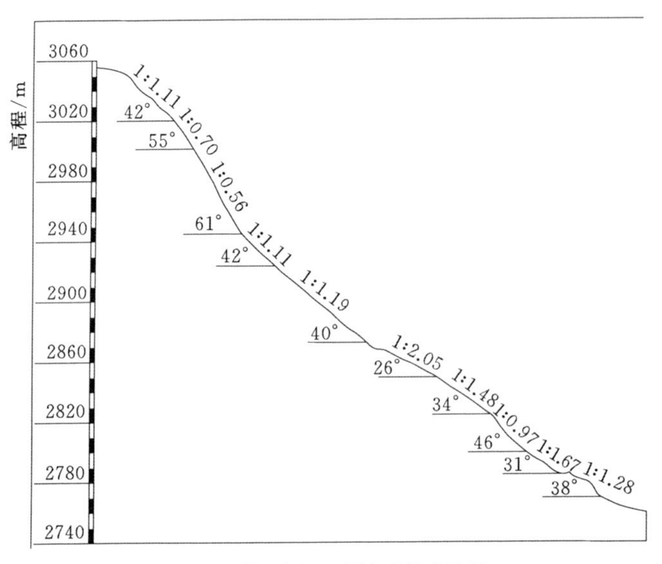

(a) 横2剖面不同高程坡度统计

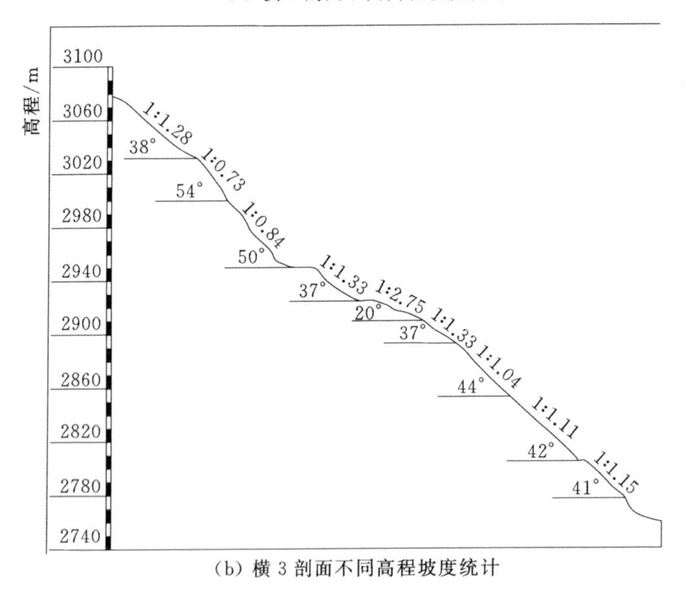

(b) 横3剖面不同高程坡度统计

图3.4　倾倒体斜坡坡度随高程变化

表3.1　　左岸4号倾倒体斜坡不同高程部位坡角和坡比统计

横2剖面			横3剖面		
高程/m	坡角/(°)	坡比	高程/m	坡角/(°)	坡比
2740～2786	38	1：1.28	2777～2805	41	1：1.15
2786～2800	31	1：1.67	2805～2853	42	1：1.11
2800～2825	46	1：0.97	2853～2893	44	1：1.04
2825～2850	34	1：1.48	2893～2910	37	1：1.33
2850～2873	26	1：2.05	2910～2925	20	1：2.75
2873～2924	40	1：1.19	2925～2950	37	1：1.33
2924～2945	42	1：1.11	2950～3000	50	1：0.84
2945～3002	61	1：0.56	3000～3032	54	1：0.73
3002～3021	55	1：0.70	3032～3078	38	1：1.28
3021～3056	42	1：1.11			

3.2.2　倾倒变形特征

4号倾倒体边坡顺河流方向长度大，整个边坡垂直高差在300m以上，斜坡表浅部反倾层状岩体因受斜坡应力状态的影响，发生倾倒变形，由于历时长因而变形程度明显且差异较大。在斜坡表部由于岩层发生不同程度的倾倒变形，加上岩体风化卸荷的影响，大部分岩体拉裂、破碎成碎块状，稳定性较差，多处发生小规模的垮塌变形。在平洞内岩体普遍拉裂变形，拉张裂隙张开宽度最大超过1m，贯穿平洞三壁，可见的延伸长度在5m以上。

(1) 边坡表部岩体变形破坏类型和破坏特征。4号倾倒体所在斜坡浅表部岩体发生严重的倾倒变形，从现场调查的情况发现，薄层-互层状岩体的倾倒变形是斜坡岩体中最常见，也是最发育的一种变形破坏类型。边坡浅表部岩体向坡外临空面倾倒变形以后，岩层倾角变缓，倾角一般在30°以内，局部甚至近水平状，见图3.5和图3.6。

(2) 平洞内岩体拉裂变形破坏特征。4号倾倒体边坡在倾倒变形以后，不仅边坡表部岩体发生严重的拉裂变形，在边坡内部（平洞深部）岩体也

图 3.5　4号倾倒体边坡表部岩体倾倒变形

图 3.6　PD42 平洞下游冲沟内边坡岩体倾倒变形

普遍变形、拉裂、破碎，岩体波速普遍在 3000m/s 以下，岩体结构和完整性遭到破坏。从现场调查的结果来看，平洞中岩体的变形破坏特征主要有以下几点：

1）倾倒岩体顺岩层面成组的卸荷拉张变形。

2）岩体倾倒变形以后，被裂隙切割成块状结构岩体。

3）受边坡岩体严重倾倒变形影响，岩体发生强烈的拉裂、变形破坏，岩体解体、架空，甚至拉裂解体成为碎裂-散体结构岩体。

4）受构造、岩体结构以及短小裂隙切割的影响，加上岩体倾倒变形导致的变形破坏，在平洞局部地段发生了垮塌变形。

5）在倾倒体范围内，部分地段岩体倾倒变形以后，岩层之间挤压紧密，拉裂缝不发育，岩体波速高，完整性较好，与通常意义上的倾倒变形拉裂岩体有较大的差别。

图3.7是PD66号平洞86m处层状岩体顺层成组拉张变形，此处单层岩层厚度小于10cm，属于薄层状岩体，岩层产状330°∠46°，岩体顺层面张开宽度3～5cm，这种拉裂变形一般发生在层厚较小的板岩或者板岩夹砂岩地区。

图3.7　PD66号平洞86m顺层成组拉张变形

左岸4号倾倒体边坡中发育一组倾向NE-SE方向的优势裂隙面，在这组优势裂隙面密集发育的地区，倾倒岩体被切割成块状结构岩体，如图3.8所示。

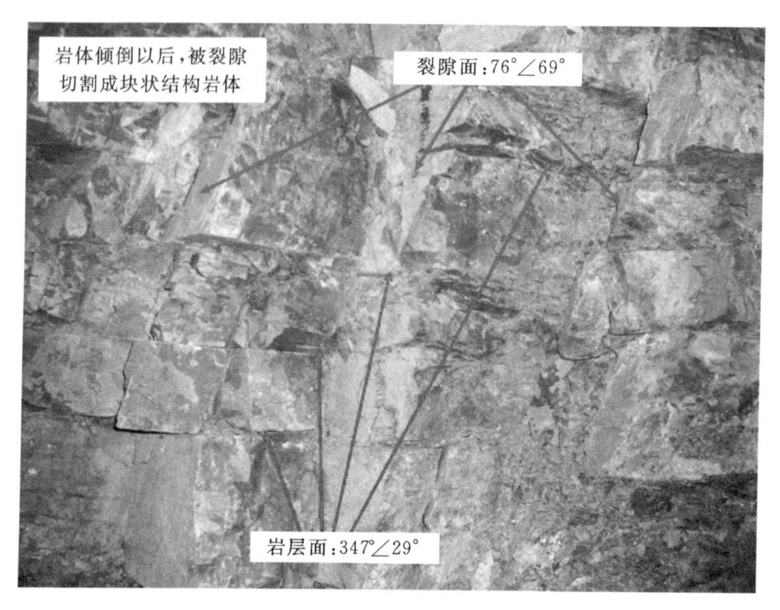

图 3.8　PD52 平洞 17m 岩体倾倒拉裂后被裂隙切割成块状结构

3.3　4号倾倒体倾倒变形形成过程离散元分析

根据前面对左岸4号倾倒体边坡倾倒变形特征分析，选取茨哈峡水电站坝址区边坡典型地质剖面，建立4号倾倒体边坡初始概化模型，通过离散元模拟河谷下切过程，推演分析4号倾倒体的形成过程及形成条件。

3.3.1　边坡简化模型

图3.9所示为茨哈峡水电站坝址区边坡横3地质剖面图。从图3.9中可以看出，坝址区边坡倾倒变形主要分布在左岸。因而，在数值模拟分析时，选取横3地质剖面中左岸边坡作为数值模拟的研究对象。根据横3地质剖面图，建立了左岸边坡概化模型，见图3.10。概化模型区域右侧以河谷为中心，模型水平方向长度为690m，高度为617m。

根据横3剖面左岸边坡概化模型，建立边坡离散元模型。横3剖面左岸边坡岩性主要为砂岩和板岩，岩体结构为薄层-互层结构，单层岩层的厚度一般在30cm以下，岩层倾角为75°。考虑到数值计算量问题，在建立边坡离散元模型时，岩层厚度缩放至4m，边坡岩性统一为相同岩性（砂岩），图3.11所示为建立的边坡离散元模型。

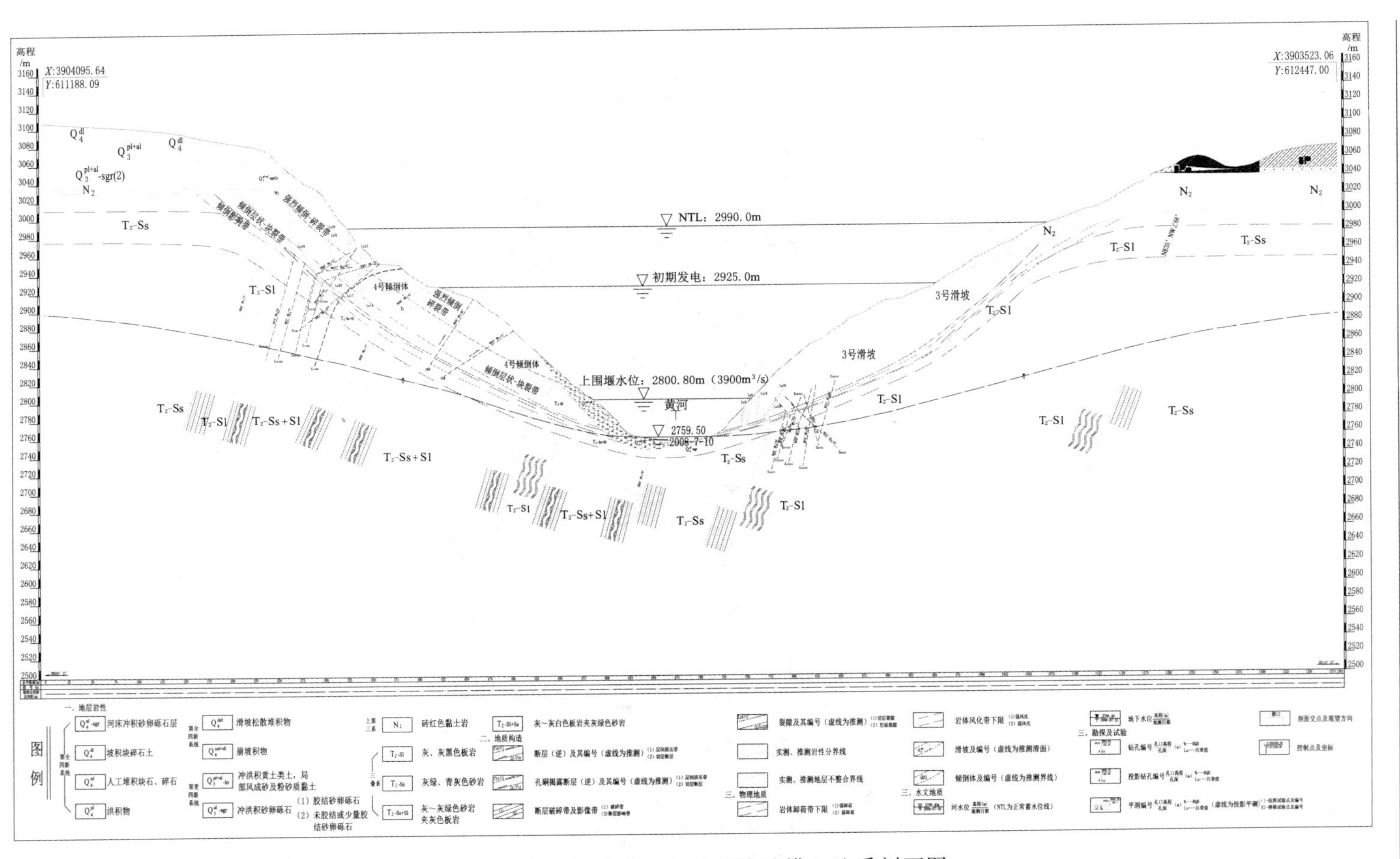

图 3.9 茨哈峡水电站坝址区边坡横 3 地质剖面图

3.3.2 材料参数取值

数值计算中层内岩体采用摩尔-库伦弹塑性模型进行分析，层间接触面采用库伦滑动接触模型进行分析，表3.2和表3.3为数值计算参数取值。

3.3.3 初始条件及边界条件

根据地应力测试结果，测点附近地应力作用以自重应力和构造应力为主，构造应力作

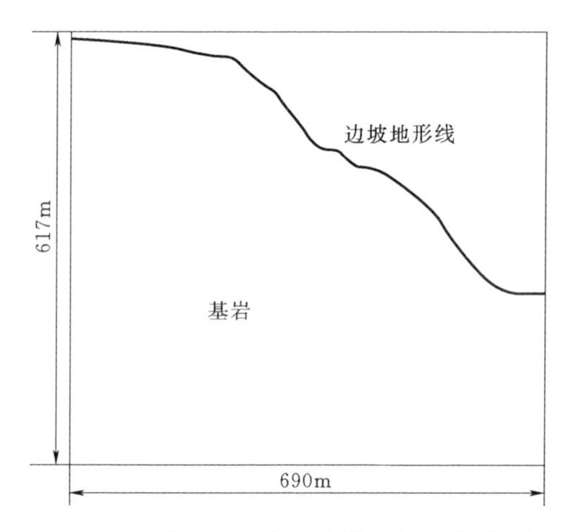

图3.10 横3地质剖面左岸边坡概化模型

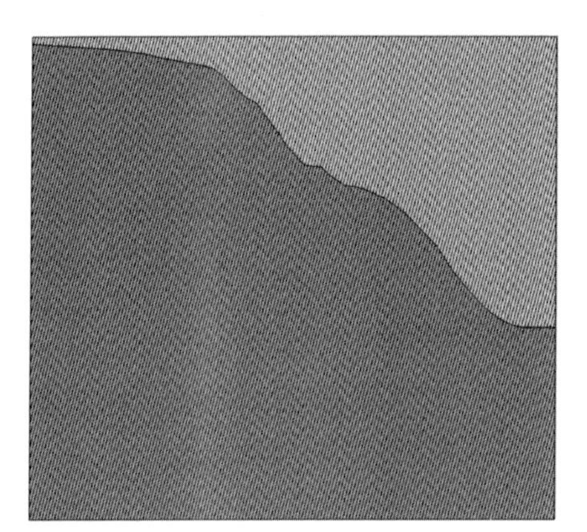

(a) 总体概化模型

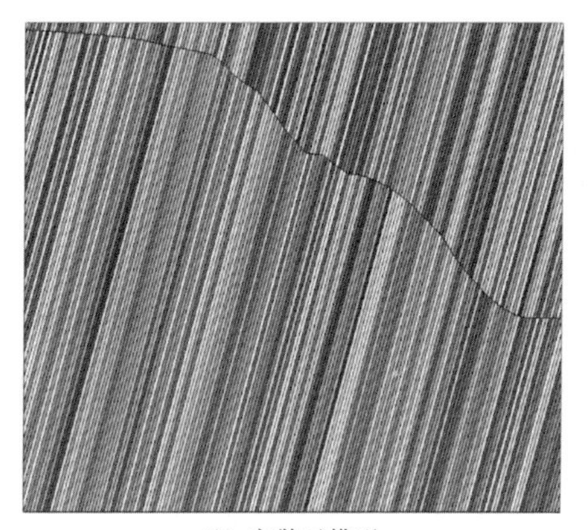

(b) 离散元模型

图3.11 横3剖面左岸边坡离散元模型

表3.2 层内岩体参数取值情况

岩体密度/(kg/m³)	弹性模量	泊松比	内摩擦角(*f*)	黏聚力/MPa	抗拉强度/MPa
2500.0	10.0	0.23	55.0°	2.0	0.5

表3.3 层间接触面参数取值情况

法向接触刚度	切向接触刚度	摩擦角	黏聚力/kPa	抗拉强度/kPa
50.0	8.0	35.0°	50.0	10.0

用强度不大。工程区主压应力方位近东西向或北东东向，三维测量的垂直主应力分量与上覆岩层的自重应力基本一致。为此，在数值模拟时，主要考虑自重应力的影响。图3.12所示为自重条件下边坡初始应力分布云图。

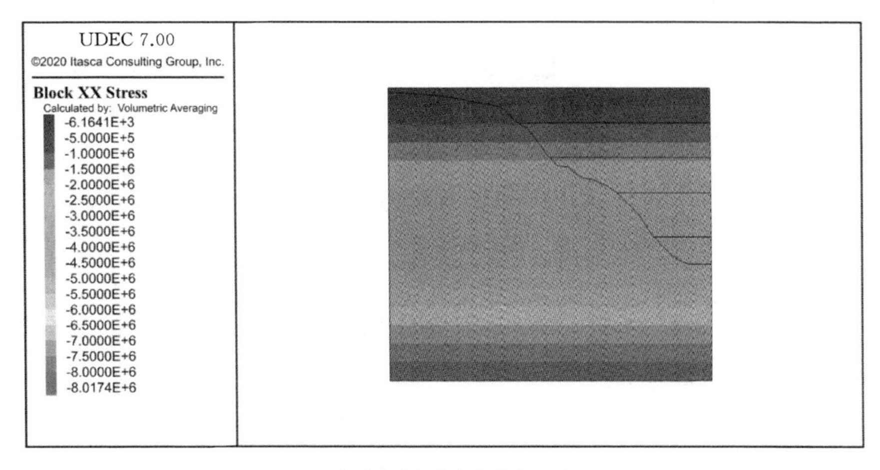

(a) 水平方向初始应力分布云图

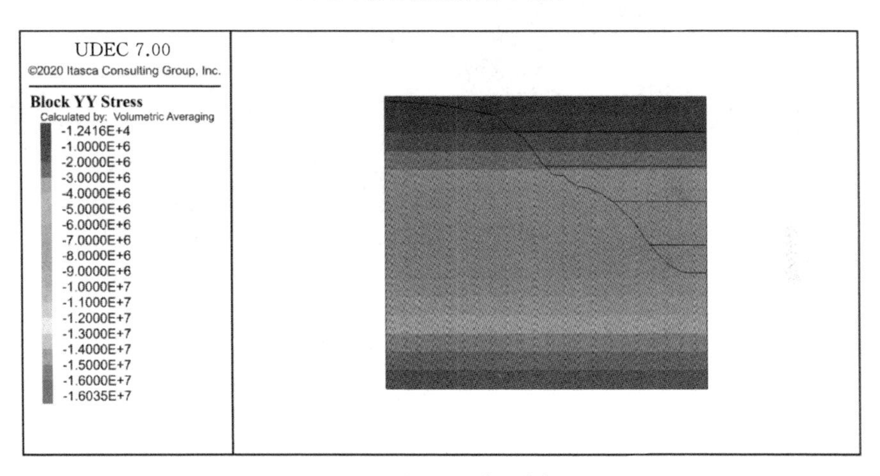

(b) 竖向方向初始应力分布云图

图3.12　自重条件下边坡初始应力分布云图

同时，在模拟过程中，模型顶部和左右侧采用固定边界。其中，顶部固定Y方向的速度，左右侧固定X方向速度。

3.3.4　倾倒变形过程分析

3.3.4.1　河谷下切模拟方法

为了分析河谷下切过程中边坡的倾倒变形过程，在数值模拟时，采用分步开挖来模拟河谷下切过程。本次模拟采用五步开挖完成河谷下切过程，分步开挖过程如图3.13所示。

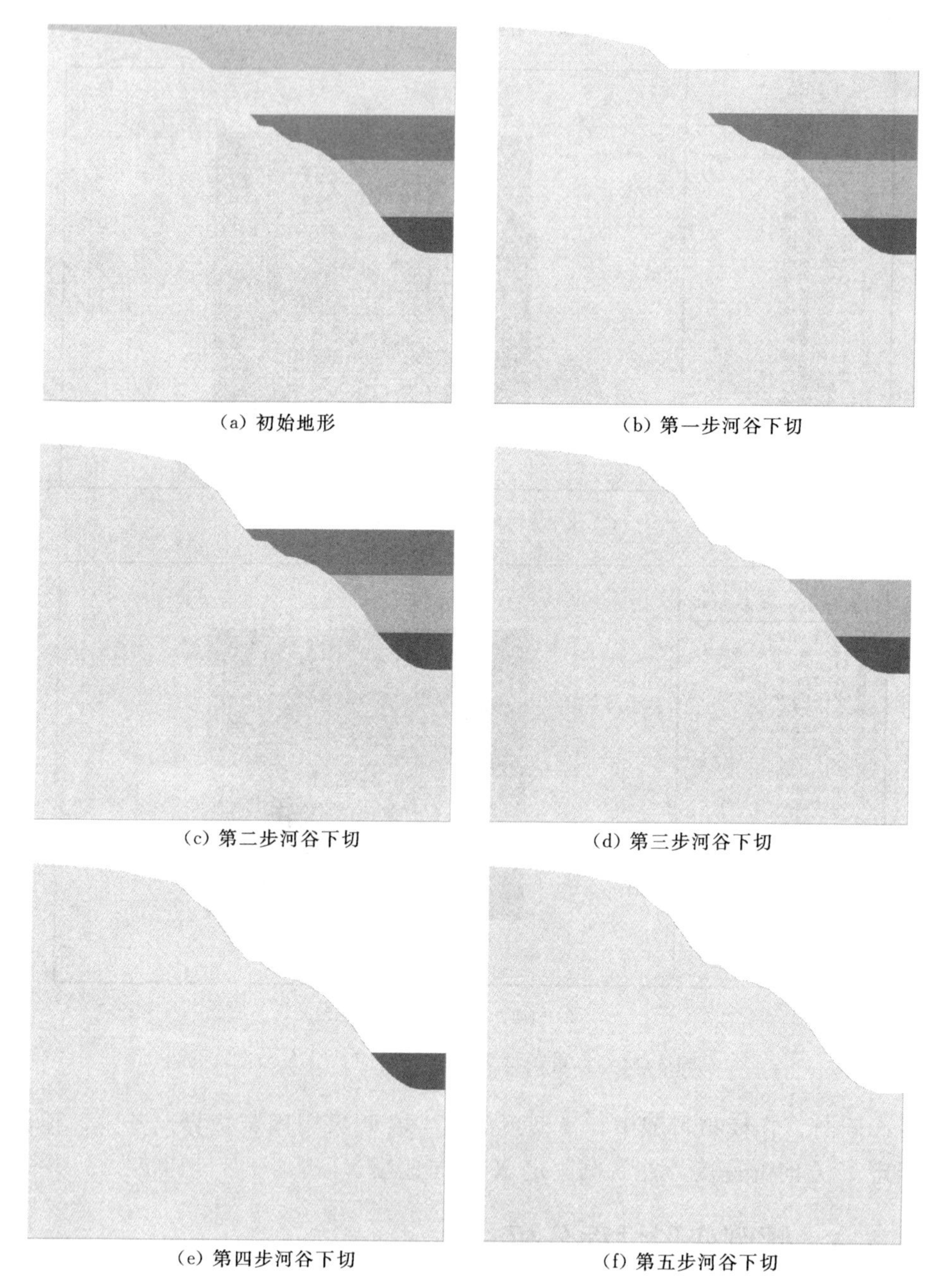

图3.13　河谷下切分步开挖模拟示意图

3.3.4.2　河谷下切数值模拟

图3.14所示为河谷下切过程中边坡变形的位移云图情况。由图3.14可以看出，随着河谷下切，由于应力调整，边坡产生了一定变形，且随着河谷逐渐下切，边坡产生的变形在逐渐增大。

图3.15所示为河谷下切过程中边坡岩体倾倒变形情况。由图3.15可以看出，随着河谷的逐渐下切，边坡岩体也逐渐表现出了一定的倾倒变形现象，但总体上来说，岩体倾倒变形现象并不明显。具体而言，在河谷下切到第三步时，边坡上部岩体开始出现了一定的倾倒变形现象，但倾倒变形并不明显；随着河谷的继续下切，当在河谷下切到第四步时，边坡中部岩体也出现了一定的倾倒变形，相比较而言，较上部的倾倒变形现象明显。

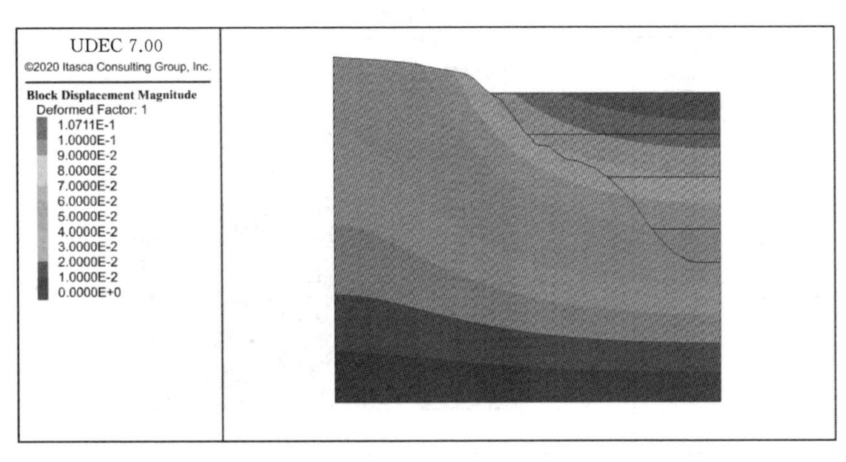

(a) 第一步河谷下切

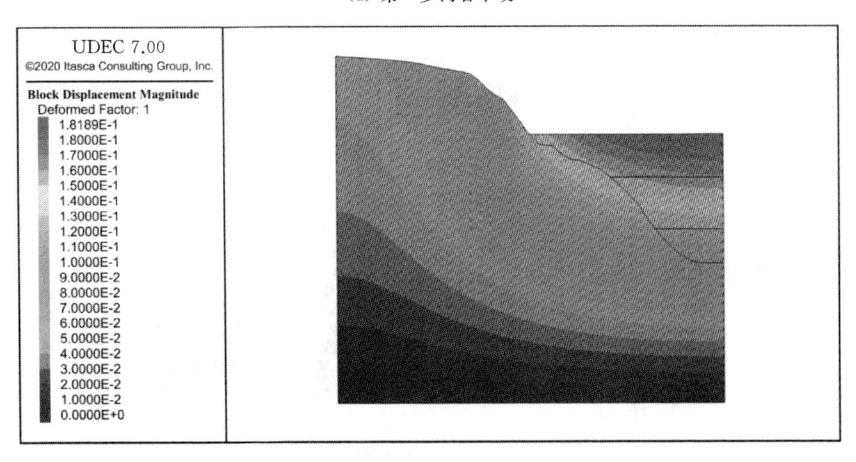

(b) 第二步河谷下切

图3.14（一）　河谷下切过程中边坡变形的位移云图

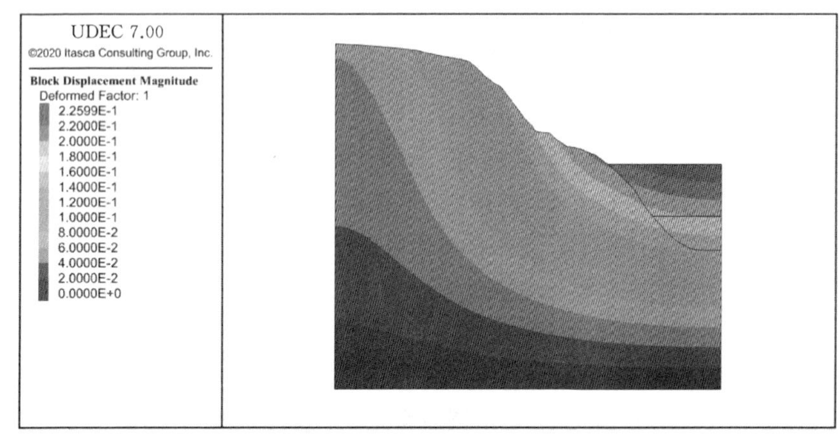

(c) 第三步河谷下切

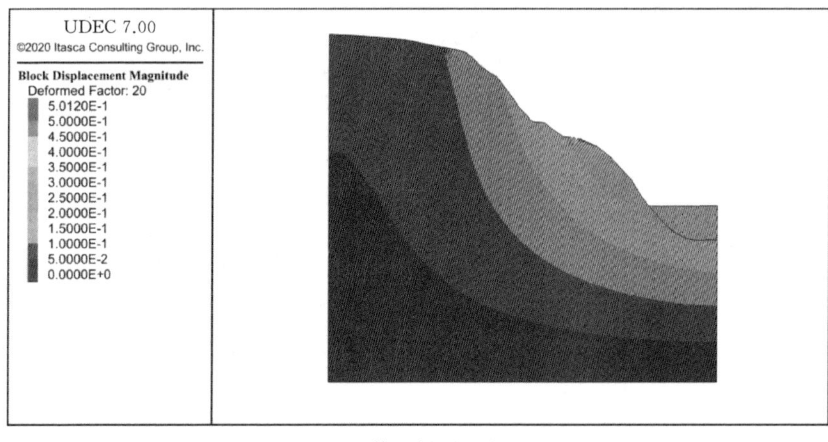

(d) 第四步河谷下切

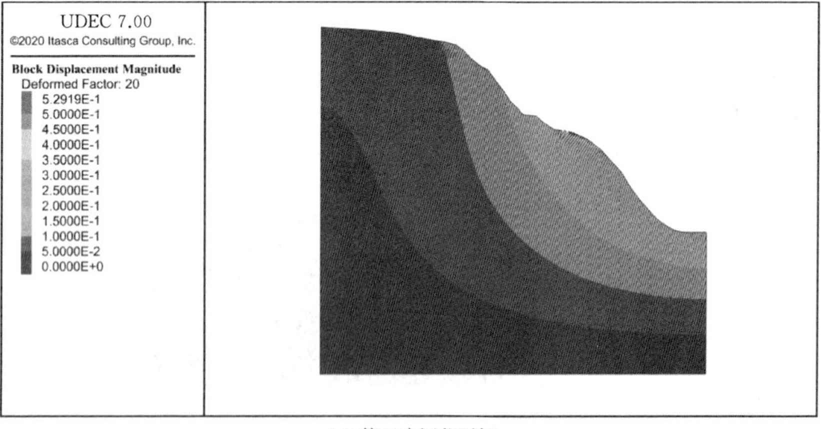

(e) 第五步河谷下切

图 3.14（二） 河谷下切过程中边坡变形的位移云图

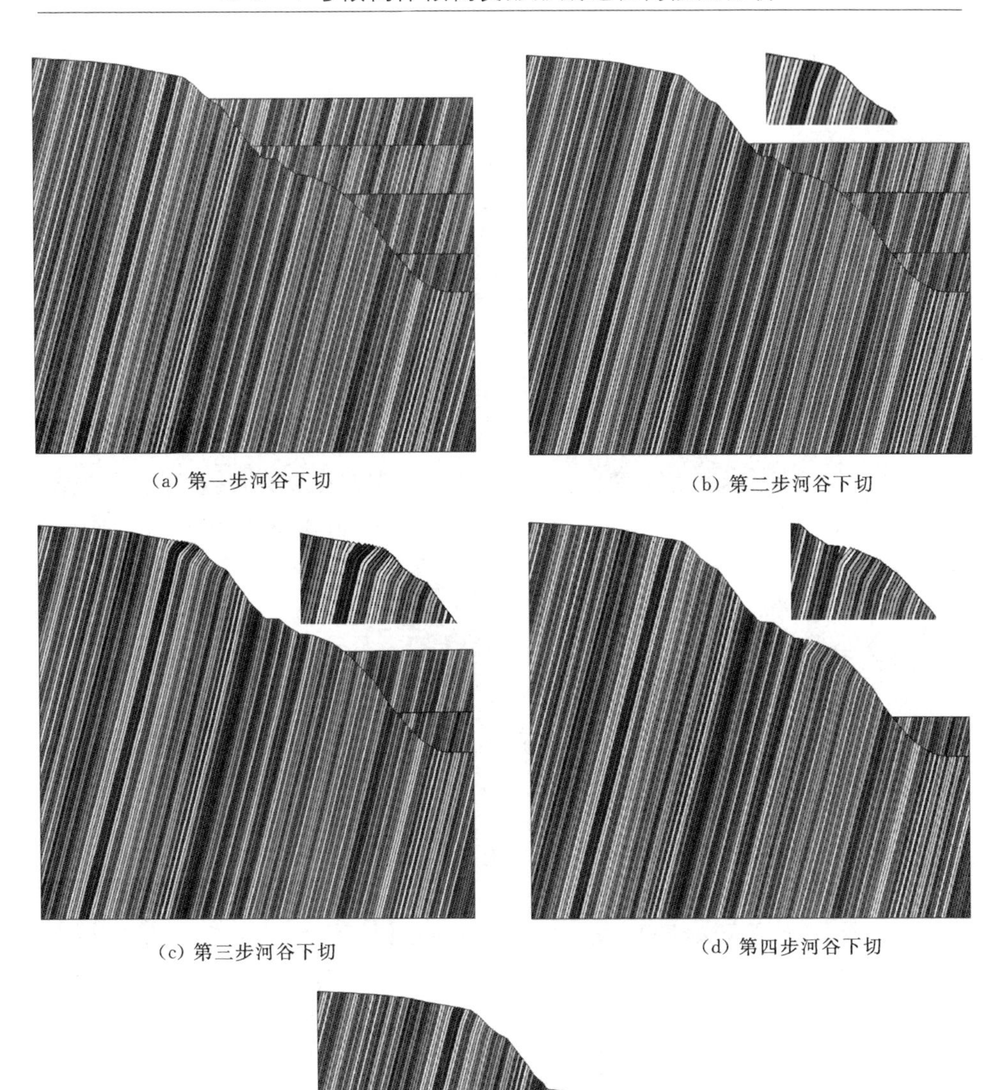

(a) 第一步河谷下切

(b) 第二步河谷下切

(c) 第三步河谷下切

(d) 第四步河谷下切

(e) 第五步河谷下切

图 3.15　河谷下切过程中边坡岩体倾倒变形情况

图3.16所示为河谷下切过程中边坡倾倒变形破坏情况。由图3.16

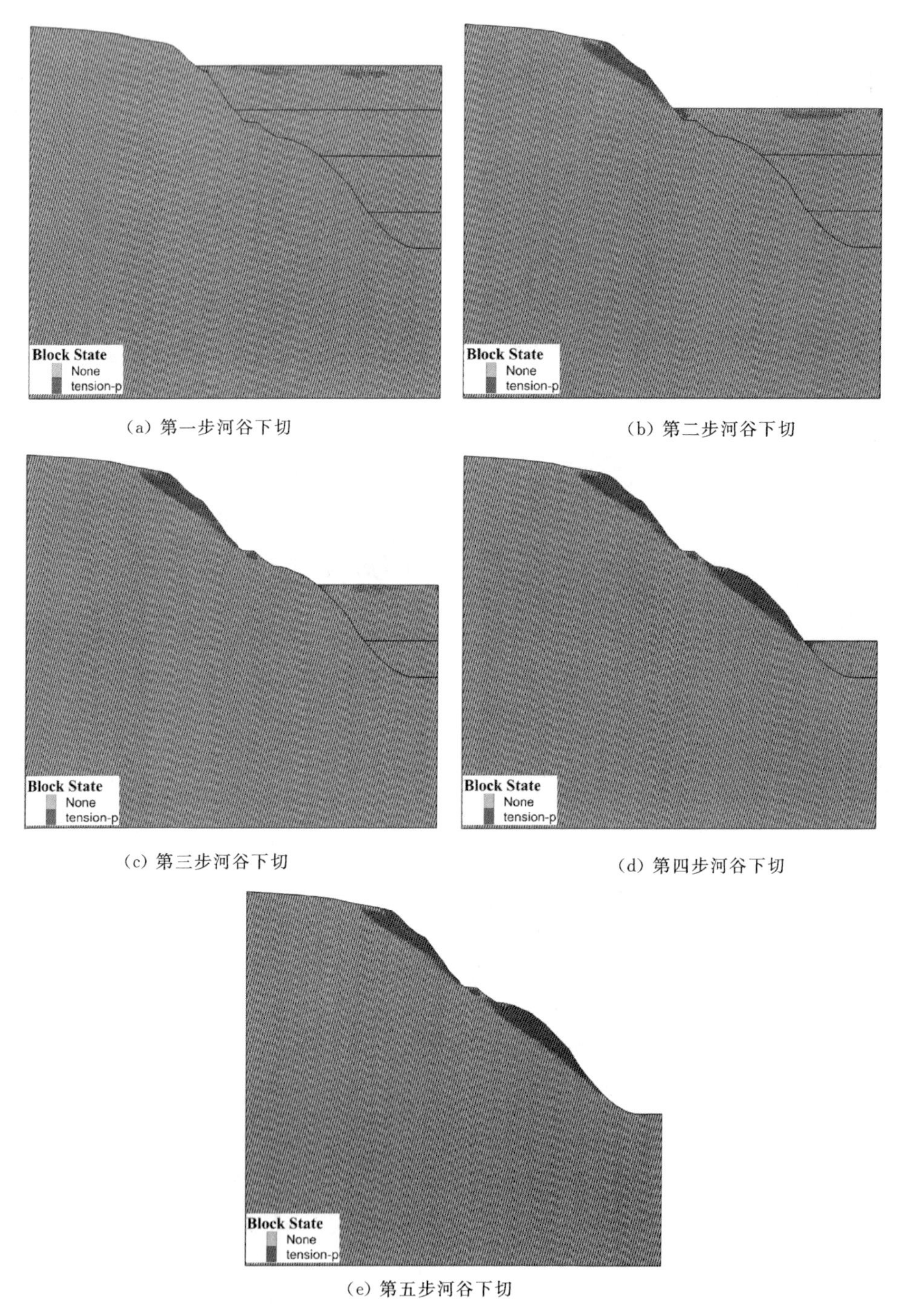

(a) 第一步河谷下切

(b) 第二步河谷下切

(c) 第三步河谷下切

(d) 第四步河谷下切

(e) 第五步河谷下切

图3.16　河谷下切过程中边坡倾倒变形破坏情况

可以看出，随着河谷下切，边坡倾倒变形逐渐加剧，在第一步河谷下切开挖后，边坡没有明显的倾倒变形，当河谷下切开挖到第三步时，边坡上部开挖初始明显的倾倒变形，当河谷下切开挖到第五步后，边坡发生了显著的倾倒变形，倾倒变形集中在边坡顶部和中部，且岩体内部也发生了拉裂破坏。

3.3.4.3　倾倒变形数值模拟结果分析

通过上述离散元模拟结果可以看出，根据横3地质剖面实际的边坡地形，建立边坡的概化模型，在河谷下切过程中，边坡岩体尚未表现出明显的倾倒变形现象，仅边坡表层中部和上部岩体出现了一定的倾倒变形情况，但总体上，与边坡岩体实际的倾倒变形情况不相吻合。由4号倾倒体边坡倾倒变形特征调查分析可知，4号倾倒体边坡浅表部岩体向坡外临空面发生倾倒变形后，岩层倾角变缓，倾角一般在30°以内，下部局部岩层甚至近水平状。由此可以分析得出，4号倾倒体边坡目前的地形特征是发生倾倒变形以后的地形，而并非河谷下切过程中发生倾倒变形的原始地形。

3.3.5　左岸4号倾倒体倾倒变形特征形成条件探讨

根据前面离散元模拟分析结果，目前4号倾倒体边坡地形特征是发生倾倒变形以后的地形，而并非河谷下切过程中发生倾倒变形的原始地形。为此，根据4号倾倒体边坡的地质条件，建立边坡的简化模型，通过离散元数值模拟，推演分析4号倾倒体边坡出现现有倾倒变形特征的形成条件。

3.3.5.1　坡脚岩体发生水平倾倒的形成条件分析

左岸4号倾倒变形体整个边坡的垂直高差在300m以上，不同高程部位边坡坡面有一定的起伏，边坡坡度变化位于30°～60°之间，岩层倾角主要介于65°～78°之间。据此，建立了左岸4号倾倒体边坡概化模型，见图3.17。其中，边坡高度选取为300m，边坡坡度选取为60°，岩层厚度选取为4m，岩层倾角选取为75°。同时，为了探究坡脚岩体发生水平倾倒的形成条件，在数值模拟中，对坡脚进行了两种方式处理，分别考虑坡脚切脚和无坡脚切脚两种情况，以进行对比分析。

同样的，数值模拟中采用分步开挖来模拟河谷下切，为了简化分析，河谷下切分3个开挖步进行，图3.18所示为考虑和不考虑坡脚切脚情况下建立的边坡离散元模型。

图3.19所示为考虑和不考虑坡脚切脚情况下河谷下切后边坡岩层倾

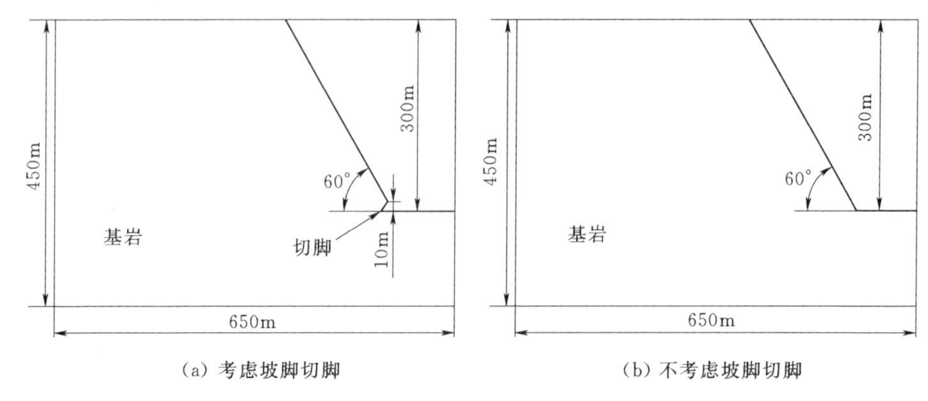

(a) 考虑坡脚切脚　　(b) 不考虑坡脚切脚

图 3.17　左岸 4 号倾倒体概化模型

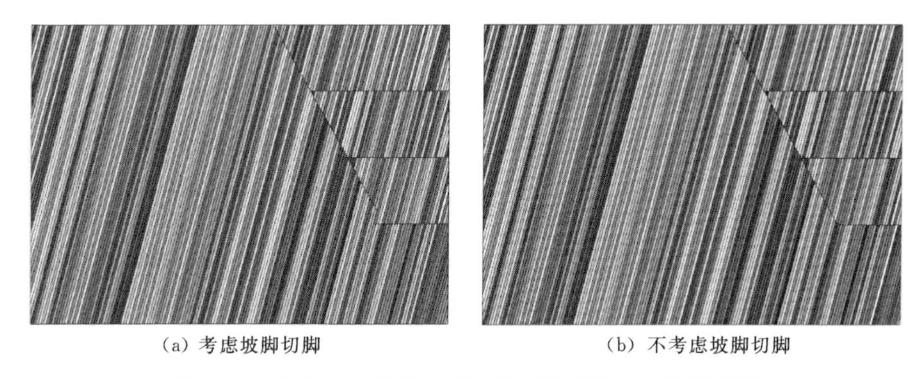

(a) 考虑坡脚切脚　　(b) 不考虑坡脚切脚

图 3.18　考虑和不考虑坡脚切脚情况下边坡离散元模型

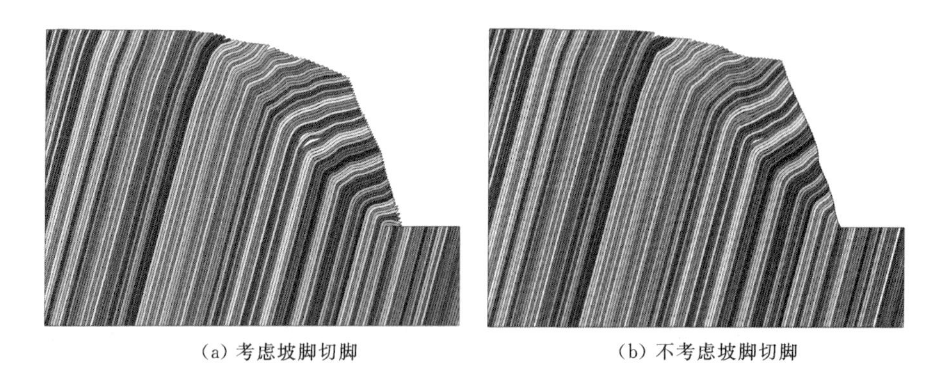

(a) 考虑坡脚切脚　　(b) 不考虑坡脚切脚

图 3.19　考虑和不考虑坡脚切脚情况下河谷下切后边坡岩层倾倒变形情况

倒变形情况。由图 3.19 可以看出，在不考虑坡脚切脚情况，由于下部位岩体无倾倒变形的空间，河谷下切后边坡下部岩体未出现明显的倾倒变形，倾倒变形主要出现在坡脚以上部位；而在考虑切脚情况下，边坡下部岩体出现了显著的倾倒变形，且倾倒后岩层呈近水平状；综合上述对比可以看出，在考虑切脚情况下，河谷下切后边坡岩体的倾倒变形特征与4号倾倒体的实际倾倒变形特征较为吻合。由此可以推断出，4号倾倒体下部坡脚部位岩体发生水平倾倒情况，是需要有一定的倾倒变形空间。

图3.20所示为考虑和不考虑切脚情况下河谷下切后边坡岩体破坏情况。由图3.20可以看出，当边坡坡度为60°、岩层倾角为75°的情况下，在考虑和不考虑切脚的情况下，河谷下切后，倾倒变形区内大部分岩体均出现了拉裂破坏情况，而且在倾倒变形区中部部位岩层出现了张开现象，同时在坡脚附近部位还出现了局部的剪切破坏情况，其中，在无切脚情况下，剪切破坏区位于坡脚上部位置，而在切脚情况下，剪切破坏区主要位于倾倒变形区底部。

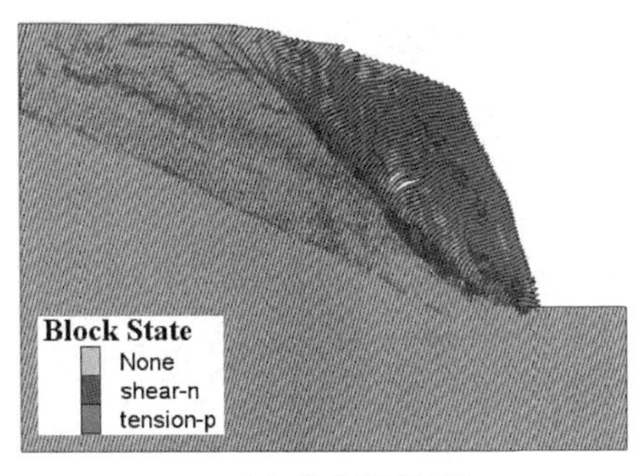

(a) 考虑坡脚切脚

(b) 不考虑坡脚切脚

图3.20 考虑和不考虑坡脚切脚情况下边坡岩体倾倒变形破坏情况

图3.21所示为考虑和不考虑切脚情况下边坡岩体倾倒变形位移分布云图。由图3.21可以看出，在考虑和不考虑切脚的情况下，河谷下切后，边坡岩体倾倒变形最大部位均位于顶前缘部位，但在无切脚情况下，由于

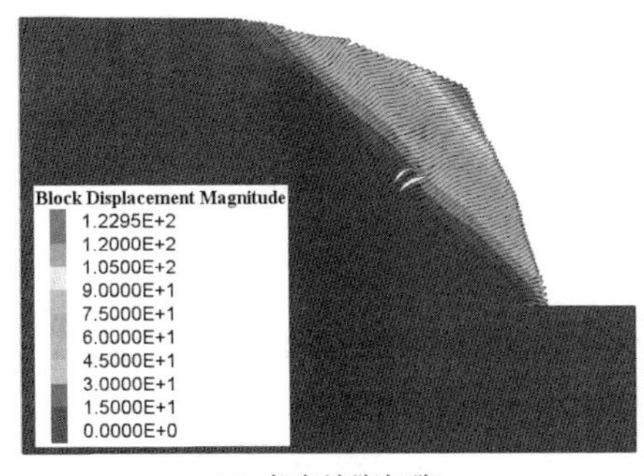

(a) 考虑坡脚切脚

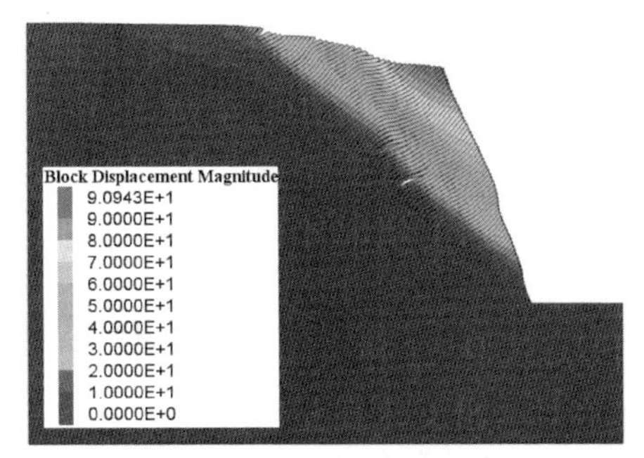

(b) 不考虑坡脚切脚

图3.21 考虑和不考虑切脚情况下边坡岩体倾倒变形特征

下部位岩体无倾倒变形的空间，坡脚部位岩体基本无明显的倾倒变形位移，在切脚情况下，坡脚部位出现了明显的倾倒变形位移。

综上可知，对于4号倾倒体边坡，坡脚部位岩体发生水平倾倒变形的前提条件是坡脚下部需要有一定的水平倾倒变形空间。

3.3.5.2　边坡岩体发生明显倾倒变形的形成条件分析

左岸4号倾倒体边坡不同高程部位坡面有一定的起伏，坡度变化范围主要位于30°～60°之间，且边坡浅表部岩体向坡外临空面发生了明显的倾倒变形现象。在此基础上，进一步探究边坡岩体发生明显倾倒变形的形成条件，为此建立了不同坡度的离散元模型，对比分析在不同坡度情况下河谷下切后边坡岩体的倾倒变形情况。选取不同坡度分别为40°、45°、50°、60°，边坡离散元模型如图3.22所示。

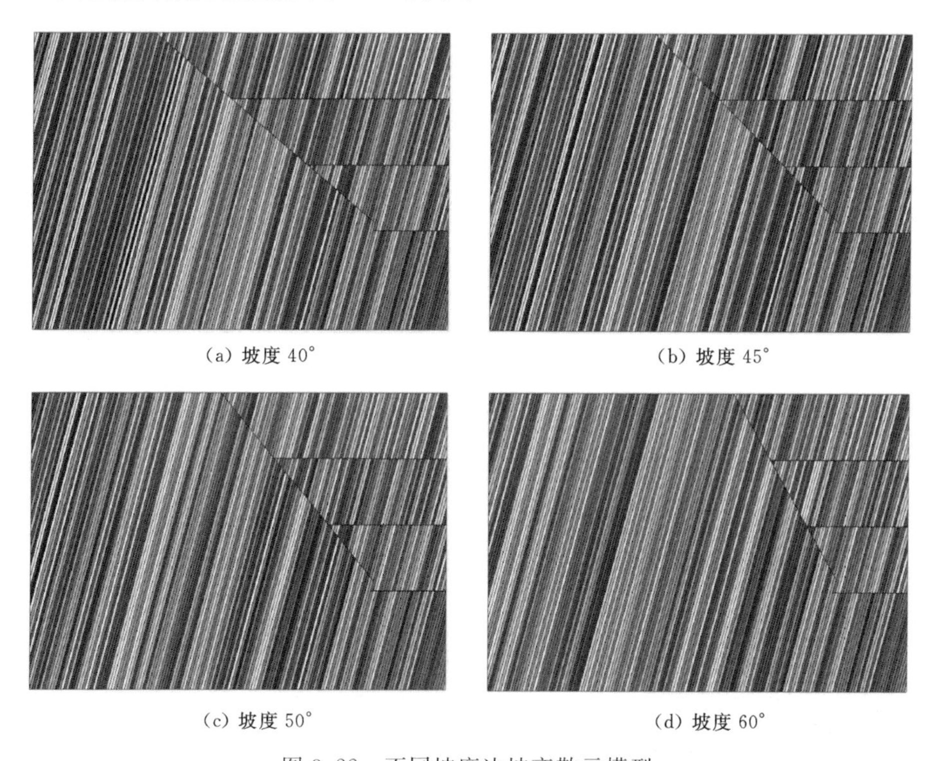

(a) 坡度40°　(b) 坡度45°　(c) 坡度50°　(d) 坡度60°

图3.22　不同坡度边坡离散元模型

图3.23所示为不同坡度情况下河谷下切后边坡岩体倾倒变形情况。总体上，由图3.23可以看出，在相同岩层厚度和倾角情况下，当边坡坡度为40°时，河谷下切后，边坡基本上无明显的倾倒变形；而当边坡坡度大于45°后，随边坡坡度的增大，边坡岩体倾倒变形现象也越来越显著，

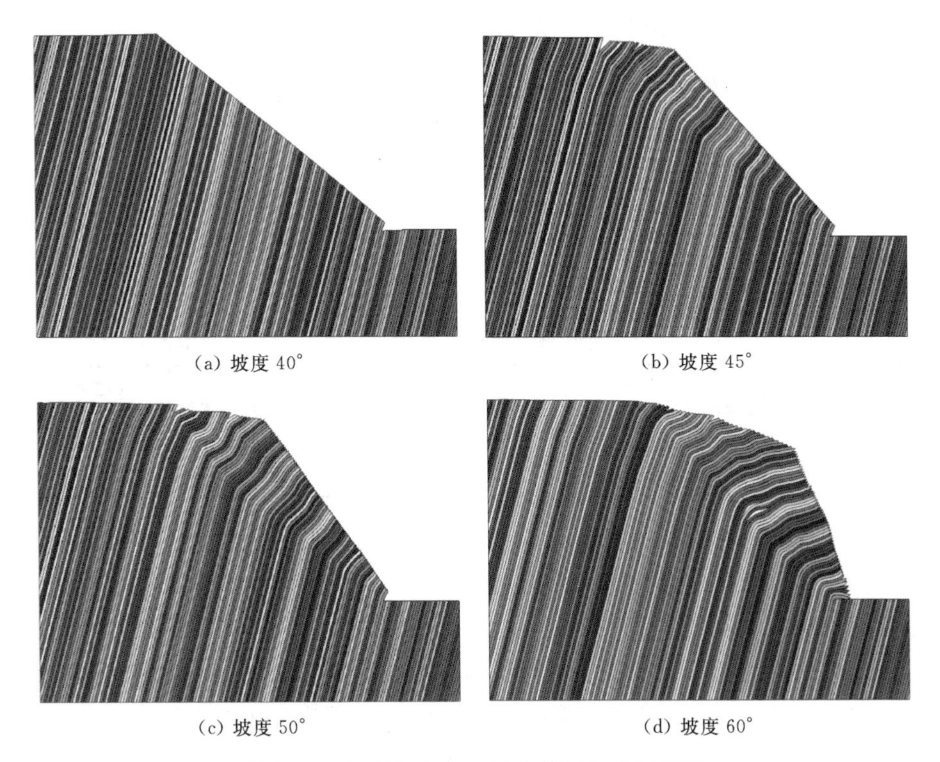

(a) 坡度 40°　　(b) 坡度 45°

(c) 坡度 50°　　(d) 坡度 60°

图 3.23 不同坡度下边坡岩体倾倒变形情况

边坡内部岩体倾倒变形区域也越大。当边坡坡度为 60°时，河谷下切后，坡脚岩体倾倒后呈近水平状。

根据模拟结果，对不同坡度下边坡岩体倾倒变形情况进行了统计，统计结果见表 3.4。由表 3.4 可以看出，总体上而言，随着边坡坡度的增加，边坡岩体逐渐呈现出了倾倒变形现象，且边坡坡度越大，倾倒变形后岩体的倾角越缓，折断面的深度也越深。具体而言，当边坡坡度为 45°时，河谷下切后，边坡岩体开始出现倾倒变形现象，倾倒变形后，岩体倾角由初始 75°倾倒至约 50°，折断面的深度约为 50m；当边坡坡度增大至 60°时，倾倒变形后，岩体倾角由初始 75°倾倒至 25°以内，折断面的深度达到了 100m 左右，且坡脚岩体倾倒为水平状。由表 3.4 和表 3.5 可以看出，通过对比不同坡度下边坡岩体倾倒变形特征与 4 号倾倒体实际的倾倒变形特征，可以推断出，4 号倾倒体边坡发生倾倒变形时边坡的原始坡度在 60°左右。

图 3.24 所示为不同坡度情况下河谷下切后边坡内部岩体的倾倒变形破坏情况。由图 3.24 可以看出，在相同岩层厚度和倾角情况下，当边坡

表 3.4　　不同坡度下边坡岩体倾倒变形特征统计

初始岩层倾角	边坡坡度/(°)	是否发生倾倒变形	倾倒后岩层倾角	折断面深度	坡脚岩层是否水平
75°	40	否	—	—	—
	45	是	50°左右	50m 左右	否
	50	是	45°左右	70m 左右	否
	60	是	25°以内	100m 左右	是

表 3.5　　4号倾倒体倾倒变形特征统计

初始岩层倾角	边坡坡度	是否发生倾倒变形	倾倒后岩层倾角	折断面深度	坡脚岩层是否水平
65°～78°	30°～60°	是	30°以内		是

坡度为40°时，边坡内部岩体无破坏情况出现；而当边坡坡度大于40°后，随着坡度的增大，边坡岩体倾倒变形现象也越明显，边坡内部岩体倾倒变形区域也越大，其折断面深度也越深，同时倾倒变形区内大部分岩体均出现了拉裂破坏情况，此外在坡脚附近部位还出现了局部的剪切破坏情况；当边坡坡度为60°时，倾倒变形区中部部位岩层还出现了张开现象。

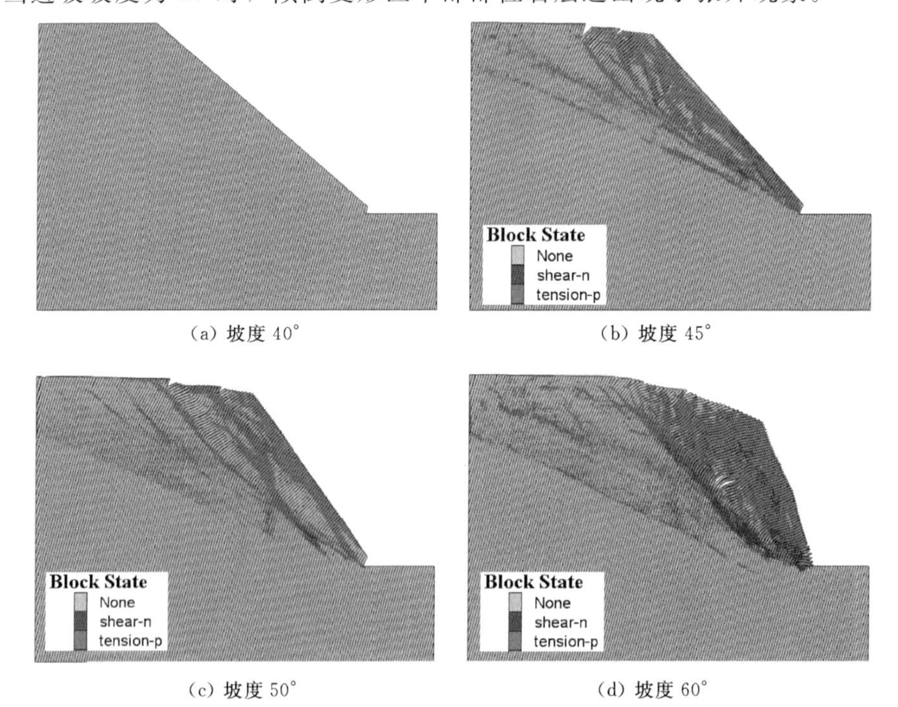

(a) 坡度40°　　(b) 坡度45°

(c) 坡度50°　　(d) 坡度60°

图 3.24　不同坡度下边坡岩体倾倒变形破坏情况

图 3.25 所示为不同坡度下河谷下切后边坡倾倒变形位移分布云图。由图 3.25 可以看出，当边坡坡度为 40°时，河谷下切后，边坡岩体无明显倾倒变形，边坡变形最大部位位于坡脚附近部位；当边坡坡度大于 40°后，边坡岩体开始出现明显的倾倒变形，且边坡变形最大部位位于坡顶部位，且坡度越大，边坡岩体倾倒变形的位移量也越大。

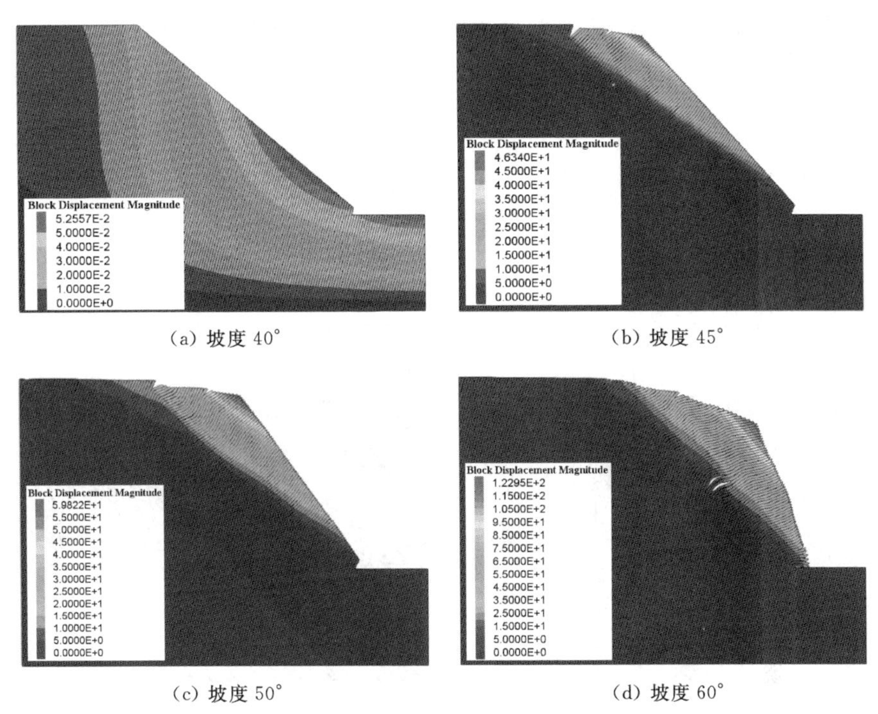

(a) 坡度 40°　(b) 坡度 45°

(c) 坡度 50°　(d) 坡度 60°

图 3.25 不同坡度下边坡岩体倾倒变形位移云图

综上分析，4 号倾倒体边坡发生明显倾倒变形的条件是河谷下切时边坡原始的坡度在 60°左右。

根据典型地质剖面的实际边坡地形，建立边坡的概化模型，通过离散元模拟河谷下切过程中发现，采用现有的地形，进行河谷下切模拟，边坡岩体表现出的倾倒变形现象与边坡岩体实际的倾倒变形情况不相吻合。由此推断分析出，目前 4 号倾倒体边坡的地形特征是发生倾倒变形以后的地形，而并非河谷下切时发生倾倒变形的原始地形。为此，通过建立边坡简化模型，进一步采用离散元模拟，推演分析 4 号倾倒体边坡出现现有倾倒变形特征的形成条件。分析结果得出：

(1) 4 号倾倒体边坡下部坡脚部位岩体要发生水平倾倒变形的条件是河谷下切过程中坡脚下部需要存在一定的水平倾倒变形空间。

(2) 4号倾倒体边坡要发生明显倾倒变形的条件是河谷下切时边坡原始的坡度在60°左右。

3.4　4号倾倒体倾倒变形影响因素分析

前面对左岸4号倾倒体边坡的倾倒变形特征的形成条件进行了分析，本节进一步采用离散元模拟，探讨分析岩层倾角、岩层厚度及岩层走向对边坡倾倒变形特征的影响。

3.4.1　岩层倾角影响

通过数值模拟，对比分析岩层倾角对边坡岩体倾倒变形特征的影响。假定边坡坡度为60°，岩层厚度为4m，不同岩层倾角分别选取为55°、60°、65°和75°，建立边坡离散元模型如图3.26所示。

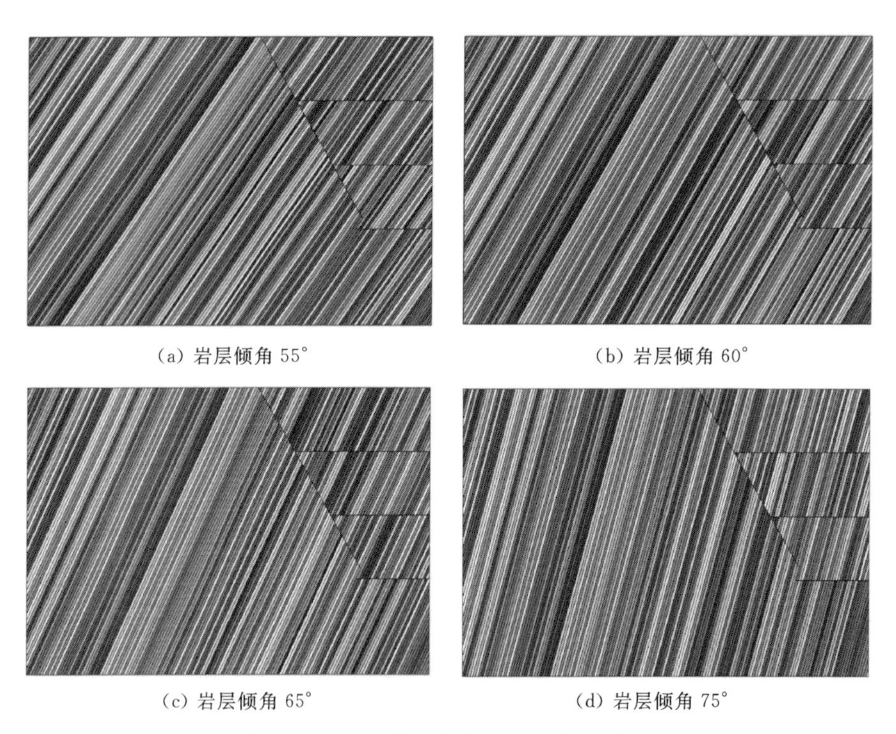

(a) 岩层倾角55°　(b) 岩层倾角60°　(c) 岩层倾角65°　(d) 岩层倾角75°

图3.26　不同岩层倾角边坡离散元模型

图3.27所示为不同岩层倾角情况下河谷下切后边坡岩体的倾倒变形情况。由图3.27可以看出，通过对比不同倾角下边坡岩体倾倒变形程度，

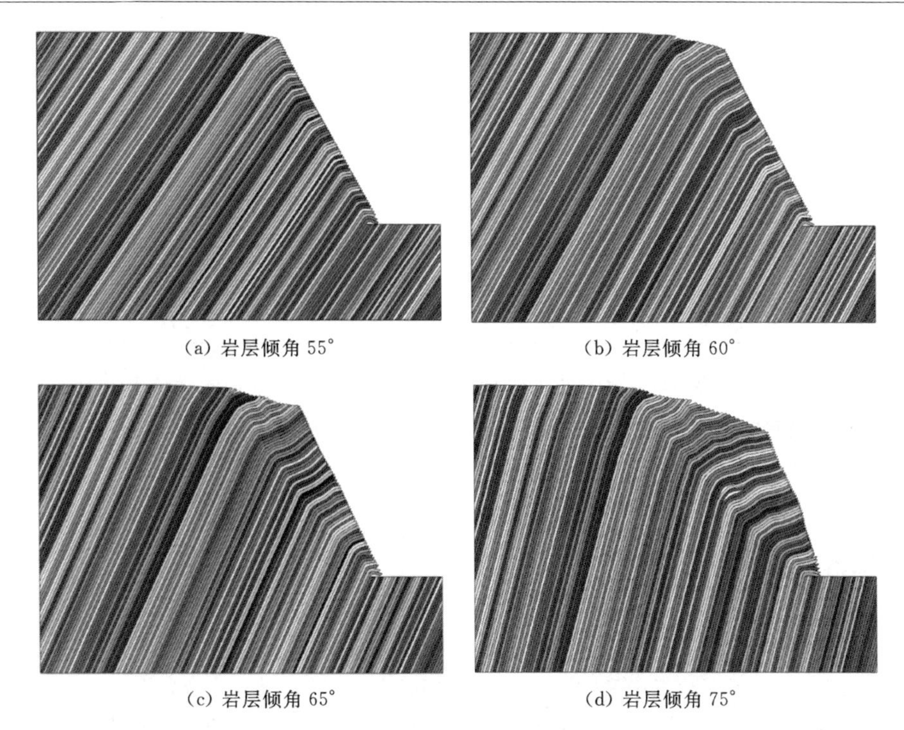

(a) 岩层倾角 55°　(b) 岩层倾角 60°　(c) 岩层倾角 65°　(d) 岩层倾角 75°

图 3.27 不同岩层倾角下边坡岩体的倾倒变形情况

在切脚情况下，当岩层倾角为 55°时，河谷下切后，边坡岩体仅表层部位发生了一定的倾倒变形，而当岩层倾角大于 55°后，河谷下切后，边坡岩体的倾倒变形开始越来越明显，且岩层倾角越大，倾倒变形区域也越大，同时岩体倾倒变形后，坡脚部位岩层倾倒为水平状。

根据模拟结果，对不同岩层倾角情况下边坡岩体倾倒变形情况进行了统计，结果见表 3.6。由表 3.6 可以看出，在边坡坡度为 60°的情况下，随着岩层倾角的增大，河谷下切后，岩体的倾倒变形现象越来越显著，且岩层倾角越大，倾倒后的岩体的倾角也越缓，折断面的深度也越深。具体而言，当岩层倾角为 55°时，在切脚情况下，河谷下切后，边坡岩体出现了一定的倾倒变形现象，在倾倒后，岩体倾角由初始 55°倾倒至约 50°左右，折断面的深度约为 20m，相比较而言倾倒变形并不显著；当岩层倾角增大至 75°时，倾倒后，岩体倾角由初始 75°倾倒至 25°以内，折断面的深度达到了 100m 左右。

图 3.28 所示为不同岩层倾角下河谷下切后边坡内部岩体的倾倒变形破坏情况。由图 3.28 可以看出，当岩层倾角为 55°时，边坡内部仅表层岩体出现了拉裂坡情况；当岩层倾角大于 55°后，随着岩层倾角的增大，边

表 3.6 不同岩层倾角情况下边坡岩体倾倒变形特征统计

边坡坡度	岩层倾角	是否发生显著的倾倒变形	倾倒后岩层倾角	折断面深度	坡脚岩层是否水平
60°	55°	否	50°左右	20m 左右	是
	60°	是	35°左右	40m 左右	是
	65°	是	30°左右	60m 左右	是
	75°	是	25°以内	100m 左右	是

坡内部岩体倾倒变形区域开始明显增大，且倾倒变形区内岩体拉裂破坏范围也越来越大，当岩层倾角为 75°时，倾倒变形区内岩体基本发生了拉裂破坏，且倾倒变形区内岩层也出现了张开现象。

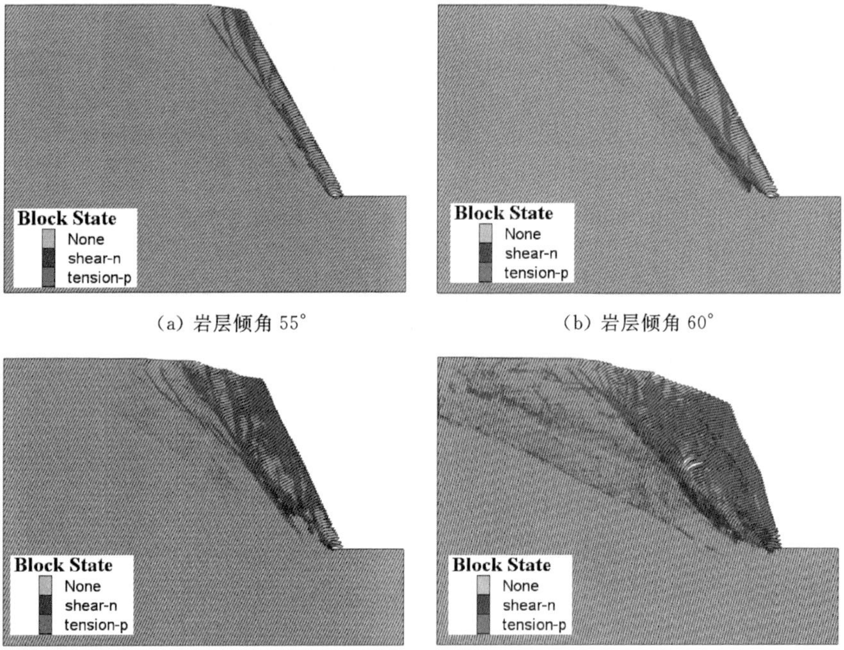

(a) 岩层倾角 55°

(b) 岩层倾角 60°

(c) 岩层倾角 65°

(d) 岩层倾角 75°

图 3.28 不同岩层倾角下边坡岩体倾倒变形破坏情况

图 3.29 所示为不同岩层倾角情况下河谷下切后边坡倾倒变形位移分布云图。由图 3.29 可以看出，河谷下切后，边坡岩体发生倾倒变形后，位移变形量最大部位坡顶前缘部位，且岩层倾角越大，岩层倾倒变形位移量越大。

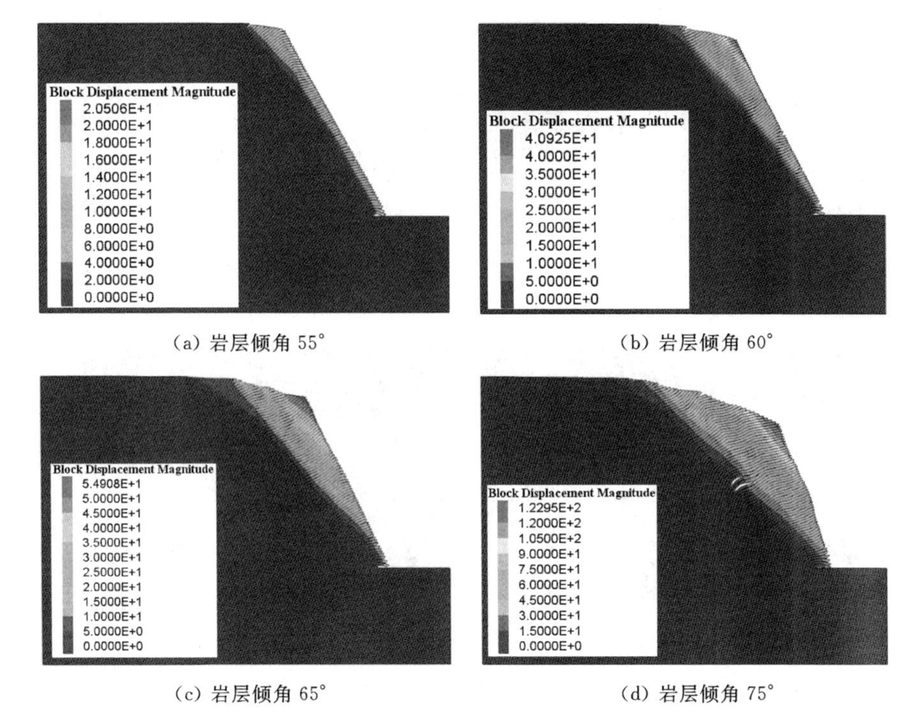

(a) 岩层倾角 55°　　(b) 岩层倾角 60°

(c) 岩层倾角 65°　　(d) 岩层倾角 75°

图 3.29　不同岩层倾角下边坡倾倒变形位移云图

3.4.2　岩层厚度影响

通过数值模拟，对比分析岩层厚度对边坡倾倒变形特征的影响。假定岩层倾角为 75°，边坡坡度为 60°，不同岩层厚度分别选取为 4m、5m、6m、8m，建立边坡离散元模型如图 3.30 所示。

图 3.31 所示为不同岩层厚度情况下河谷下切后边坡岩体的倾倒变形情况。由图 3.31 可以看出，相比较而言，在坡脚切脚情况下，河谷下切后，不同岩层厚度下边坡倾倒变形现象基本类似，岩层对边坡倾倒变形影响相对较小，而且在倾倒后，不同岩层厚度下边坡坡脚岩体均倾倒为水平状。

图 3.32 所示为不同岩层厚度情况下河谷下切后边坡岩体的倾倒变形破坏情况。由图 3.32 可以看出，在不同岩层厚度下，河谷下切后，边坡内部岩体变形破坏情况基本类似，表现为倾倒区内岩体主要发生拉裂坡情况，而且在坡脚部位出现了局部的剪切破坏情况，在岩层厚度为 4m 和 5m 的情况下，倾倒变形区内岩层也出现了张开现象。

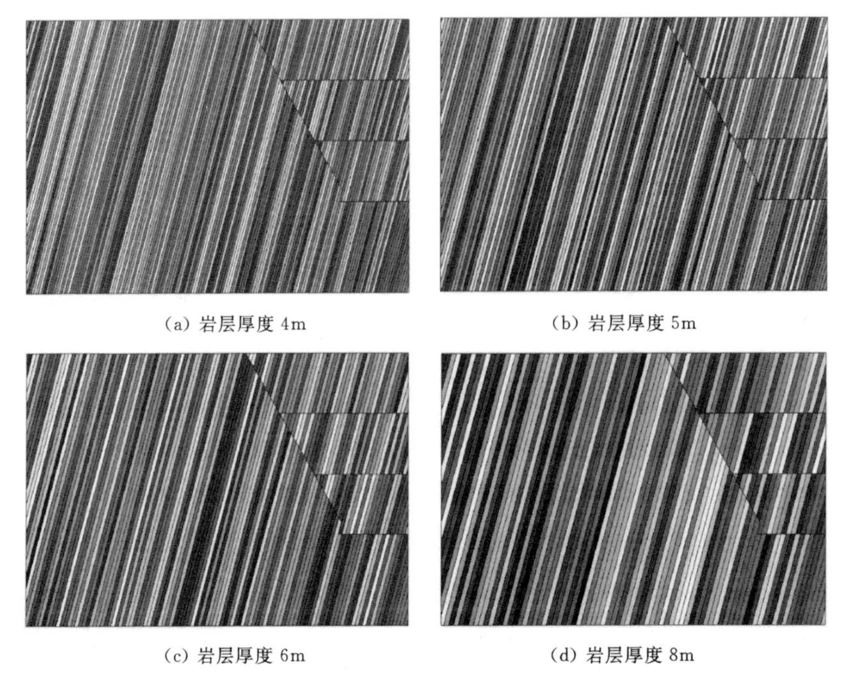

图 3.30 边坡岩层厚度边坡离散元模型

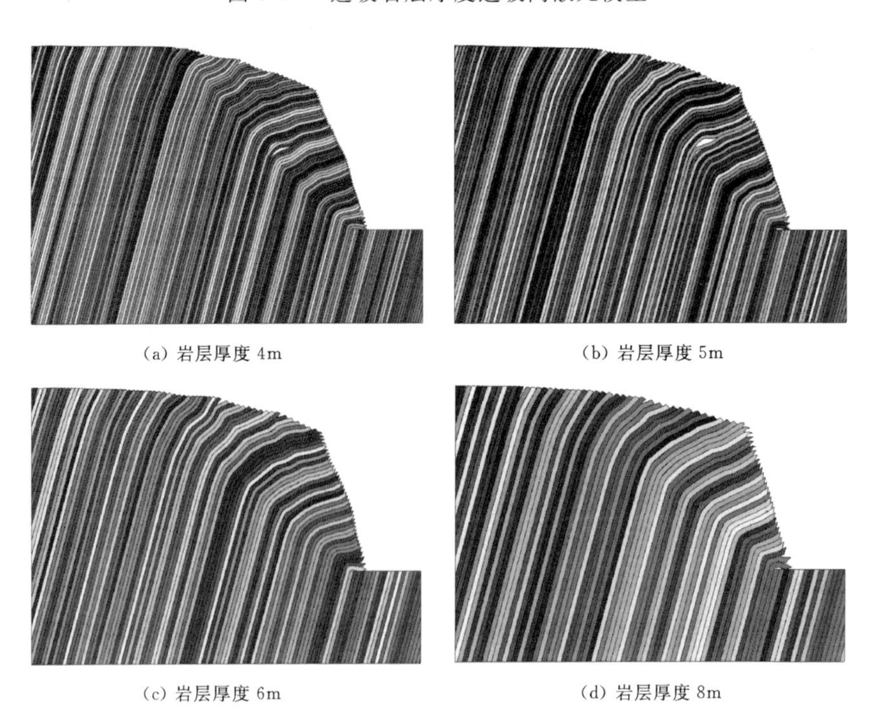

图 3.31 不同岩层厚度边坡岩体倾倒变形情况

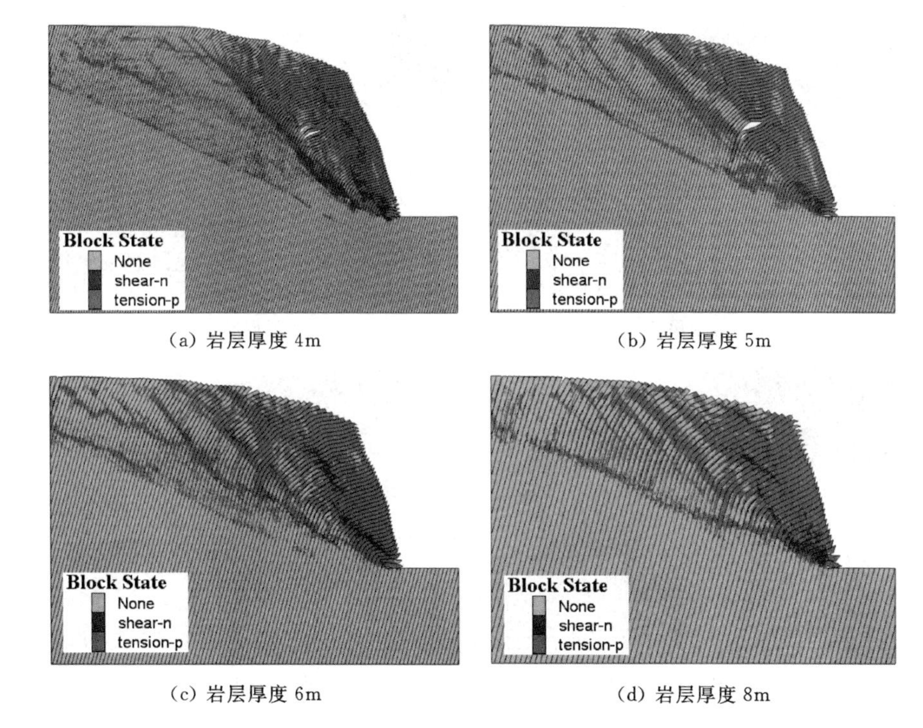

(a) 岩层厚度 4m　(b) 岩层厚度 5m

(c) 岩层厚度 6m　(d) 岩层厚度 8m

图 3.32　边坡岩层倾倒折断情况

图 3.33 给出了河谷下切后边坡倾倒变形位移分布云图。由图 3.33 可以看出，在不同岩层厚度下，河谷下切后，边坡内部岩体变形情况也基本一致，变形最大部位位于坡顶前缘部位，且位移量相差不大。

3.4.3　边坡高度影响

通过数值模拟，对比分析坡高对边坡倾倒变形特征的影响。假定边坡坡度为 60°，岩层厚度为 4m，岩层倾角为 75°，不同坡高分别选取为 100m、200m、300m，建立边坡离散元模型如图 3.34 所示。

图 3.35 所示为不同坡高下河谷下切后边坡岩体的倾倒变形情况。由图 3.35 可以看出，通过对比不同坡高下边坡岩体倾倒变形情况，在边坡坡度为 60°，岩层倾角为 75°情况下，河谷下切后，在切角情况下，不同坡高边坡均出现了明显的倾倒变形现象，且坡高越高，倾倒变形范围也越大，并在倾倒变形后，坡脚部位岩层均倾倒后呈水平状。

图 3.36 所示为不同坡高下河谷下切后边坡内部岩体倾倒变形破坏情况。由图 3.36 可以看出，不同坡高边坡岩体发生倾倒变形后，倾倒变形

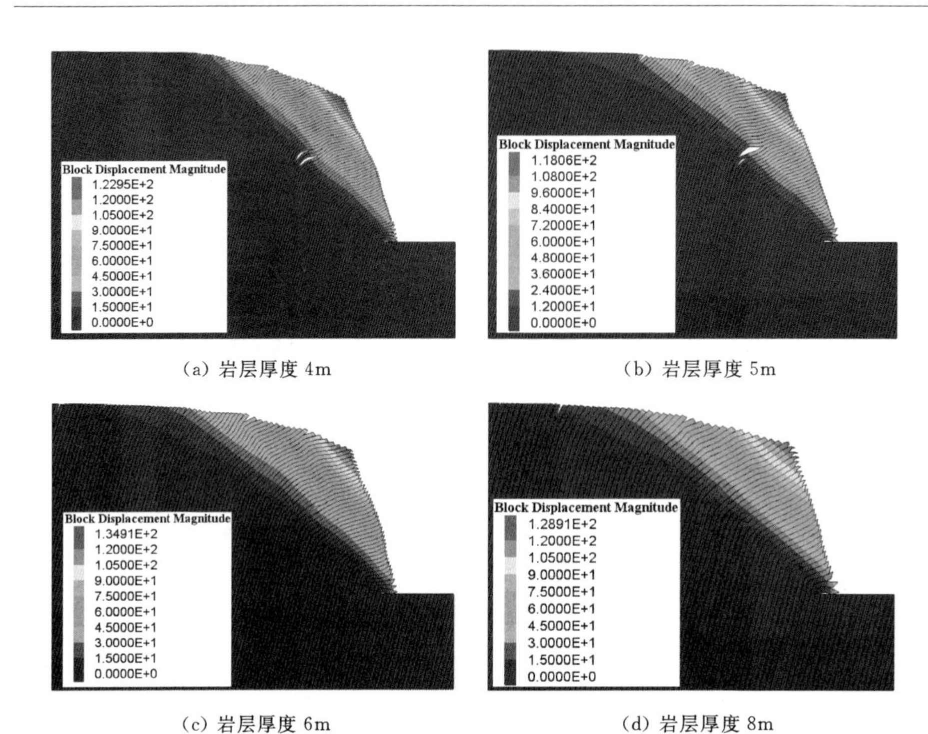

(a) 岩层厚度 4m　　(b) 岩层厚度 5m

(c) 岩层厚度 6m　　(d) 岩层厚度 8m

图 3.33　边坡倾倒变形位移云图

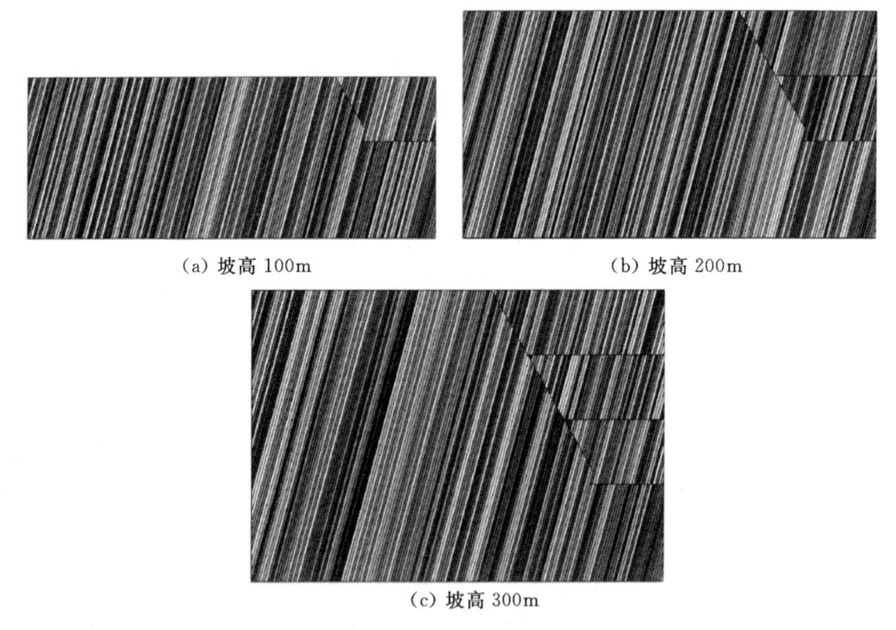

(a) 坡高 100m　　(b) 坡高 200m

(c) 坡高 300m

图 3.34　不同坡高边坡离散元模型

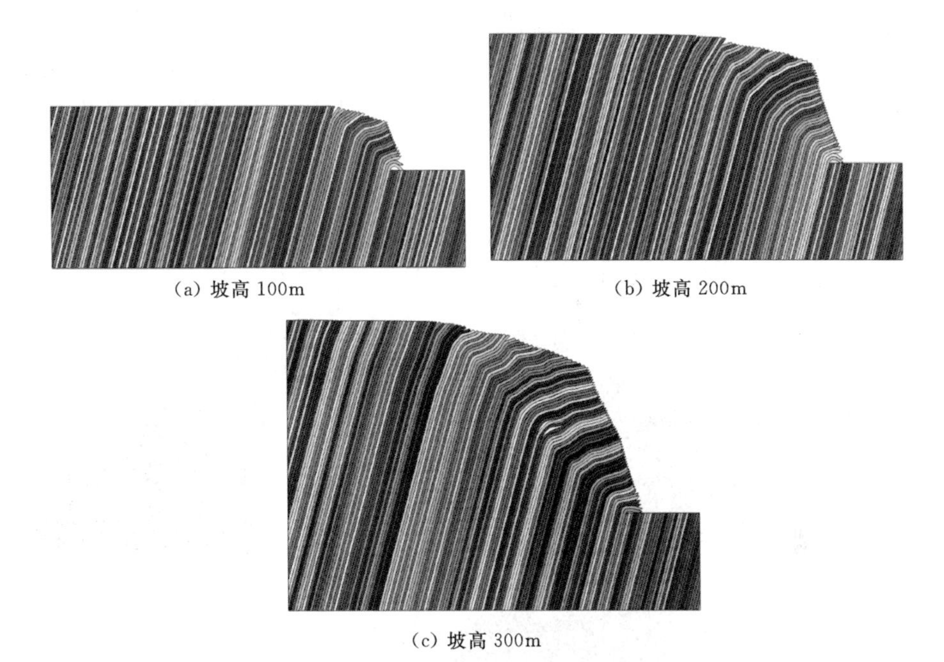

(a) 坡高 100m　(b) 坡高 200m

(c) 坡高 300m

图 3.35 不同破坏边坡岩体倾倒变形情况

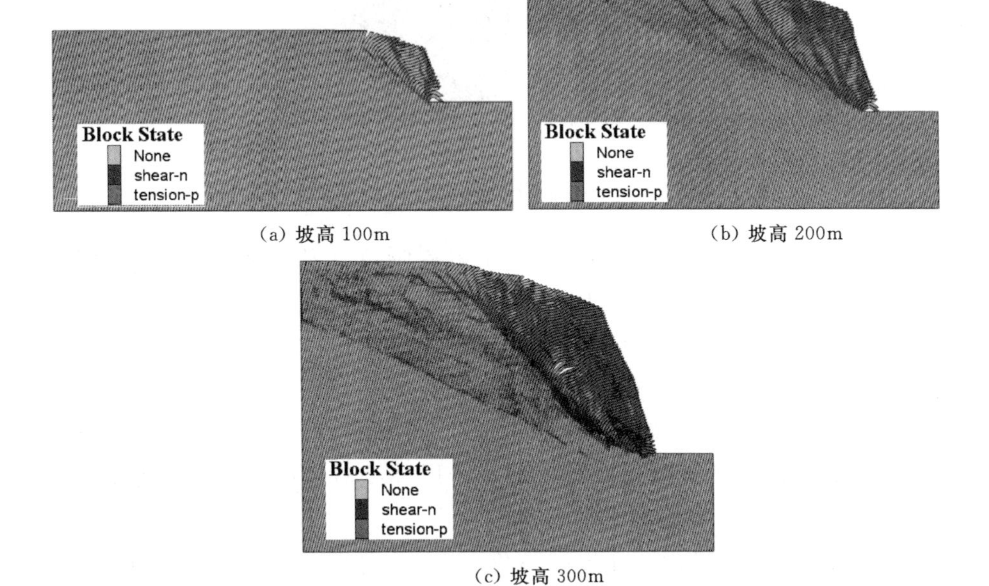

(a) 坡高 100m　(b) 坡高 200m

(c) 坡高 300m

图 3.36 不同坡高情况下边坡岩体倾倒变形破坏情况

区内岩体均出现了一定的拉裂破坏情况，且坡高越高，倾倒变形区内岩体拉裂破坏现象越显著；此外，随着坡高的增加，当坡高为300m时，倾倒变形后，倾倒变形区下部岩体还存在一定的剪切破坏区，同时中部部位岩层也存在一定的张开现象。

图3.37所示为不同坡高下河谷下切后边坡倾倒变形的位移分布云图。由图3.37可以看出，边坡坡高越高，边坡岩体倾倒变形的位移量越大，而且最大位移主要存在坡顶位置。

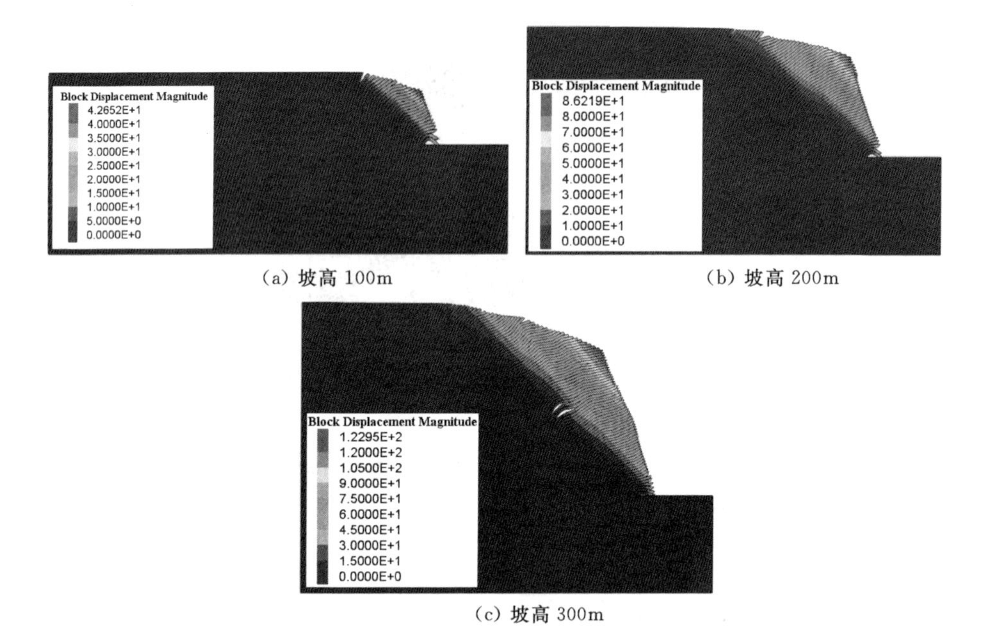

(a) 坡高100m　(b) 坡高200m

(c) 坡高300m

图3.37　不同坡高情况下边坡岩体倾倒变形位移云图

本节采用离散元模拟，探讨分析了岩层倾角、岩层厚度及岩层走向对4号倾倒体边坡倾倒变形特征的影响。研究发现：

(1) 在边坡坡度为60°的情况下，当岩层倾角超过60°后，随着岩层倾角的增大，岩体倾倒变形现象越来越显著。

(2) 在边坡坡度为60°和岩层倾角为75°的情况下，在不同岩层厚度下，边坡岩体倾倒变形特征基本一致，岩层厚度对边坡倾倒变形影响相对较小。

(3) 在边坡坡度为60°和岩层倾角为75°的情况下，边坡坡高越高，河谷下切后，边坡岩体倾倒变形现象越显著，岩体倾倒变形范围也越大，倾倒变形折断面也越深。

3.5 边坡倾倒变形形成条件统计分析

根据国内外有关文献资料及已有的工程经验，中国水利水电科学研究（1995年）总结得出，反倾层状岩体倾倒破坏一般来说需要满足以下条件：

（1）边坡破灭的倾角大于或等于30°。

（2）边坡面的情形与结构面的倾向反向，且两者的夹角应大于或等于120°。

（3）倾倒区的范围一般为：（120°－坡面倾角）～90°的倾角范围。

根据前面数值模拟分析，对不同坡度和岩层倾角下边坡的倾倒变形特征进行了统计，见表3.7和表3.8。

表3.7　不同坡度下边坡岩体倾倒变形特征统计

初始岩层倾角	边坡坡度	是否发生倾倒变形	倾倒后岩层倾角	折断面深度	坡脚岩层是否水平
75°	40°	否	—	—	—
	45°	是	50°左右	50m左右	否
	50°	是	45°左右	70m左右	否
	60°	是	25°以内	100m左右	是

表3.8　不同岩层倾角下边坡倾倒变形特征统计

边坡坡度	岩层倾角	是否发生显著的倾倒变形	倾倒后岩层倾角	折断面深度	坡脚岩层是否水平
60°	55°	否	50°左右	20m左右	是
	60°	是	35°左右	40m左右	是
	65°	是	30°左右	60m左右	是
	75°	是	25°以内	100m左右	是

由表3.7可以看出，在岩层倾角为75°情况下，对于不同坡度边坡而言，当边坡坡度不小于45°后，河谷下切后，边坡岩体才开始出现了倾倒变形现象，由此可以看出，不同坡度下的数值模拟规律满足上述条件（2）。

由表3.8可以看出，在边坡坡度为60°情况下，对于不同岩层倾角的边坡而言，在切脚情况下，当岩层倾角为 55°时，河谷下切后，边坡岩体出现了一定的倾倒变形现象，相比较而言，倾角变形现象并不明显，而当岩层倾角不小于 60°时，河谷下切后，边坡岩体出现了显著的倾倒变形现象，岩层倾角明显变化，由此可以看出，不同岩层倾角下的数值模拟规律也基本满足上述条件（2）。

3.6　本章小结

本章针对茨哈峡左岸 4 号倾倒体边坡，通过选取典型地质剖面，采用离散元数值模拟，分析了边坡倾倒变形形成过程，并探讨了 4 号倾倒体倾倒变形特征的形成条件，在此基础上，探讨岩层倾角、岩层厚度、坡高等因素对 4 号倾倒体边坡倾倒变形特征的影响。研究发现：

（1）通过数值模拟推演分析得出，4 号倾倒体边坡下部坡脚部位岩体要发生水平倾倒变形现象，在河谷下切过程中，坡脚下部岩体是存在一定的倾倒变形空间，而且边坡在发生倾倒变形时，边坡原始坡度为 60°左右。

（2）通过对不同岩层倾角、岩层厚度及坡高敏感性分析发现，相比较而言，岩层倾角和坡高对边坡倾倒变形影响显著，岩层厚度的影响较小，且岩层倾角越大或坡高越高，边坡岩体倾倒变形范围越大，折断面的深度也越深。

（3）反倾层状岩体发生明显倾倒变形现象需要满足：边坡面的倾角与结构面的倾向反向，且两者的夹角应大于或等于 120°。

第4章　4号倾倒体倾倒变形时空演化规律分析

4号倾倒体位于坝址左岸选定坝线上坝线上游152～1188m，顺河长1km左右。4号倾倒体位置重要、倾倒规模及潜在破坏影响大，是茨哈峡水电站工程建设及运行安全重点关注与研究的区域。

目前4号倾倒体边坡尚未建立现场监测体系，为了了解边坡目前的变形特征，本章通过采用InSAR技术分析4号倾倒体边坡倾倒变形的时空演化特征。首先搜集和整理了边坡从2014年10月开始近5年遥感资料，通过影像配准、干涉生成、地形地貌去燥、相位解缠等关键环节数据处理，分析了4号倾倒体倾倒变形时间尺度演化规律，为4号倾倒体边坡稳定性分析和工程治理提供科学依据。

4.1　InSAR基本原理

合成孔径雷达干涉测量技术（synthetic aperture radar interferometry，InASR）将合成孔径雷达成像技术与干涉测量技术成功地进行了结合，利用传感器高度、雷达波长、波束视向及天线基线距之间的几何关系，可以精确地测量出图像上每一点的三维位置和变化信息。

合成孔径雷达干涉测量技术是正在发展中的极具潜力的微波遥感新技术，其诞生至今已近30年。起初它主要应用于生成数字高程模型（DEM）和制图，后来很快被扩展为差分干涉技术（differential InSAR，DInSAR）并应用于测量微小的地表形变，它已在研究地震形变、火山运动、冰川漂移、城市沉降以及山体滑坡等方面表现出极好的前景。特别，DInSAR具有高形变敏感度、高空间分辨率、几乎不受云雨天气制约和空中遥感等突出的技术优势，它是基于面观测的空间大地测量新技术，可补充已有的基于点观测的低空间分辨率大地测量技术如全球定位系统（GPS）、甚长基线干涉（VLBI）和精密水准等。

机载或星载SAR系统所获取的影像中每一像素既包含地面分辨元的

雷达后向散射强度信息，也包含与斜距（从雷达平台到成像点的距离）有关的相位信息。将覆盖同一地区的两幅雷达图像对应像素的相位值相减可得到一个相位差图，即所谓干涉相位图（Interferogram）。这些相位差信息是地形起伏和地表形变（如果存在）等因素综合贡献的体现。InSAR 正是利用这些具有高敏感特性的干涉相位信号来提取和分离出有用信息（如地表高程或地表形变）的，这一点与摄影测量和可见光、近红外遥感主要利用影像灰度信息来重建三维或提取信息是完全不同的。

4.1.1　干涉相位信号

地面目标的 SAR 回波信号不仅包含幅度信息 A，还包括相位信息 ϕ，SAR 图像上每个像元的后向散射信息可以表示为复数 $Ae^{i\phi}$。相位信息包含 SAR 系统与目标的距离信息和地表目标的散射特性，即

$$\phi=-\frac{4\pi}{\lambda}R+\phi_{obj} \tag{4.1}$$

式中：4π 为双程距离相位；R 为 SAR 与目标之间的斜距；ϕ_{obj} 为地面目标的散射相位。

设地面目标点 P 两次成像时的图像分别为

$$c_1=A_1e^{i\phi_1},c_2=A_2e^{i\phi_2} \tag{4.2}$$

式中：c_1 为主图像；c_2 为辅图像。且有

$$\phi_1=-\frac{4\pi}{\lambda}R_1+\phi_{obj1},\phi_2=-\frac{4\pi}{\lambda}R_2+\phi_{obj2} \tag{4.3}$$

通过主辅图像的共轭相乘，可得复干涉图为

$$I=c_1c_2^*=A_1A_2e^{i(\phi_1-\phi_2)} \tag{4.4}$$

式中：* 表示取共轭。设 φ 为干涉相位，则有

$$\varphi=\phi_1-\phi_2=-\frac{4\pi}{\lambda}(R_1-R_2)+(\phi_{obj1}-\phi_{obj2}) \tag{4.5}$$

如果两次成像时，地面目标的散射特性不变，即 $\phi_1=\phi_2$，斜距差 $\Delta R=R_1-R_2$，则干涉图的相位仅与两次观测的路程差有关，即

$$\varphi=-\frac{4\pi}{\lambda}\Delta R \tag{4.6}$$

这里的 φ 是真实干涉相位。实际处理中得到的相位整周数是未知的，即缠绕相位，为了得到真实相位必须对缠绕相位进行解缠操作。

对干涉相位进一步分解得

$$\varphi=\varphi_{earth}+\varphi_{topo}+\varphi_{def}+\varphi_{atm}+\varphi_{noise} \tag{4.7}$$

式中：φ_{earth}、φ_{topo}、φ_{def}、φ_{atm}、φ_{noise}分别为由地球形状、地形起伏、地表形变、大气以及噪声引起的干涉相位。

4.1.2 InSAR 高程测量

通常重复轨道 InSAR 观测的几何关系如图 4.1 所示。图 4.1 中，A_1和A_2分别表示主辅图像传感器，B为基线距，α为基线距与水平方向倾角，θ为主图像入射角，H为主传感器相对地面高度，R_1和R_2分别为主辅图像斜距，P为地面目标点，其高程为h，P_0为P在参考平地上的等斜距点。为讨论方便，假设主从相对获取期间无地表形变，且无大气影响。

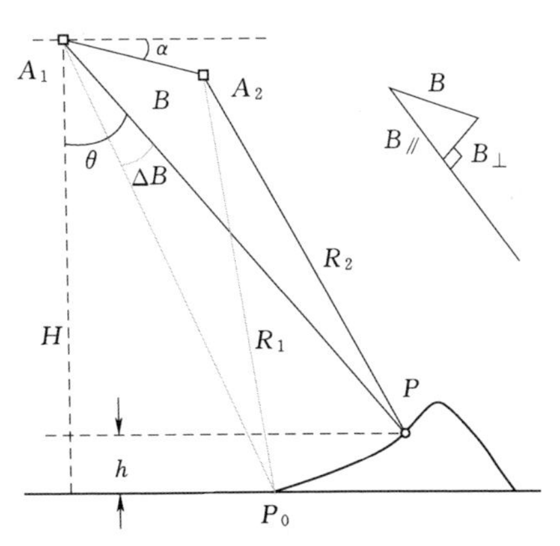

图 4.1 InSAR 高程测量原理图

将基线沿着入射方向和垂直于入射方向进行分解，可以得到垂直基线斜距$B_\perp$和平行基线斜距$B_{/\!/}$：

$$B_\perp=B\cos(\theta-\alpha), B_{/\!/}=B\sin(\theta-\alpha) \tag{4.8}$$

在远场情况下，可以假设$\Delta R=B_{/\!/}$，则式（4.6）可表示为

$$\varphi=-\frac{4\pi}{\lambda}B\sin(\theta-\alpha) \tag{4.9}$$

在参考面为平地的条件假设下，根据三角关系，有

$$h=H-R_1\cos\theta \tag{4.10}$$

分别对式（4.9）和式（4.10）的两边取微分，有

$$\Delta\varphi=-\frac{4\pi}{\lambda}B\cos(\theta-\alpha)\cdot\Delta\theta \tag{4.11a}$$

$$\Delta h=R_1\sin\theta\cdot\Delta\theta-\Delta R_1\cos\theta \tag{4.11b}$$

将式（4.11b）代入式（4.11a）可得

$$\Delta\varphi=-\frac{4\pi B_\perp}{\lambda R_1\sin\theta}\cdot\Delta h-\frac{4\pi B_\perp}{\lambda R_1\tan\theta}\cdot\Delta R_1 \tag{4.12}$$

式（4.12）中，左边表示临近像素的干涉相位差，右边第一项表示目

标高程变化引起的相位，右边第二项表示无高程变化的平地引起的相位，称为平地相位。为了反演高程，需要去除平地相位，直接建立干涉相位与高程之间的关系。

去除平地相位后，可以得到高程与相位之间的直接关系，即

$$\varphi=-\frac{4\pi B\cos(\theta_0-\alpha)}{\lambda R_1\sin\theta_0}h=-\frac{4\pi B_\perp}{\lambda R_1\sin\theta_0}\cdot\Delta h \tag{4.13}$$

其中，$\theta_0=\theta-\Delta\theta$，表示平地上的等斜距点 P_0 的主图像入射角。B、α 和 h 可从轨道姿态数据推求得到，而 R_1 可根据 SAR 图像头文件中有关雷达参数推算出来。

如果选择参考椭球体和球体作为参考面时，可以分别得到不同参考面下的去平地效应后的干涉相位分别为

$$\varphi=-\frac{4\pi}{\lambda}\frac{B_\perp}{(1+H/r_H)(r_H/r_h)R\sin\theta_0}h \quad \text{（参考椭球体模型）} \tag{4.14}$$

$$\phi=-\frac{4\pi}{\lambda}\frac{B_\perp}{(1+H/r)R\sin\theta_0}h \quad \text{（球体模型）} \tag{4.15}$$

式中：H 为卫星平台高度；r_H、r_h 分别为星下点、目标点处地球半径；R 为斜距。

4.1.3　InSAR 地表形变测量

近年来卫星 InSAR 系统在地表形变探测中得到了较广泛的应用。1989 年 Gabriel 最早介绍了差分干涉测量（DInSAR）的概念，所谓差分干涉测量是指利用同一地区的两幅干涉图像，其中一幅是形变前的干涉图像，另一幅是形变后获取的干涉图像，然后通过差分处理来获取地表形变的测量技术。传统的 DInSAR 方法主要有两轨法、三轨法和四轨法。下面对这三种方法进行简要的介绍。

4.1.3.1　两轨法

两轨法的基本思想是利用实验区地表变化前后的两幅影像生成干涉纹图，从干涉纹图中去除地形信息，即可得到地表形变信息。这种方法的优点是无须对干涉图进行相位解缠，避免了解缠的困难。其缺点是对于无 DEM 数据的地区无法采用上述方法；在引起 DEM 数据的同时，可能引起新的误差，如 DEM 本身的高程误差、DEM 模拟干涉相位与真实 SAR 纹图的配准误差等。

两轨法处理流程图如图 4.2 所示。

由式（4.7）得

$$\varphi_{def}=\varphi-\varphi_{earth}-\varphi_{topo} \tag{4.16}$$

其中 $\varphi_{earth}=\frac{4\pi}{\lambda}B_{/\!/}$

$$\varphi_{topo}=\frac{4\pi}{\lambda}\frac{B_{\perp}h}{R_1\sin\theta_0}$$

式中：φ_{earth}、φ topo分别为地球形状及地形起伏引起的干涉相位。

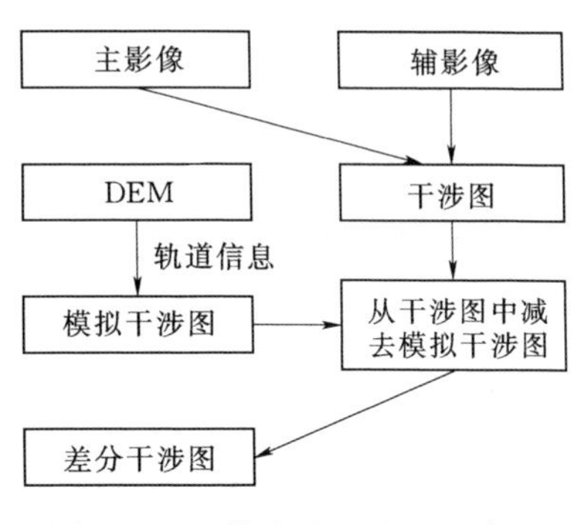

图 4.2　两轨法处理流程示意图

反映地表形变的斜距变化量可经如下计算得到

$$\Delta r=-\frac{\lambda}{4\pi}\cdot\varphi_{def} \tag{4.17}$$

4.1.3.2　三轨法

三轨法基本原理是利用三景影像生成两幅干涉纹图，一幅反映地形信息，一幅反映地形形变信息。三轨法的主要优点是无需辅助 DEM 数据，对于一些无地形数据的变化监测尤为重要，而且数据间的配准较易实现；缺点是相位解缠的好坏将影响最终结果。

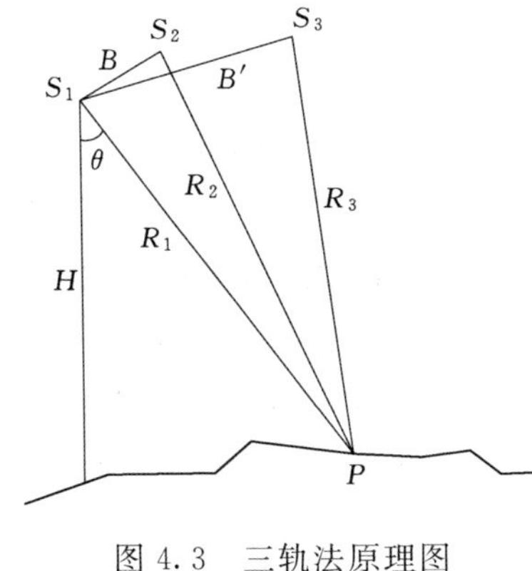

图 4.3　三轨法原理图

图 4.3 所示为三轨法原理图，其中 S_1 和 S_2 是在没有地形位移情况下 SAR 系统两次对同一地区成像的位置，所获得的干涉相位中仅仅包含地形信息；S_3 是地表形变后 SAR 系统的观测位置。由 S_1 和 S_3 所获得的干涉相位不仅包含地形相位，还记录地表形变的相位贡献。

两次的干涉相位分别为

$$\phi_{12}=-\frac{4\pi}{\lambda}B\sin(\theta-\alpha_1)=-\frac{4\pi}{\lambda}B_{/\!/} \tag{4.18}$$

$$\phi_{13}=-\frac{4\pi}{\lambda}B'\sin(\theta-\alpha_2)+\frac{4\pi}{\lambda}\Delta D=-\frac{4\pi}{\lambda}(B'_{/\!/}-\Delta D) \tag{4.19}$$

式中：ϕ_{12}仅仅包含地形信息；ϕ_{13}包含地形信息和形变信息；$B_{/\!/}$、$B'_{/\!/}$分别为 S_1S_2 和 S_1S_3 的水平基线；θ 为图像视角；α_1、α_2 分别为基线 B、B'

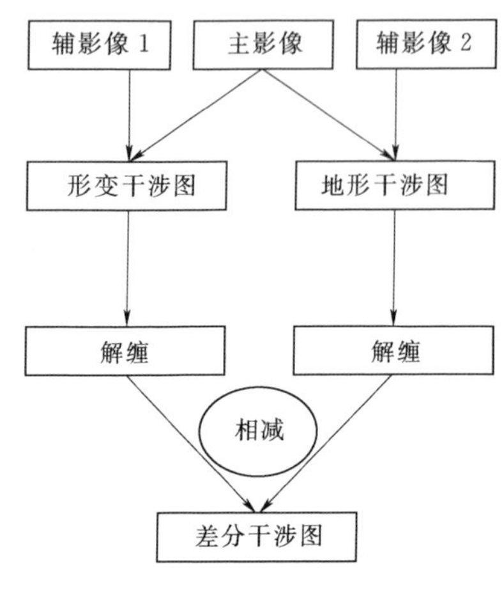

图4.4　三轨法处理流程

与水平方向的夹角；ΔD 为地表在卫星视线LOS方向上的形变位移。因此由地表在LOS方向上位移引起的相位 ϕ_d 为

$$\phi_d=\phi_{13}-\frac{B'_{/\!/}}{B_{/\!/}}\phi_{12}=-\frac{4\pi}{\lambda}\Delta D \tag{4.20}$$

地表位移形变表示为

$$\Delta D=-\frac{\lambda}{4\pi}\phi_d \tag{4.21}$$

三轨法处理流程如图4.4所示。

四轨法类似于三轨法，只是地形干涉图与形变干涉图相互独立。

4.2　InSAR数据处理

基于数字信号处理技术（图4.5），InSAR的数据处理过程可以被高度自动化，以提取地表三维信息和地表形变结果。在干涉数据处理实施之前，必须选择合适的干涉像对和其他辅助数据（如外部DEM，用于地形相位的去除）。干涉像对的选择准则是：对DEM生成来说，干涉基线既不能太长也不能太短；对于形变监测来说，干涉基线越短越好。在得到有效的干涉数据集后，要对它们进行必要的处理，这些处理步骤包括SAR图

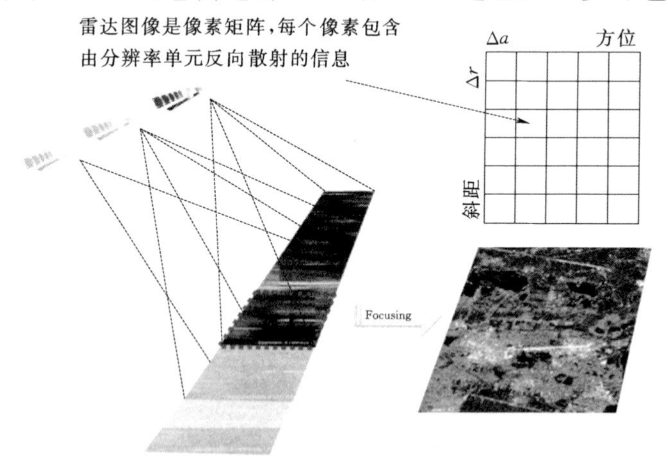

图4.5　卫星图像生成

像配准、干涉图生成、参考面/地形影响去除、几何变换、相位解缠等。

4.2.1 图像配准

从多时相的 SAR 复数图像来提取地形起伏或地表形变信息，首要面临的问题便是将沿重复轨道（存在轻微偏移）获取的覆盖同一地区的图像进行精确配准。SAR 影像的配准就是计算参考影像（主影像）与待配准影像（从影像）之间的影像坐标映射关系，再利用这个关系对待配准影像实行坐标变换和重采样。因为轨道偏移量较小（一般在 1km 左右），而轨道高度为数百公里。因此，在重复轨道影像重叠区域内，同名像点对间的坐标偏移量具有一定的变化规律，一般可使用一个高阶多项式来拟合。

要求影像配准精度必须达到子像元级。一般分两个阶段来实施，即粗配准和精配准。粗配准可利用卫星轨道数据或选取少量的特征点计算待配准影像相对于参考影像在方位向和斜距向的粗略偏移量，目的是为影像精确配准中的同名像素搜索提供初值。而精配准首先是基于粗略影像偏移量和影像匹配算法，从主从影像上搜索出足够数量的且均匀分布在重叠区域内的同名像点对，然后使用多项式模型来描述两影像像素坐标偏差，即主从影像同名像点对的坐标差可表示为主影像坐标的函数表达式。基于所得到的同名像点坐标偏移观测量和最小二乘算法，多项式模型参数可以被求解出来，这样便完成了影像对坐标变换关系的建立。最后利用这一模型对待配准影像进行重采样处理，使从影像取样到主影像的空间。

影像配准是 InSAR 处理流程的关键步骤，所谓影像配准就是将 SAR 影像进行匹配校正，使影像中的相同点所对应的地物目标也相同。影像配准的主要步骤有确定控制点、几何变形模型、影像重采样和配准影像输出，其中关键的步骤是控制点的选取，根据不同控制点的选取测度，学者们提出了许多配准方法，如相干系数法、最小二乘法等。对于几何形变模型，通常采用二次多项式拟合。理论研究表明，若要得到准确的干涉相位，配准精度要达到亚像素级

4.2.2 干涉图生成

干涉图的生成是 InSAR 处理流程的一个基本步骤，对两幅配准之后的 SAR 影像进行复共轭相乘即可得到干涉图（图 4.6）。此时得到的干涉相位为主辅影像对同一目标距离差的直接体现，其中包含地球椭球、高程、形变造成的相位差、大气延迟误差和各种噪声误差。将主影像与重取

样后的从影像对应像素的相位相减，便可很容易地得到相位差图。实际计算处理中，是先将主从影像作复数共轭相乘，其数学表达式为

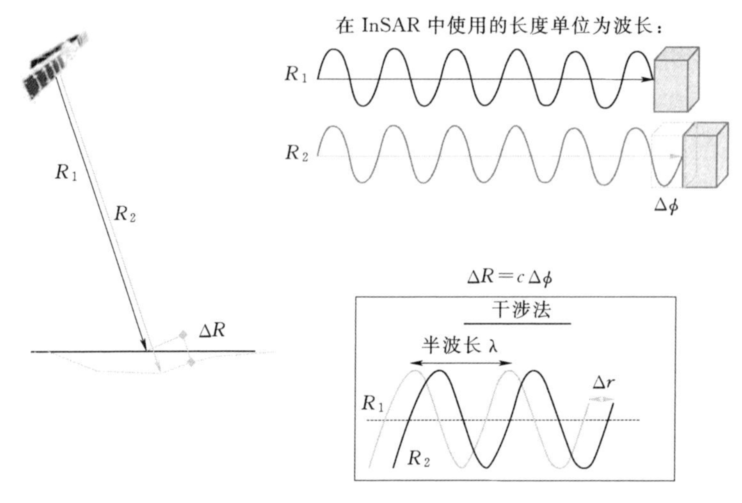

图 4.6 图像干涉

$$I(r,t)=M(r,t)S(r,t)^*$$

式中：$M(r, t)$ 和 $S(r, t)$ 分别为主从图像对应像素的复数值；* 为复数共轭，而 $I(r, t)$ 表示所生成的干涉信息，也是复数值。由此所产生的结果称为复数形式的干涉图。然后从此干涉图中提取相位主值分量图，即可得到一次相位差图。干涉相位在 $-p \sim +p$ 之间变化，一个完整的变化呈现为一个干涉条纹，但每一像素上存在相位整周模糊度问题。

4.2.3 参考面/地形影响去除

由于各种失相干因素的影响，干涉图通常会存在一定的相位噪声，这部分噪声会引起相位数据存在不连续性和不一致性。滤波可以有效地降低干涉图的潜在噪声。常见滤波算法有：Goldstein 算法、自适应窗口法等。

一次差分干涉相位图是多种因素如参考趋势面、地形起伏、地表位移和噪声等方面的综合反映。对于地形测量来说，一般事先根据先验信息，选择不包含形变信息的干涉对来进行处理，以避免不必要的麻烦。因此，直接相位差分值主要包含参考面（一般选择为参考椭球面）和地形起伏的贡献，为了使后续相位解缠变得容易，一般先将椭球参考面的相位分量从直接差分相位中去除。值得注意的是，相对于地形贡献来说，参考椭球面的贡献是占主导地位的，这就是为什么一次差分干涉相位图看起来呈现为

大致与轨道相平行的条纹，有效干涉基线越长，干涉条纹越密集，地形坡度越大，干涉条纹越密集，地形越复杂，条纹曲率变化越明显。当去除掉参考面的贡献后，地形相位条纹便清晰地显现出来，其表现形状与地形等高线的形状一致。

4.2.4 相位解缠

为了获得地表高程或沿雷达斜距方向上的地表位移量，必须确定干涉相位图中每一像素的相位差整周数，这类似于GPS中的整周模糊度确定问题，在InSAR中称为相位解缠是干涉数据处理中的关键算法。相位解缠是将相位由主值或相位差值恢复干涉图真实相位的过程。由于干涉图是两个复数影像进行复共轭相乘生成，故干涉图相位值（缠绕相位）的值域范围在（$-\pi$，π）之间，它在实际中表现为地面高程的变化或地面目标的移动（图4.7和图4.8）。相位解缠一直被认为是干涉测量中的难点和重点，自干涉测量技术提出以来，发展了各种各样的解缠算法，比较经典的算法有最小费用流法、区域增长算法等。

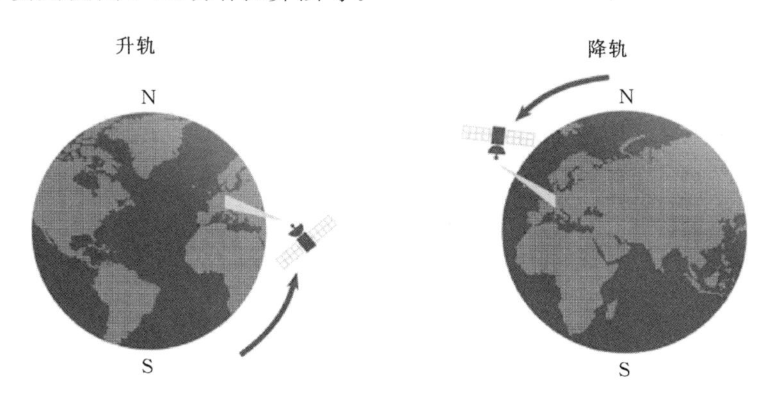

图4.7　SAR卫星升降轨示意图

目前，相位解缠算法较多，但主要归为两类：①基于路径控制的积分法；②基于最小二乘的整体求解算法。积分法的思路是：对缠绕相位图的每一像素，先求其沿行向和列向的一阶差分，然后对一阶差分连续积分即可求得解缠相位。由于干涉相位图存在奇异点（在复变函数里称为留数点），积分路径应受到约束以免局部干涉相位的误差传播，故这种算法的关键是按一定的原则对奇异点定位并连接它们作为积分路径的“防火墙”，即积分时不能穿越这些路径。最小二乘算法的思想是：在解缠后的相位梯度与缠绕相位梯度差异平方和为最小的意义下整体求解，使用带权估计方法可削弱奇异相位对解缠结果的影响。

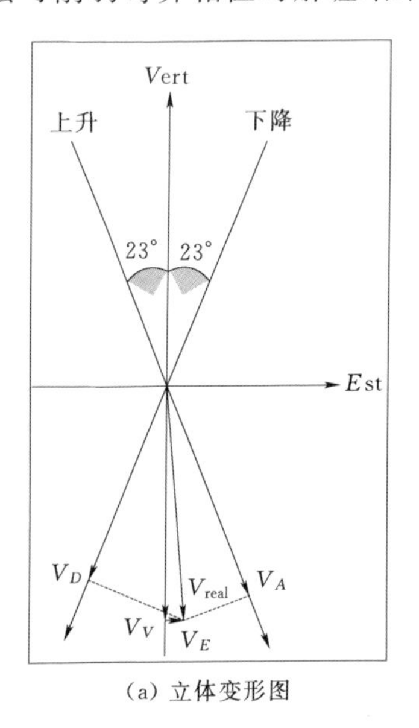

(a) 立体变形图

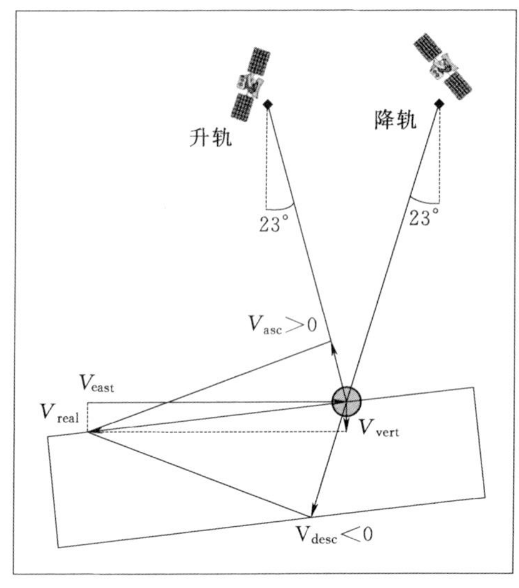

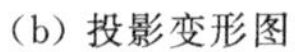

(b) 投影变形图

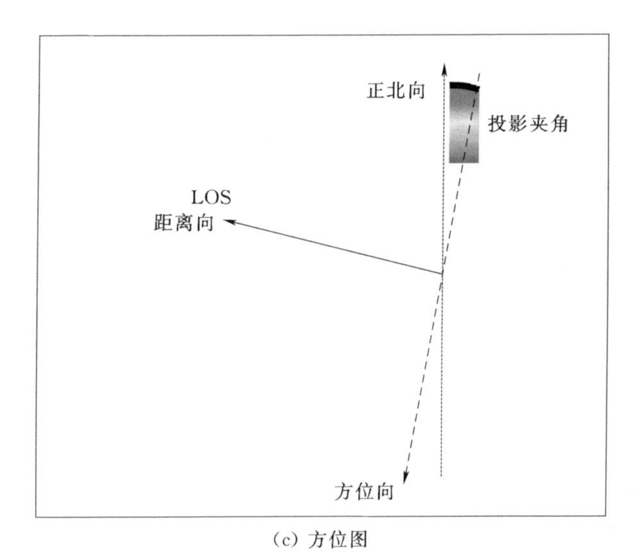

(c) 方位图

图 4.8　InSAR 计算示意图

4.3　4 号倾倒体变形规律分析

4 号倾倒体遥感影像位置如图 4.9 所示。4 号倾倒体遥感影像类型为

Sentinel-1A遥感卫星数据，成像方式为升降轨，重复周期为12d，卫星入射角度为39.18°，成像时间从2014年10月开始，至2019年8月结束，共计5年。

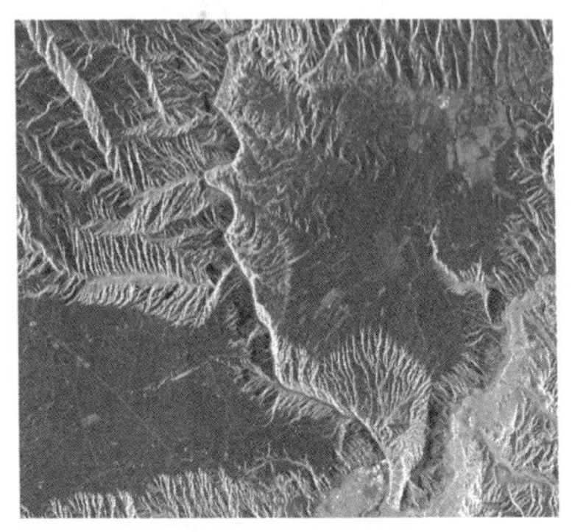

图4.9 4号倾倒体遥感影像照片

4.3.1 累计变形时空演化

图4.10～图4.24所示为4号倾倒体累计变形分布图。

从遥感影像数据分析成果和累计变形分布图4.10～图4.24分析得：

（1）截至2015年1月，4号倾倒体出现四处形变区域，分别位于倾倒体上部、中部、上游侧下部和下游侧下部，形变量均为2mm左右。

（2）截至2015年5月，4号倾倒体形变区域为四处。倾倒体上部、上游侧下部形变区域有所增加，但量值未变化；倾倒体中部基本没变化，下

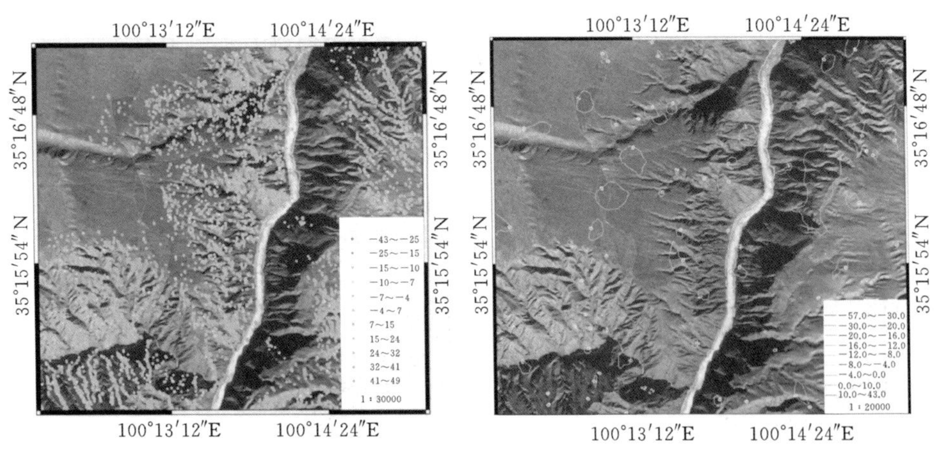

图4.10 累计变形分布图（截至2015年1月）

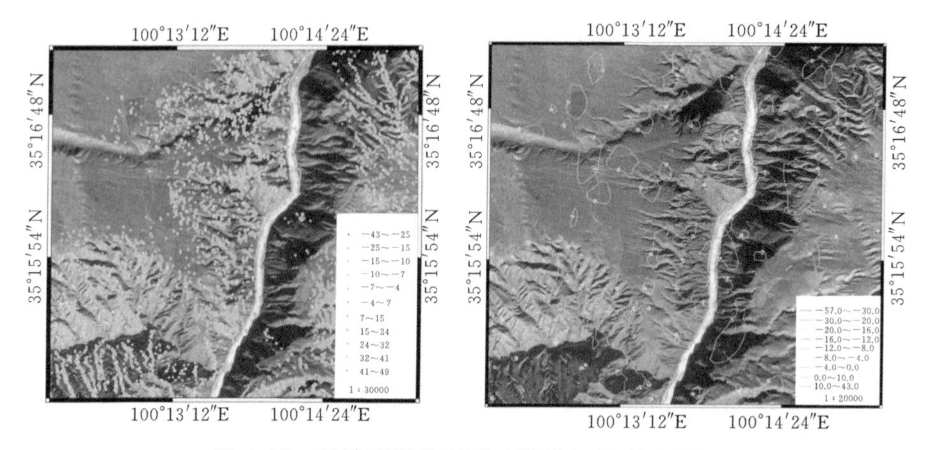

图4.11　累计变形分布图（截至2015年5月）

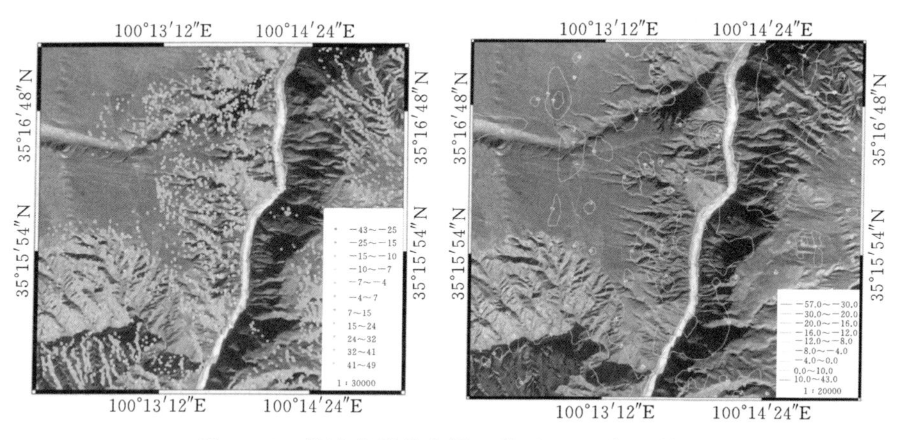

图4.12　累计变形分布图（截至2015年8月）

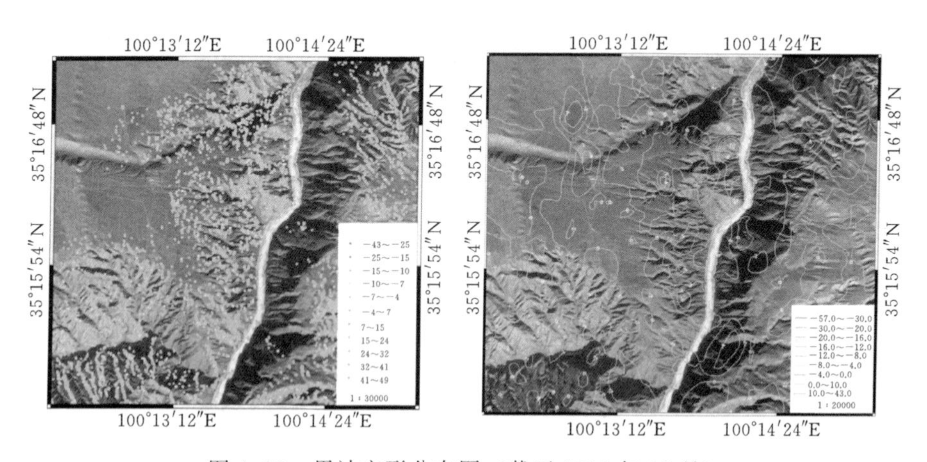

图4.13　累计变形分布图（截至2015年12月）

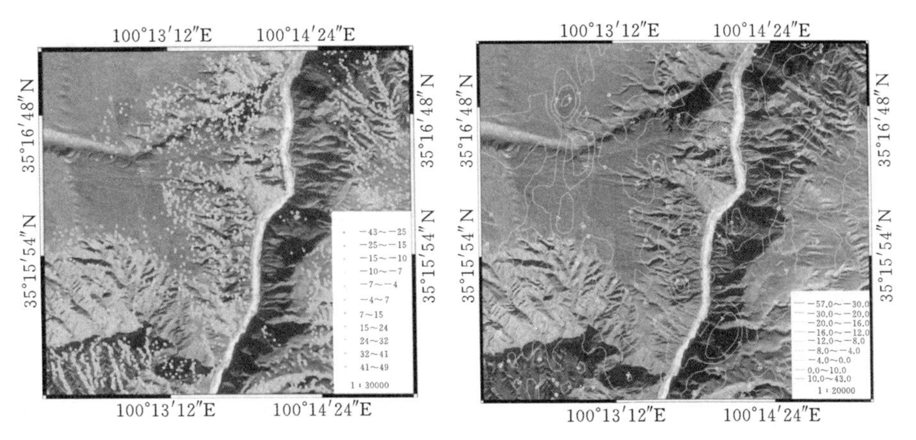

图 4.14 累计变形分布图（截至 2016 年 3 月）

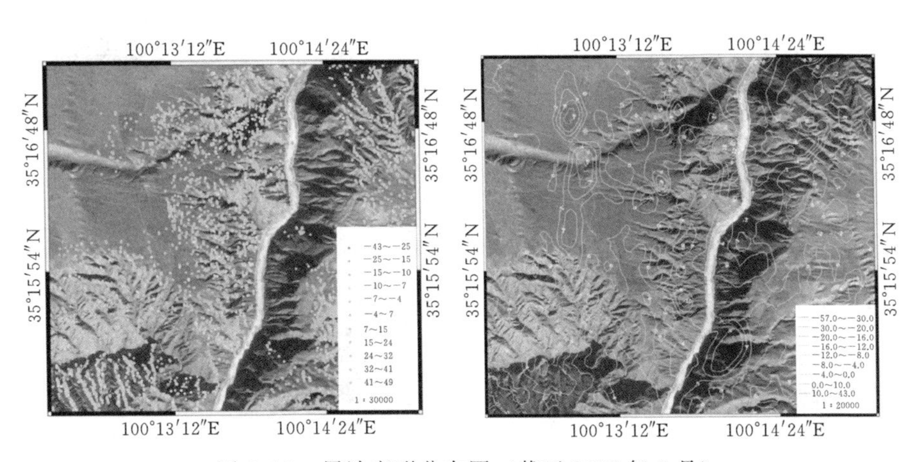

图 4.15 累计变形分布图（截至 2016 年 7 月）

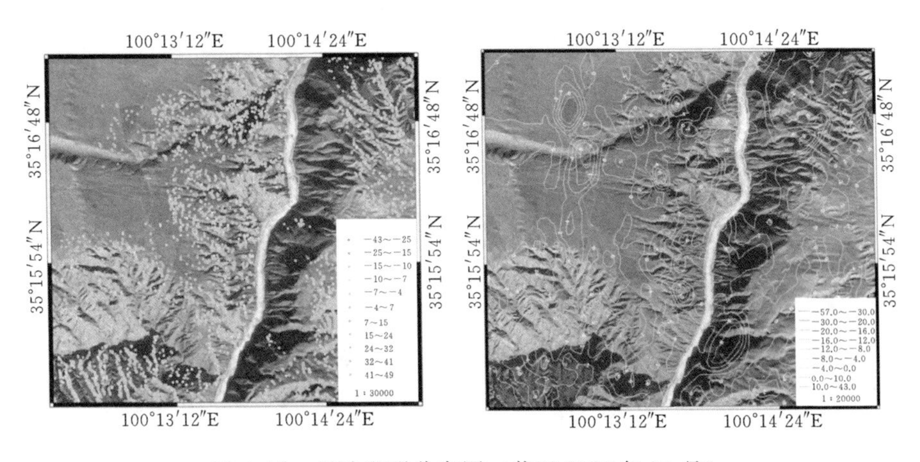

图 4.16 累计变形分布图（截至 2016 年 11 月）

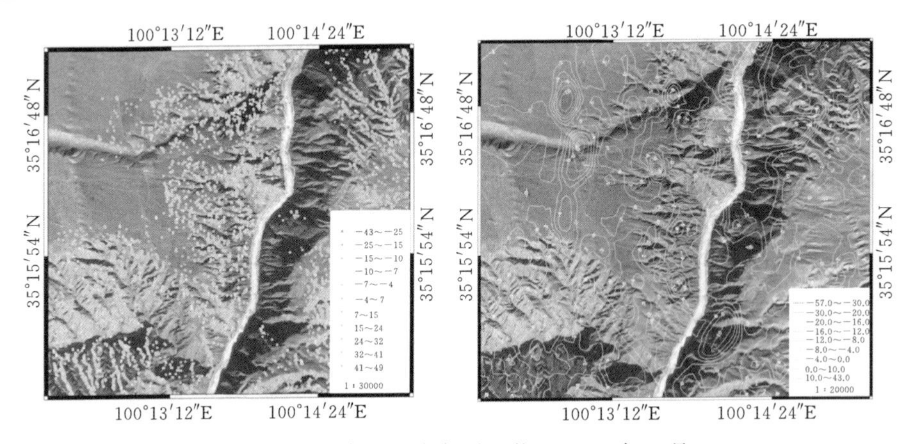

图 4.17　累计变形分布图（截至 2017 年 4 月）

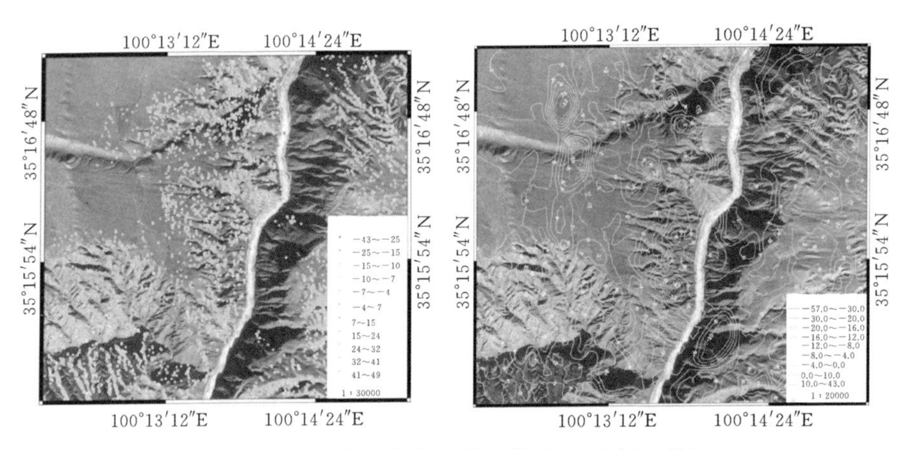

图 4.18　累计变形分布图（截至 2017 年 8 月）

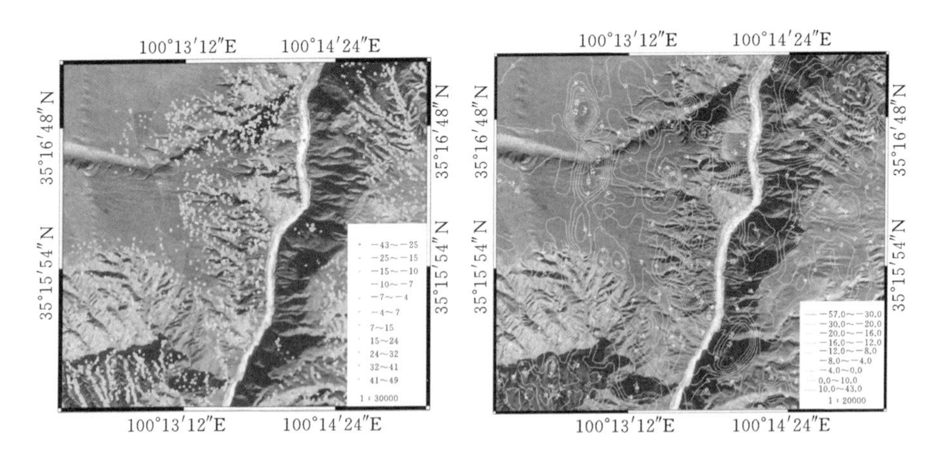

图 4.19　累计变形分布图（截至 2018 年 2 月）

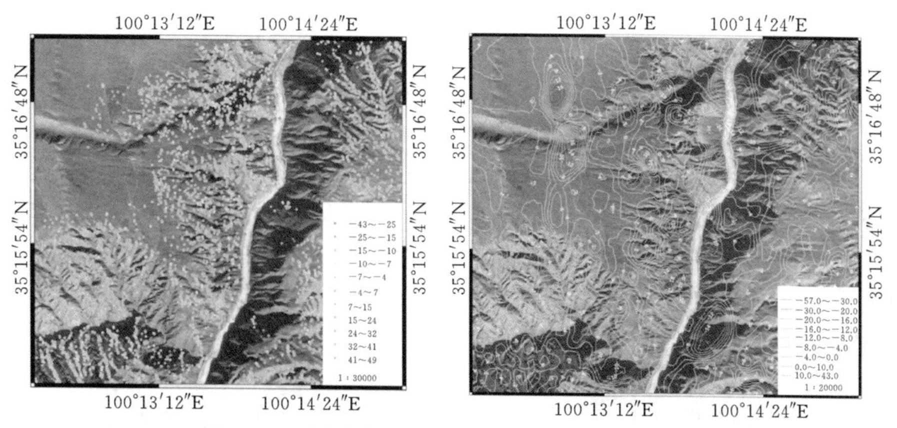

图 4.20 累计变形分布图（截至 2018 年 6 月）

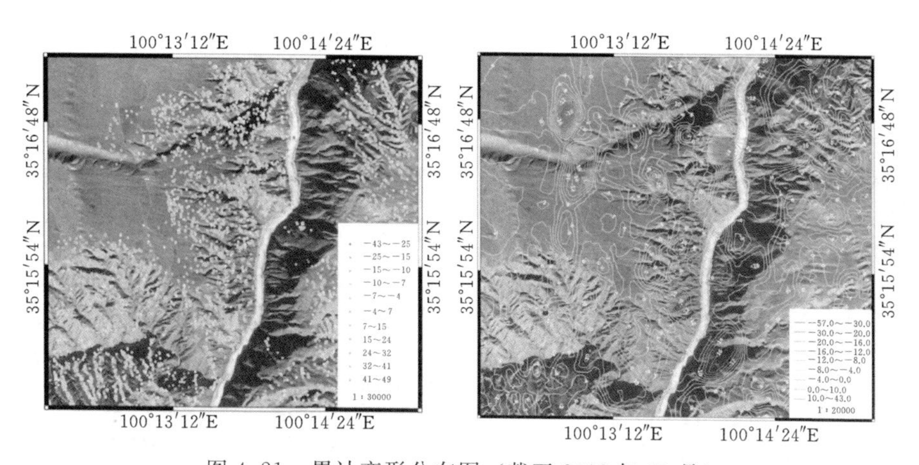

图 4.21 累计变形分布图（截至 2018 年 10 月）

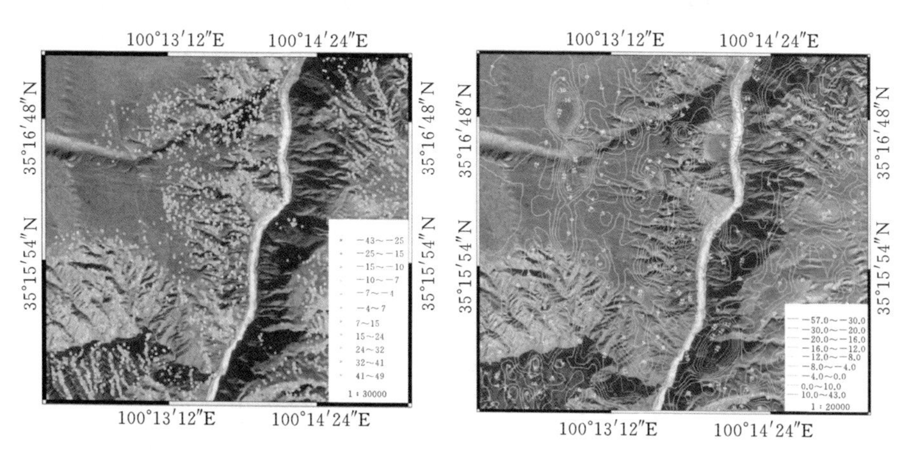

图 4.22 累计变形分布图（截至 2019 年 2 月）

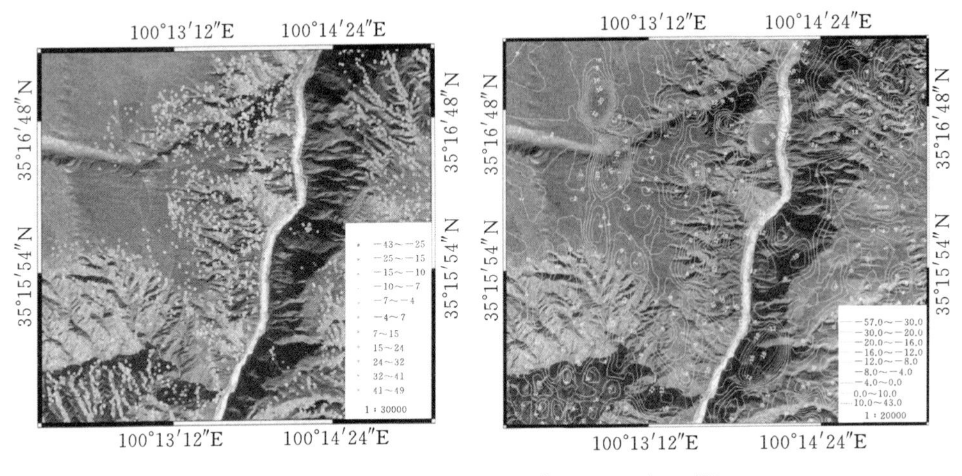

图 4.23　累计变形分布图（截至 2019 年 5 月）

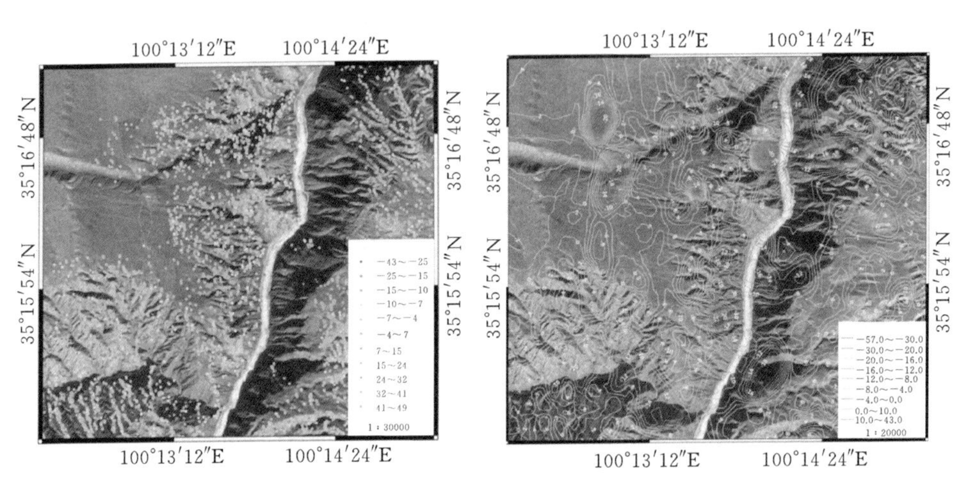

图 4.24　累计变形分布图（截至 2019 年 8 月）

游侧下部形变区域和量值均有所增加，形变量约为 6mm。

（3）截至 2015 年 8 月，4 号倾倒体形变区域为四处。倾倒体上部、中部形变区域未发生变化，但量值有所增加，形变量为 4mm；倾倒体上游侧下部和下游侧下部形变区域和量值均有所增加，上游侧约为 4mm，下游侧约为 10mm。

（4）截至 2015 年 12 月，4 号倾倒体形变区域为四处。倾倒体上部、中部形变区域和量值未变化，且在上部和中部间零星出现抬升现象，抬升量约为 2mm；倾倒体上游侧下部和下游侧下部形变区域和量值均有所增加，上游侧约为 6mm，下游侧约为 12mm。

(5) 截至2016年3月，4号倾倒体形变区域为四处。倾倒体上部、中部形变区域和量值未变化，且在上部和中部间抬升区域有所增大，但抬升量未增加；倾倒体上游侧下部形变区域有所增大，但量值未增加；下游侧下部形变区域和量值均有所增加，量值约为14mm。

(6) 截至2016年7月，4号倾倒体形变区域为四处。倾倒体上部、中部形变区域和量值均有所增加，量值约8mm；上部和中部间抬升区域有所增大，但抬升量未增加；倾倒体上游侧下部和下游侧下部形变区域和量值均有所增大，上游侧约10mm，下游侧约18mm。

(7) 截至2016年11月，倾倒体上部、中部形变区域和量值均未变化，上部和中部间抬升区域进一步增大，但抬升量未增加；倾倒体上游侧下部和下游侧下部形变区域和量值均有所增大，上游侧约12mm，下游侧约22mm。

(8) 截至2017年4月，4号倾倒体形变区域为四处。倾倒体上部、中部形变区域和量值均有所增加，量值约10mm；上部和中部间抬升区域未发生变化，但抬升量有所增加，抬升量约4mm；倾倒体上游侧下部和下游侧下部形变区域未发生变化，但量值均有所增大，上游侧约14mm，下游侧约28mm。

(9) 截至2017年8月，4号倾倒体形变区域为四处。倾倒体上部、中部形变区域和量值均有所增加，量值约12mm；上部和中部间抬升区域和量值未发生变化；倾倒体上游侧下部和量值未发生变化；下游侧下部形变区域未发生变化，但量值有所增大，量值约30mm。

(10) 截至2018年2月，4号倾倒体形变区域为四处。倾倒体上部形变区域和量值有所增加，量值约14mm；中部形变区域和量值均未变化；上部和中部间抬升区域和量值未发生变化；倾倒体上游侧下部、下游侧下部形变区域未发生变化，但量值均有所增大，上游侧约16mm，下游侧约34mm。

(11) 截至2018年6月，4号倾倒体形变区域为四处。倾倒体上部形变区域和量值有所增加，量值约16mm；中部形变区域未发生变化，但量值有所增加，量值约16mm；上部和中部间抬升区域和量值未发生变化；倾倒体上游侧下部、下游侧下部形变区域未发生变化，但量值均有所增大，上游侧约20mm，下游侧约36mm。

(12) 截至2018年10月，4号倾倒体形变区域为四处。倾倒体上部形变区域和量值有所增加，量值约18mm；中部形变区域和量值均未变化；

上部和中部间抬升区域和量值未发生变化；倾倒体上游侧下部、下游侧下部形变区域未发生变化，但量值均有所增大，上游侧约22mm，下游侧约38mm。

(13) 截至2019年2月，4号倾倒体形变区域为四处。倾倒体上部、中部、上游侧下部形变区域和量值均未发生变化，下游侧下部形变区域未发生变化，但量值有所增大，下游侧约44mm。

(14) 截至2019年5月，4号倾倒体形变区域为四处。倾倒体上部形变区域和量值有所增加，量值约20mm；中部形变区域和量值均未变化；上部和中部间抬升区域和量值未发生变化；倾倒体上游侧下部、下游侧下部形变区域未发生变化，但量值均有所增大，上游侧约24mm，下游侧约50mm。

(15) 截至2019年8月，倾倒体上部形变区域和量值有所增加，量值约22mm；中部形变区域和量值均未变化；上部和中部间抬升区域和量值未发生变化；倾倒体上游侧下部、下游侧下部形变区域未发生变化，但量值均有所增大，上游侧约26mm，下游侧约52mm。

基于4号倾倒体累计变形成果，选取典型测点（1～9号），进行变形时程和变形速率分析。其选取测点位置如图4.25所示，相关测点变形时程和变形速率曲线如图4.26～图4.43所示。相关测点变形特征值统计见表4.1。

图4.25　典型测点分布图

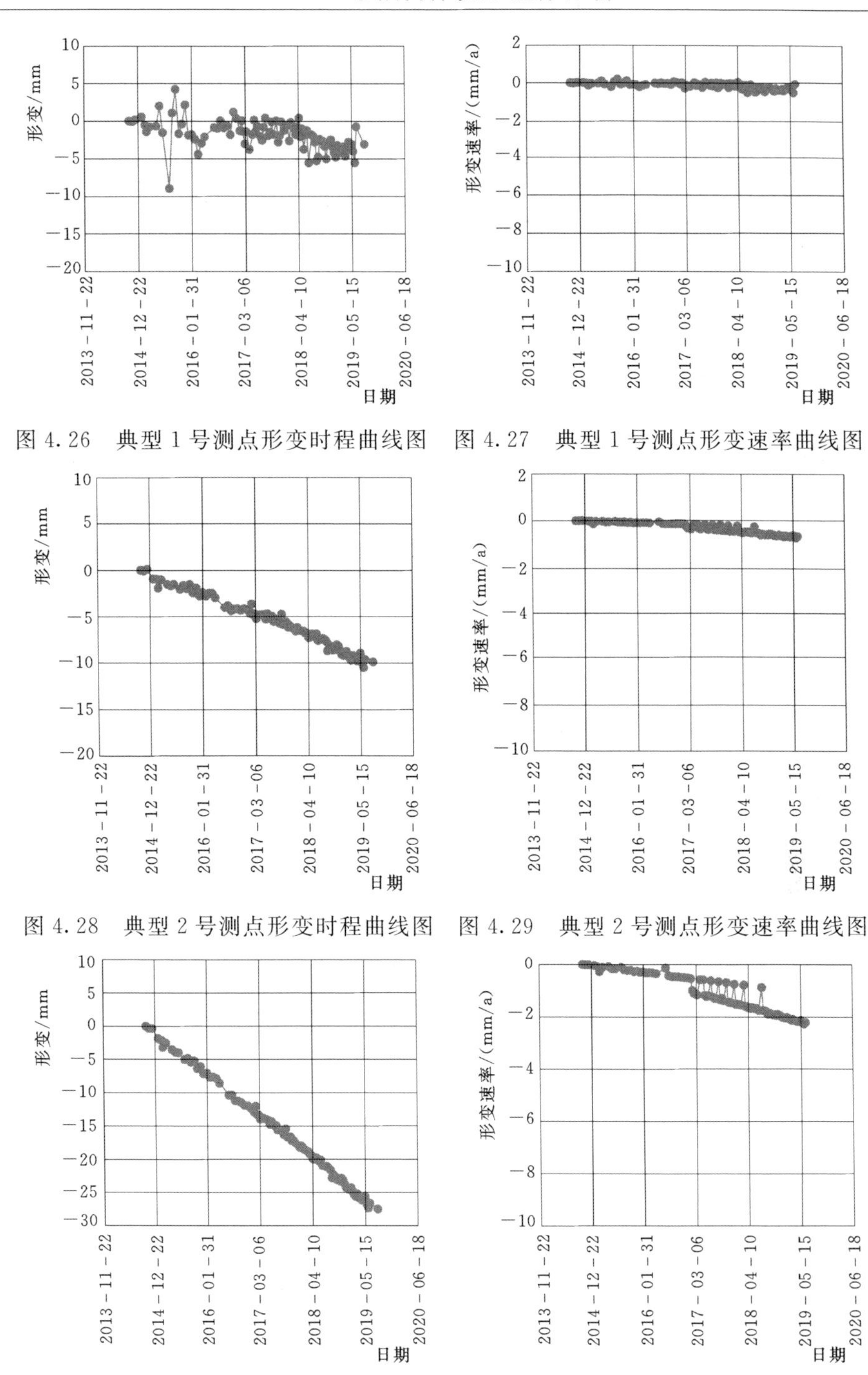

图4.26　典型1号测点形变时程曲线图

图4.27　典型1号测点形变速率曲线图

图4.28　典型2号测点形变时程曲线图

图4.29　典型2号测点形变速率曲线图

图4.30　典型3号测点形变时程曲线图

图4.31　典型3号测点形变速率曲线图

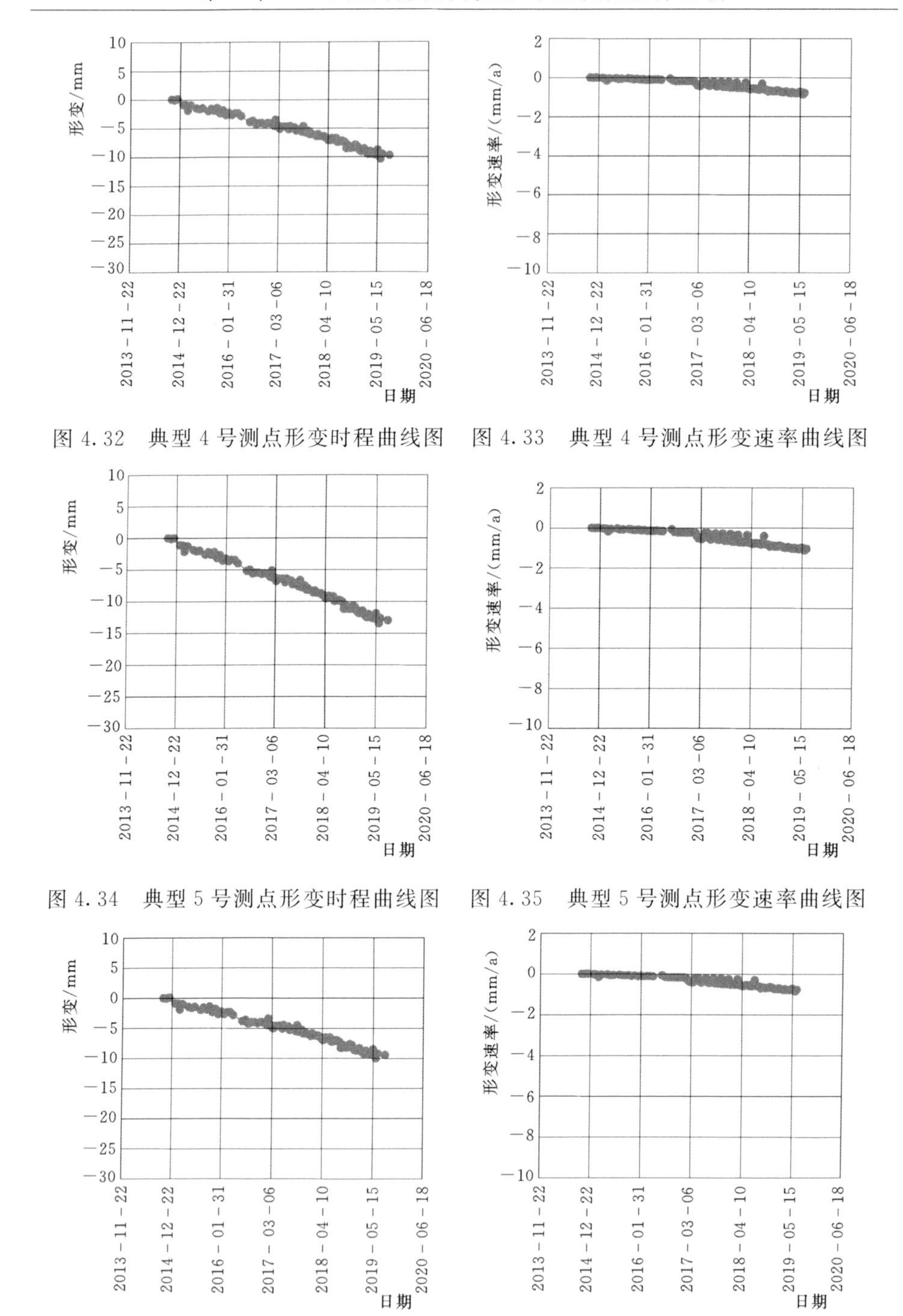

图4.32　典型4号测点形变时程曲线图

图4.33　典型4号测点形变速率曲线图

图4.34　典型5号测点形变时程曲线图

图4.35　典型5号测点形变速率曲线图

图4.36　典型6号测点形变时程曲线图

图4.37　典型6号测点形变速率曲线图

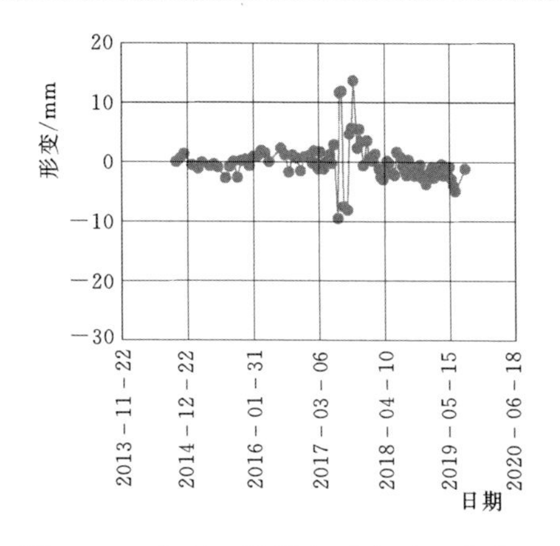

图4.38 典型7号测点形变时程曲线图

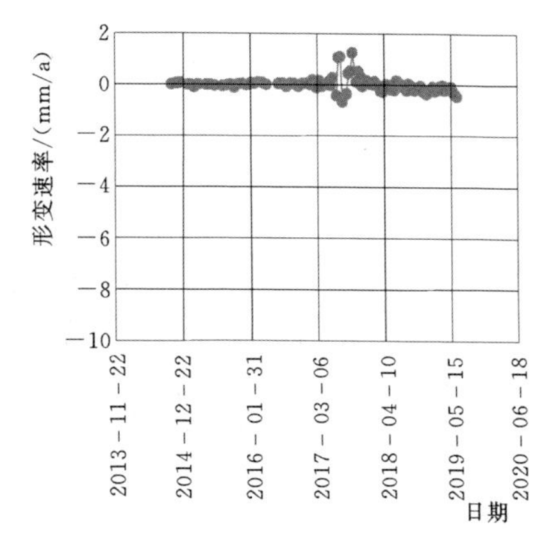

图4.39 典型7号测点形变速率曲线图

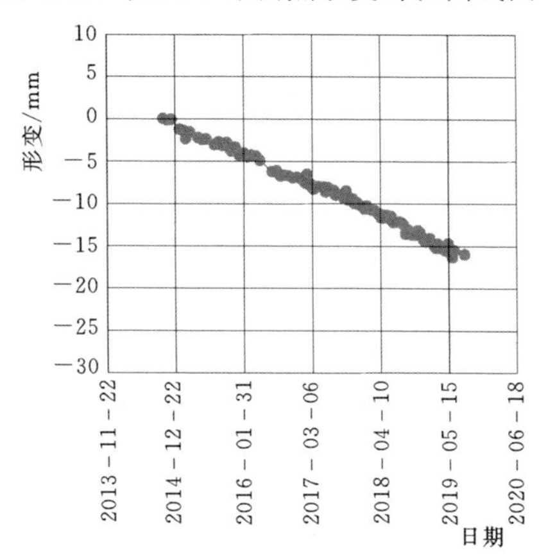

图4.40 典型8号测点形变时程曲线图

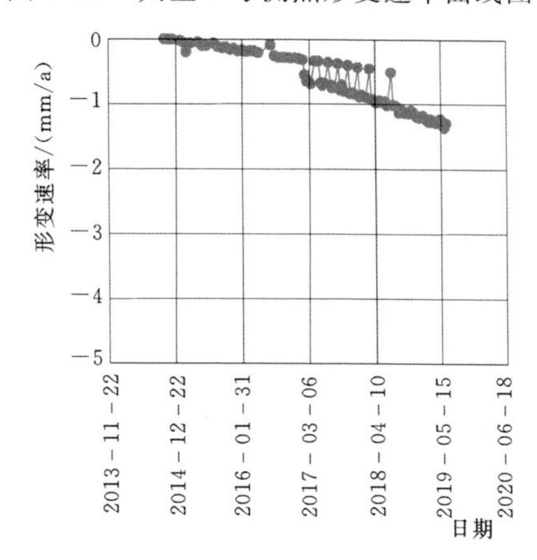

图4.41 典型8号测点形变速率曲线图

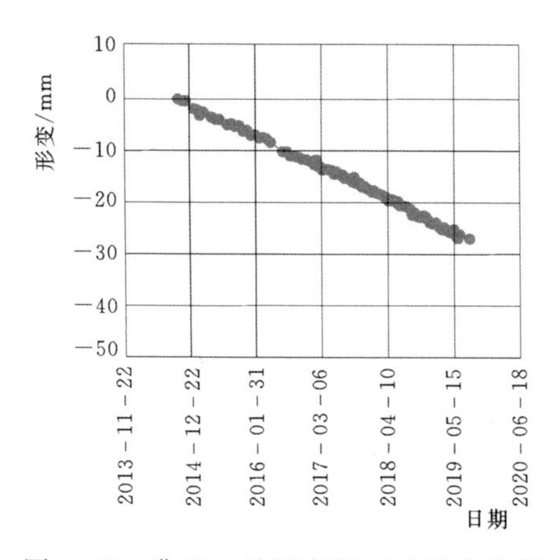

图4.42 典型9号测点形变时程曲线图

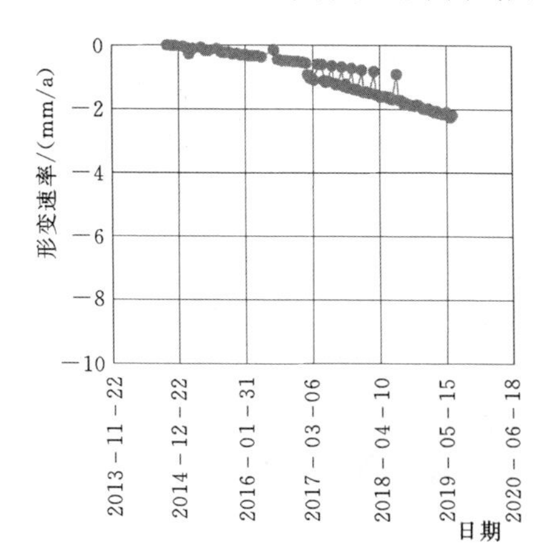

图4.43 典型9号测点形变速率曲线图

从图4.26～图4.43和表4.1可见，4号倾倒体整体形变呈下沉趋势，个别测点（1号和7号测点附近）出现上抬现象。倾倒体各典型测点与整体形变规律较为一致，也同样表现为倾倒体上部（4号）、中部（5号）、上游侧下部（2号、3号）和下游侧下部（8号、9号）四区域。测点下沉形变量和形变速率表现为，倾倒体下部较大，下游侧显著于上游侧；中部次之，上部较小，中部稍大于上部，但形变量值较为相近。

表4.1　　典型测点形变统计汇总表

测点＼日期	2015-12-13	2016-12-31	2017-12-27	2018-12-28	2019-08-18
1号	2.13	0.37	−1.20	−3.41	−3.07
2号	−1.91	−4.28	−6.31	−9.08	−9.88
3号	−6.10	−12.31	−17.93	−24.29	−27.48
4号	−1.87	−4.21	−6.21	−8.94	−9.72
5号	−2.64	−5.69	−8.35	−11.74	−12.96
6号	−1.80	−4.07	−6.01	−8.68	−9.42
7号	0.47	1.05	3.69	−3.89	−1.21
8号	−3.36	−7.06	−10.34	−14.35	−15.98
9号	−5.99	−12.10	−17.62	−23.89	−27.02

4.3.2　相对变形时空演化

图4.44～图4.58所示为4号倾倒体相对变形分布图。

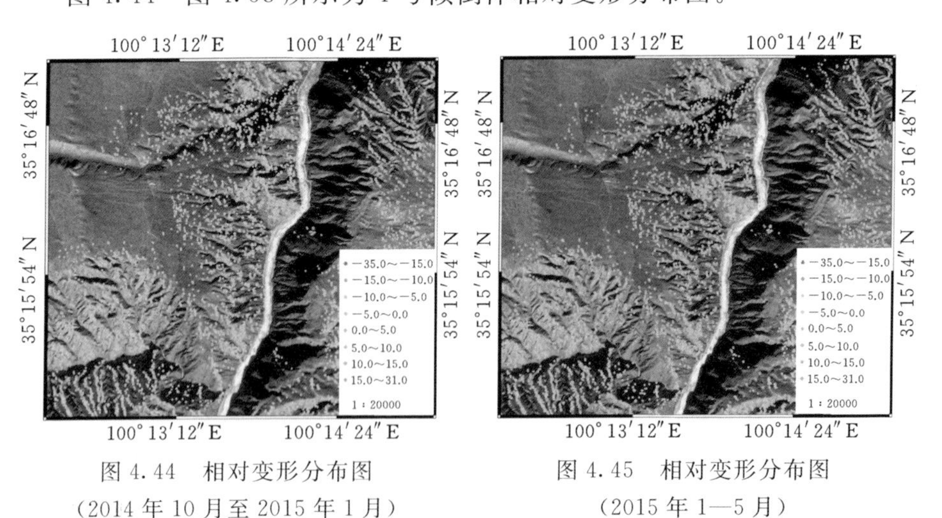

图4.44　相对变形分布图（2014年10月至2015年1月）

图4.45　相对变形分布图（2015年1—5月）

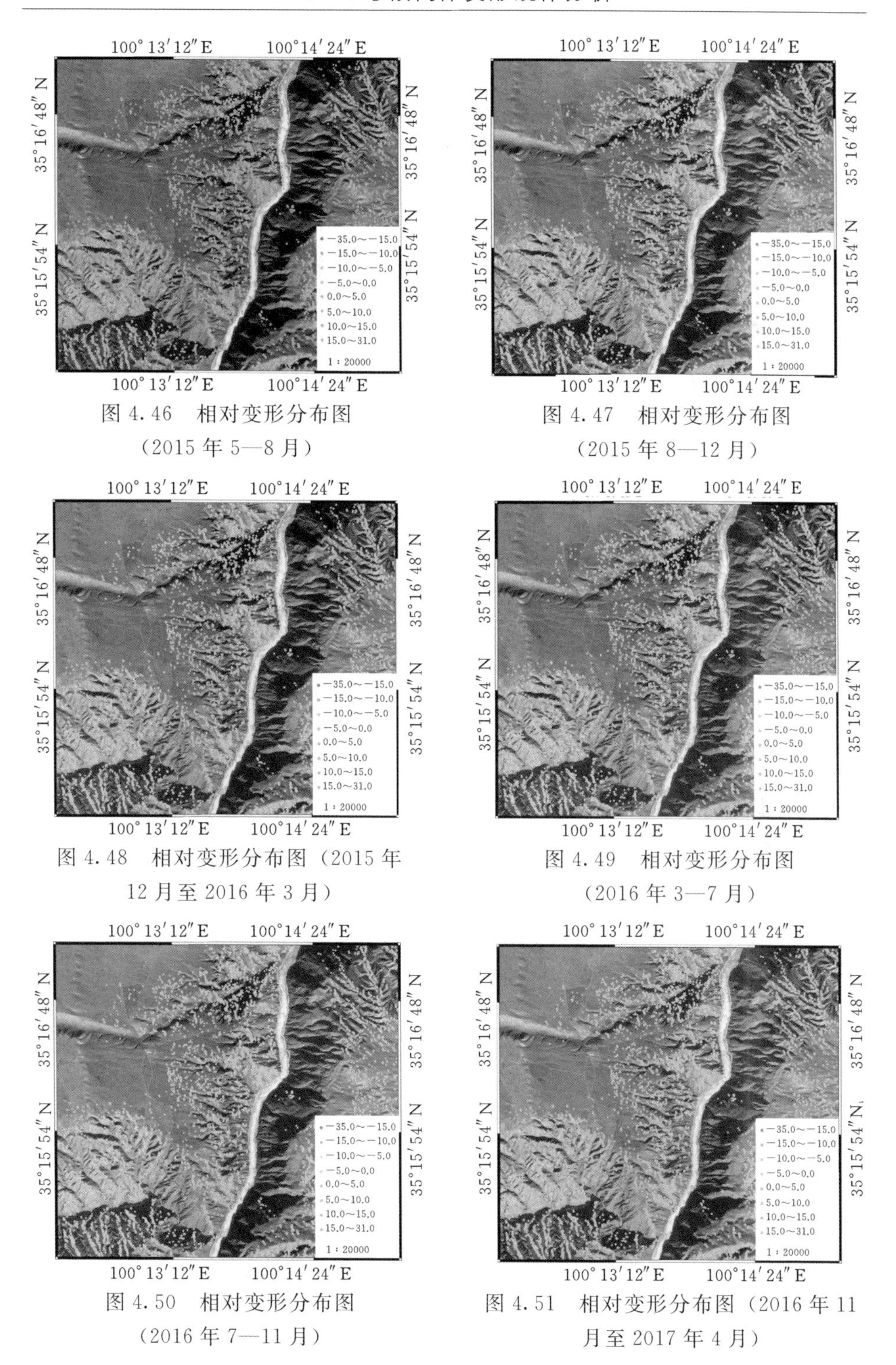

图 4.46 相对变形分布图（2015 年 5—8 月）

图 4.47 相对变形分布图（2015 年 8—12 月）

图 4.48 相对变形分布图（2015 年 12 月至 2016 年 3 月）

图 4.49 相对变形分布图（2016 年 3—7 月）

图 4.50 相对变形分布图（2016 年 7—11 月）

图 4.51 相对变形分布图（2016 年 11 月至 2017 年 4 月）

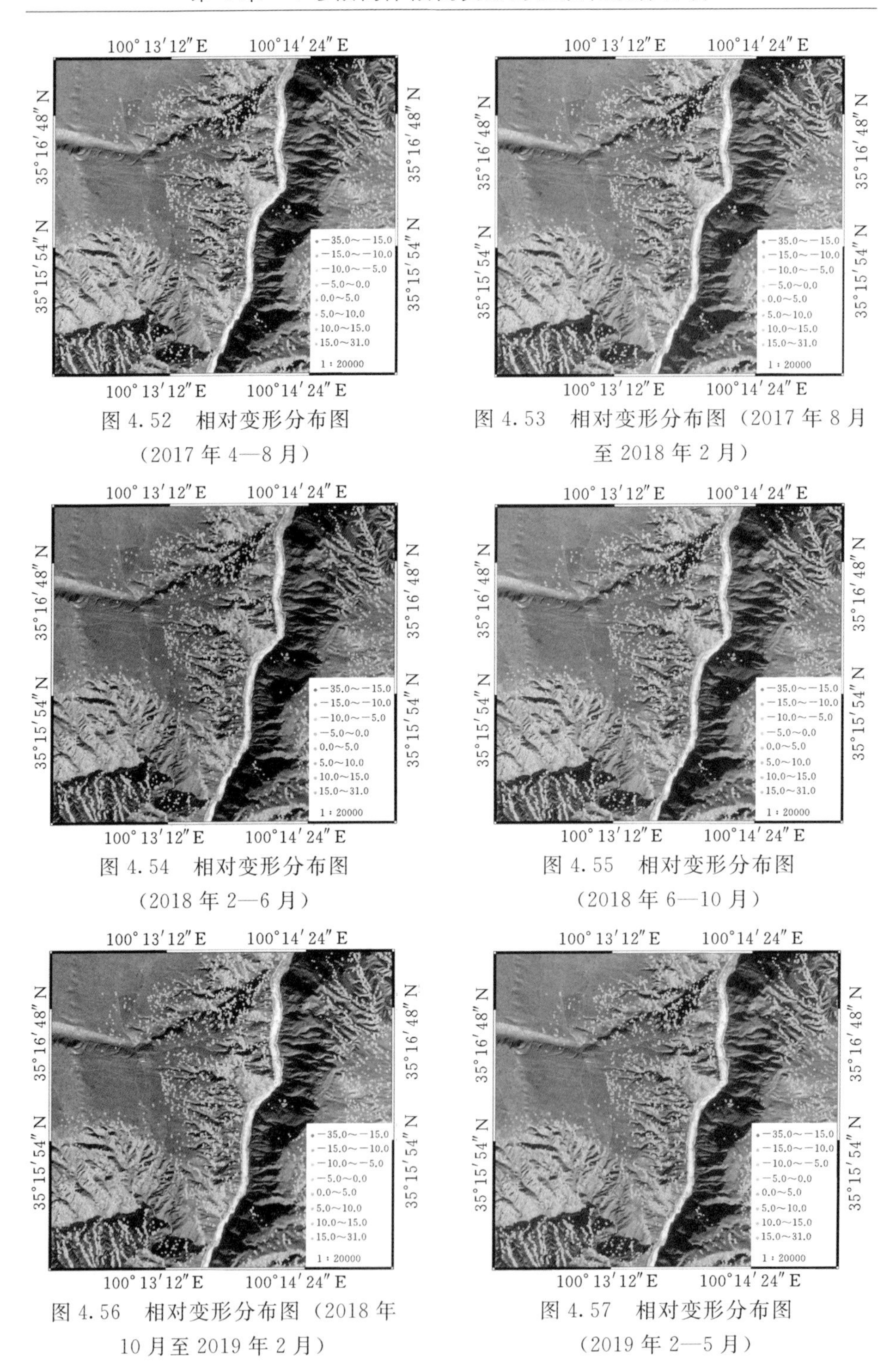

图4.52　相对变形分布图（2017年4—8月）

图4.53　相对变形分布图（2017年8月至2018年2月）

图4.54　相对变形分布图（2018年2—6月）

图4.55　相对变形分布图（2018年6—10月）

图4.56　相对变形分布图（2018年10月至2019年2月）

图4.57　相对变形分布图（2019年2—5月）

从遥感影像数据分析成果和相对变形分布图4.44～图4.58可见：

(1) 4号倾倒体相对变形一定时期内时刻发生变化，形变一直发生中。

(2) 2015年8—12月、2016年7—11月、2017年8月至2018年2月、2018年6—10月等期间内，相对变形较其他时间段有所增大，且倾倒体下部增幅明显。

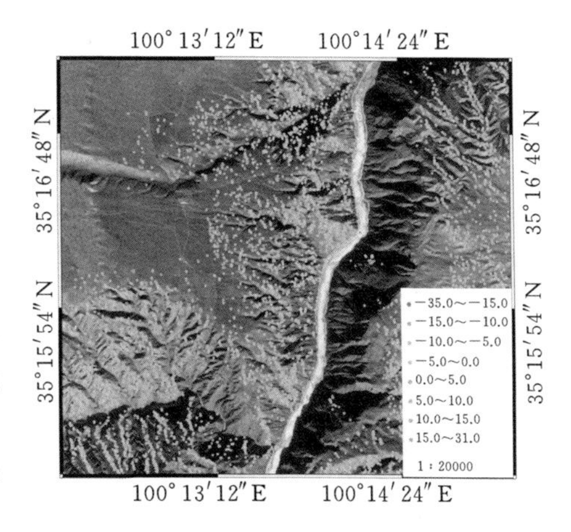

图4.58　相对变形分布图（2019年5—8月）

(3) 2015年1—5月、2016年3—7月、2018年2—6月、2019年2—5月等期间内，相对变形有所增加，但总体表现不显著。

4.4　本章小结

本章应用InSAR技术，分析了4号倾倒体倾倒变形的时空演化规律和变形特征。通过分析研究，在无监测数据情况下，应用InSAR技术能够掌握倾倒体的变形演化特征。

针对4号倾倒体边坡而言，应用InSAR技术分析得出，4号倾倒体仍在处于缓慢变形调整，且下游侧较上游侧变形显著。截至2019年8月，倾倒体上部形变区域和量值有所增加，量值约22mm；中部形变区域和量值均未变化；上游侧下部和下游侧下部形变区域未发生变化，但量值均有所增大，其中上游侧约为26mm，下游侧约为52mm。

第5章 4号倾倒体二维与三维抗滑稳定性分析

5.1 概述

4号倾倒体位于茨哈峡上坝址上线上游附近，倾倒体下游边界与大坝毗邻，倾倒体自然边坡平均坡度约为40°，局部地形陡峭，整个倾倒体的出露高程为2760～3030m，最大高度约为300m，倾倒体自然边坡地形相对较为完整，未见前期滑塌迹象，受地表径流冲刷影响，坡面上冲沟较为发育，规模大小不等，如图5.1所示。

倾倒体边坡出露的地层岩性主要为三叠系中统（T_2）薄层灰色板岩与灰绿色砂岩互层，局部为中薄层砂岩夹板岩，边坡中上部出露少量酸性侵入岩脉，顶部为Q_4崩坡积碎块石。其中，层面产状为330°∠78°，反倾坡内。受倾倒引起的弯折变形影响，浅层岩体的层面产状为NE50°～80°/NW（SE)∠60°～85°。在地质构造上，倾倒体边坡所处部位构造不发育，无大的断裂通过，仅在低高程部位发育有小规模断层f52、f53、f54、f55、f56等，反倾坡内，以陡倾角为主，基本顺层面发育，延伸长度在150～250m之间，各断层的产状特征见表5.1。

表5.1 4号倾倒体边坡发育的主要断层

断层编号	地质产状	性　状
f52	300°∠60°	破碎带宽度0.03～0.05m，胶结较好
f53	337°∠77°	破碎带宽度0.5～0.8m，未胶结
f54	337°∠77°	破碎带宽度0.03～0.05m
f55	330°∠75°	破碎带宽度0.05～0.07m，未胶结
f56	315°∠80°	破碎带宽度0.15～0.20m，未胶结

除上述定位结构面外，倾倒体边坡岩体内部还发育有2组硬性结构面与1组软弱结构面，各结构面的产状情况见表5.2。

表 5.2 4号倾倒体边坡岩体内发育的随机结构面

结构面类型	结构面编号	地质产状
硬性结构面	1	70°～135°∠50°～88°
	2	245°～285°∠60°～88°
软弱结构面	3	345°∠47°

根据现场勘察结果，4号倾倒体的边界是十分明确的，上游侧边界以多宗龙洼为界，下游侧边界以10号倾倒体上游侧冲沟为界，上部边坡以自然边坡顶部为界，下部边界高程为2760～2800m，整个倾倒体在空间上呈不规则的长方形，顺河流方向延伸长度约为1km，如图5.1所示。

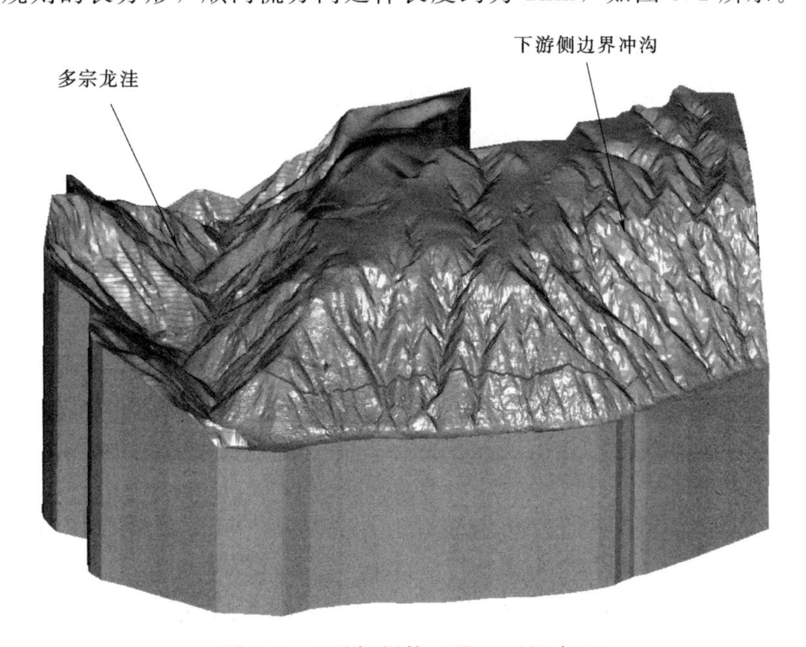

图5.1 4号倾倒体三维地形拟合图

设计对4号倾倒体采用了大开挖的处理方案，具体的开挖方案是，开挖坡比为1：1，每15m设置一级马道，马道宽5m，上游侧部位的最大开挖高度为170m，下游侧部位的最大开挖高度近300m。图5.2列出了倾倒体开挖后的三维地形拟合图。

本章从抗滑稳定分析的角度，利用二维与三维刚体极限平衡分析方法，对4号倾倒体自然边坡与工程开挖边坡在不同工况条件下的抗滑稳定性进行分析评价。

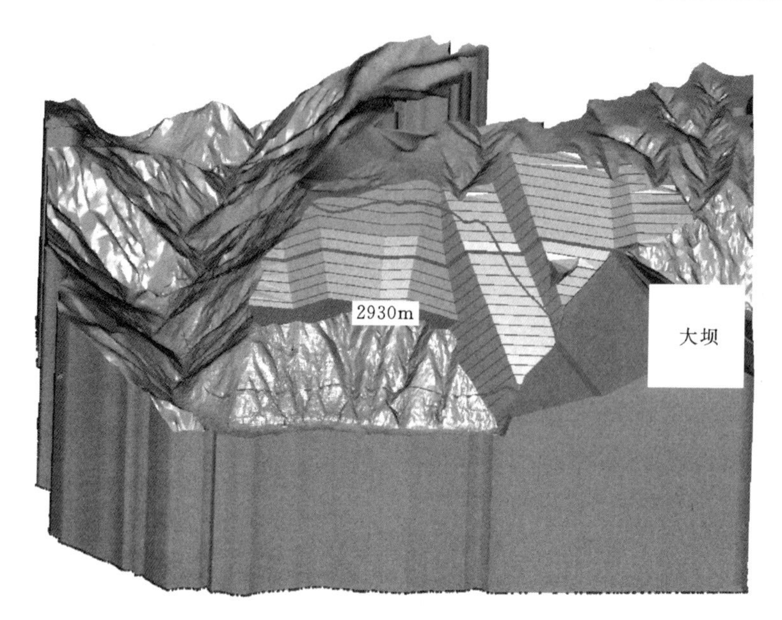

图 5.2　4 号倾倒体开挖后的地形拟合图

5.2　失稳模式宏观分析与判断

5.2.1　基本原理

在岩质边坡中，岩体的变形与失稳破坏主要受岩体内部发育的结构面的控制，它们之间的空间分布位置、组合关系，直接影响着边坡的变形与稳定状况。由于岩体结构的复杂性、多样性以及赋存环境的差异性，导致其存在多种失稳模式。但在工程中常见的失稳模式主要包括平面滑动、圆弧滑动、楔体滑动及倾倒破坏。

在对岩质边坡的稳定性进行分析评价时，首先应根据岩体内部的结构面产状与临空面产状的空间位置关系，进行失稳模式判断，然后针对不同的失稳模式，采用不同的稳定分析方法进行稳定性分析定量评价。Hoek 等[11]针对岩质边坡的三种常见失稳模式，总结出了相应的判断方法。

发生平面滑动破坏应满足以下几何条件：①滑动面的走向必须与坡面平面或接近平行（约在±20°范围内）；②破坏面必须在边坡面出露，即其倾角必须小于坡面的倾角；③破坏面的倾角必须大于该面的摩擦角 ϕ。

与平面破坏类似，发生楔体滑动破坏应满足条件 $\beta_p \geqslant \beta_j \geqslant \phi$，其中 β_j

为结构面（或某两组结构面交线）在坡面侧向上的视倾角，β_p 为坡面的倾角，ϕ 为结构面的内摩擦角。

对于倾倒破坏，一般来说要满足以下几何条件：①边坡面的倾角≥30°；②边坡面的倾向与结构面（或结构面交线）的倾向相反，且两者倾角的夹角≥12°；③倾倒区的范围一般为：坡面反倾向的±10°方位，120°—坡面倾角～90°的倾角范围。

在岩质边坡稳定分析领域，一般采用赤平投影分析方法进行边坡失稳模式的分析与判断，常用的方法有大圆分析法与极点分析法，其中极点分析法的基本原理是，先利用前述三种常见破坏模式的条件，在赤平投影上绘出可能发生滑动和倾倒的破坏区，然后根据各结构面及它们之间相互组合交线的极点是否落在这两个区，来判断边坡的稳定性。它某个结构面或结构面交线的极点落在滑动区或倾倒区时，则表明该结构面代表的平面或结构面交线代表的楔形体存在潜在滑动破坏的危险或倾倒破坏的可能性，这一方法已被纳入香港土木工程署编制的《斜坡岩土工程手册》与现行水利水电与水电水利边坡设计规范的相关条文，如图 5.3 所示。

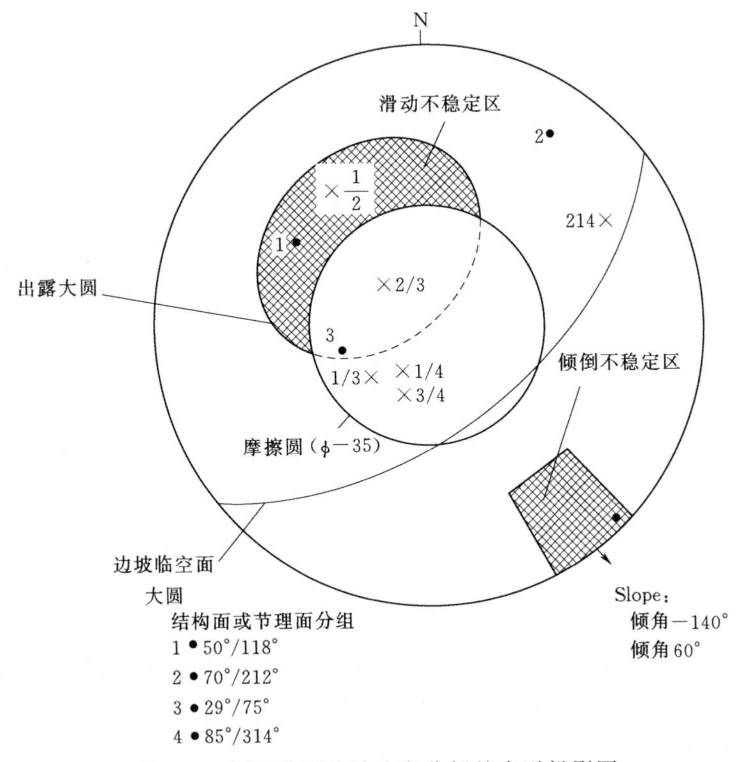

图 5.3 用于岩质边坡稳定分析的赤平投影图

5.2.2　4号倾倒体潜在失稳模式分析与判断

本小节采用赤平投影的极点分析方法，对4号倾倒体自然边坡与工程开挖边坡的可能失稳模式进行分析与判断。

前文提到，倾倒体边坡岩体除发育有层面裂隙外，还发育有2组硬性结构面与1组软弱结构面，各结构面的编号与产状情况见表5.3。

表5.3　倾倒体边坡岩体发育的结构面编号及产状情况

结构面编号	地质产状	计算取值
1	70°～135°∠50°～88°	100°∠70°
2	245°～285°∠60°～88°	265°∠74°
3	345°∠47°	345°∠47°

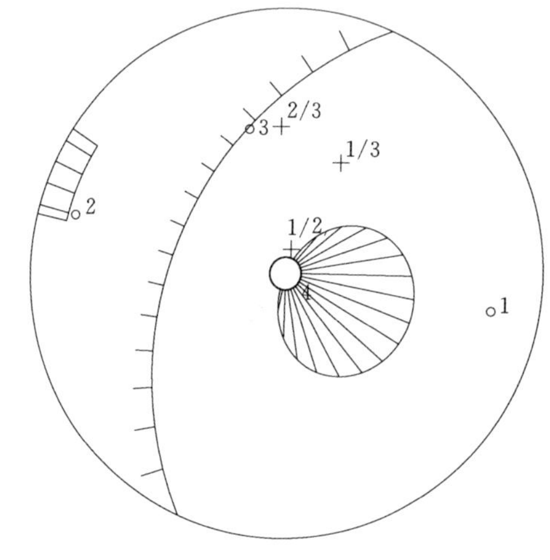

图5.4　4号倾倒体自然边坡失稳模式图

已知自然边坡临空面的产状为114°∠43°，相应的失稳模式如图5.4所示。从图5.4中可以看出，无一组结构面的极点或两组结构面交棱线的极点落在滑动区，表明边坡沿一组结构面发生平面滑动破坏或沿两组结构面发生楔体滑动破坏的可能性不大。

对于工程开挖边坡，根据边坡开挖面产状情况，可分为两个工程地质分区，即下游侧为Ⅰ区，上游侧为Ⅱ区。已知上游侧（Ⅱ区）开挖面产状为114°∠41°，下游侧（Ⅰ区）开挖面产状为87°∠42°，相应的失稳模式如图5.5所示。从图5.5中可以看出，无一组结构面的极点或两组结构面交棱线的极点落在滑动区，表明边坡沿一组结构面发生平面滑动破坏或沿两组结构面发生楔体滑动破坏的可能性不大。

需要指出的是，结合已有的地质资料可知，边坡岩体层面裂隙倾向为310°～330°，与临空面反倾方向之间的夹角为10°～30°，满足发生倾倒破坏的几何条件，从定量角度解释了该部位边坡的变形破坏以倾倒破坏为主的原因。

综上所述，4号倾倒体边坡不存在不利的结构面组合，沿某一组结构

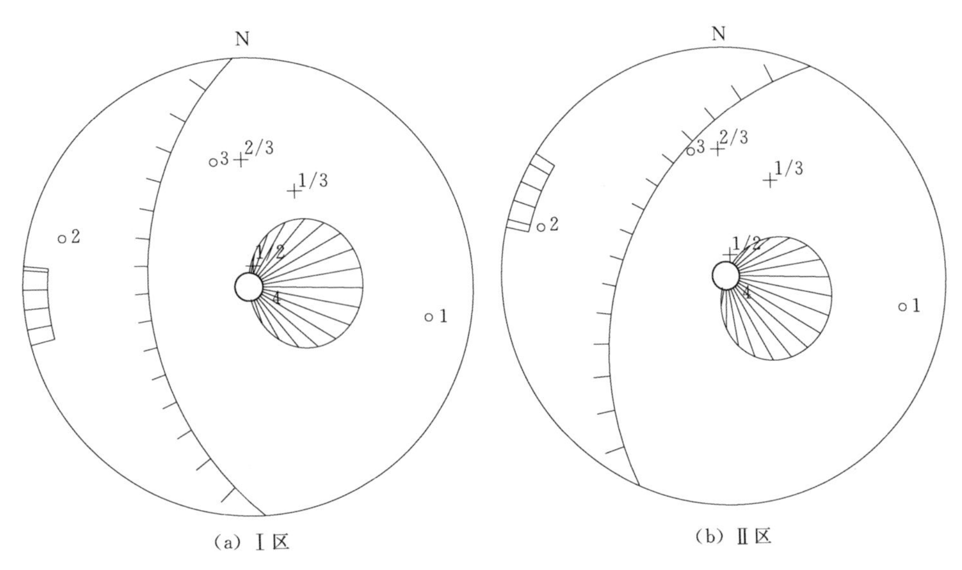

(a) Ⅰ区　　(b) Ⅱ区

图 5.5　倾倒体开挖边坡失稳模式图

面发生平面滑动破坏或沿两组结构面发生楔体滑动破坏的可能性不大。考虑到 4 号倾倒体浅表层为强烈倾倒-碎裂带，向依次为倾倒层状-块裂带与倾倒影响带，其中强度倾倒-碎裂带部位的岩体结构架空明显，呈碎块状，以拉裂变形为主，而倾倒层状-块裂带部位的岩体呈块裂结构，拉裂缝十分发育，是该边坡的薄弱环节。基于这一情况，本次分析主要研究该边坡分别沿边坡浅层的强烈倾倒-碎裂带下边界剪出以及沿中部的倾倒层状-块裂带下边界剪出的稳定性。

此外，根据现场对勘探平洞的调查结果，在部分平洞揭示了几组小规模缓倾角断层，如 f18、fc13、f11 等，由于这些断层的发育长度与在空间的展布规模都不大，对边坡的整体稳定性影响不大，故本次计算中不予考虑。

5.3　二维抗滑稳定性分析

5.3.1　稳定分析计算条件

5.3.1.1　计算工况

根据 4 号倾倒体边坡的地质条件，并结合《水电水利边坡设计规范》（DL/T 5353—2006）的规定，本次稳定分析时拟核算的工况为：

（1）开挖前的自然边坡，主要核算边坡在天然状况、考虑降雨与考虑地震影响时的稳定性。

（2）开挖边坡施工期，即边坡开挖结束，库内无水，主要分析天然状况、考虑降雨工况的稳定性。

（3）开挖边坡正常运行期，主要核算水库蓄水至初期水位与正常蓄水位时的稳定性。

根据设计资料，茨哈峡水库初期水位 2925.0m，正常蓄水位 2990.0m。

由于倾倒体自然边坡地下水位埋藏较深，故对于正常运行期，假定坡体内的浸润线与库水位齐平。

对于地震工况，根据地震安评结果，工程区 50 年超越概率 10%的地震动峰值加速度为 0.115g，对应的地震基本烈度为Ⅶ度。稳定分析采用拟静力法模拟地震作用对边坡稳定性的影响，且计算时不考虑动态分布系数沿高程的放大效应。

对于降雨工况，坝址区多年年平均降雨量为 247.85mm，雨量分布不均匀，多集中在 6—9 月，占全年降雨量的 70%左右。坝址区水位观测孔资料显示，地下水位受降雨影响显著，季节性变化特征明显，但总的看来，坝址区降雨对地下水位的影响不大，下渗补给地下水的水量较小，主要以地下径流的方向排泄至黄河。本次稳定分析时，采用给定滑面上的孔压系数 $\gamma_u=0.05$ 模拟降雨对地下水位的影响，即降雨时相当于滑面以上有 10%部分充水。

5.3.1.2　典型计算剖面选取

稳定分析一般选取有代表性的典型剖面。对于上游侧（Ⅱ区），选取剖面横 1—1、横 2—2、横 3—3 作为典型计算剖面；对于下游侧（Ⅰ区），选取剖面横 5—5 与横 6—6 作为典型计算剖面，各剖面的平面位置如图 5.6所示，图 5.7 列出了部分剖面的工程地质剖面图。

5.3.1.3　稳定分析计算参数与计算方法

表 5.4 列出了稳定分析采用的边坡岩体物理力学参数的地质建议值。

前文 5.2 节的分析结果表明，4 号倾倒体边坡不存在不利的结构面结合，稳定分析主要核算沿倾倒变形岩体内部剪出的稳定状况。本次计算选取能量上限法（即 Sarma 法）开展稳定分析，且忽略了条块界面的抗剪强度对边坡稳定性的影响。

5.3.2　自然边坡的抗滑稳定分析成果

表 5.5 列出了 4 号倾倒体自然边坡在不同工况条件下的抗滑稳定分析成果，图 5.8 列出了各计算剖面在天然状况下的计算简图。从计算结果可以看出：

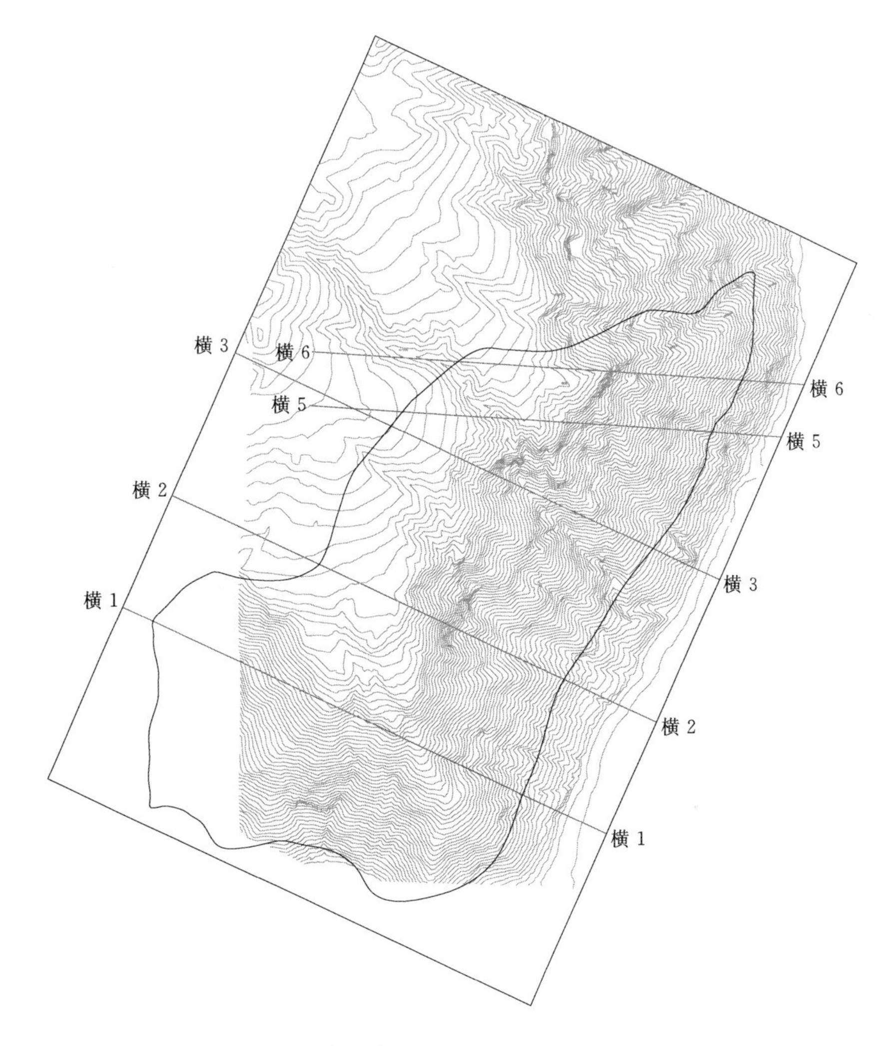

图 5.6 4 号倾倒体各典型计算剖面的平面位置图

表 5.4 稳定分析采用的边坡岩体物理力学参数的地质建议值

材料类型		Ⅰ区（下游区）		Ⅱ区（上游区）		容重 γ /(kN/m³)
		f	c/kPa	f	c/kPa	
Q_4崩坡积松散层	水上	0.55～0.60	10～20	0.55～0.60	10～20	2.00
	水下	0.55	10	0.55	10	2.30
Q_3粉质黏土层	水上	0.35～0.40	20	0.35～0.40	20	1.45
	水下	0.20～0.25	2	0.20～0.25	2	1.90

续表

材料类型		Ⅰ区（下游区）		Ⅱ区（上游区）		容重 γ /(kN/m^3)
		f	c/kPa	f	c/kPa	
Q_3-sgr（2）层	水上	0.60	50	0.60	50	2.20
	水下	0.48	40	0.48	40	2.30
Q_3-sgr（1）层	水上	0.65	75	0.65	75	2.25
	水下	0.52	60	0.52	60	2.30
N_2黏土岩	水上	0.65～0.70	100	0.65～0.70	80	2.40
	水下	0.40～0.45	50	0.40～0.45	50	2.50
强烈倾倒-碎裂带	水上	0.70	100	0.70	100	2.00～2.10
	水下	0.60	85	0.60	85	2.30
倾倒层状-块裂带	水上	0.77	350	0.76	340	2.25～2.30
	水下	0.73	310	0.72	300	2.35
倾倒影响带	水上	0.83	450	0.83	400	2.30～2.40
	水下	0.75	400	0.75	360	2.45
未变形岩体	水上	1.00	900	1.00	900	2.55
	水下	0.95	850	0.95	850	2.60

表 5.5　倾倒体自然边坡的抗滑稳定分析成果

计算剖面	计算滑动模式	计算工况		
		天然状况	考虑降雨影响	考虑地震影响
横 1—1	沿强烈倾倒-碎裂带分界剪出	1.59（A1）	1.51（A1-w）	1.49（A1-q）
	沿倾倒层状-块裂带分界剪出	3.15（A2）	3.02（A2-w）	2.87（A2-q）
横 2—2	沿强烈倾倒-碎裂带分界剪出	1.07（B1）	1.00（B1-w）	1.02（B1-q）
	沿倾倒层状-块裂带分界剪出	1.54（B2）	1.46（B2-w）	1.46（B2-q）
横 3—3	沿强烈倾倒-碎裂带分界剪出	1.24（C1）	1.17（C1-w）	1.18（C1-q）
	沿倾倒层状-块裂带分界剪出	1.59（C2）	1.51（C2-w）	1.50（C2-q）
横 5—5	沿强烈倾倒-碎裂带分界剪出	1.24（D1）	1.17（D1-w）	1.17（D1-q）
	沿倾倒层状-块裂带分界剪出	1.68（D2）	1.60（D2-w）	1.59（D2-q）
横 6—6	沿强烈倾倒-碎裂带分界剪出	1.13（E1）	1.06（E1-w）	1.08（E1-q）
	沿倾倒层状-块裂带分界剪出	1.54（E2）	1.46（E2-w）	1.46（E2-q）

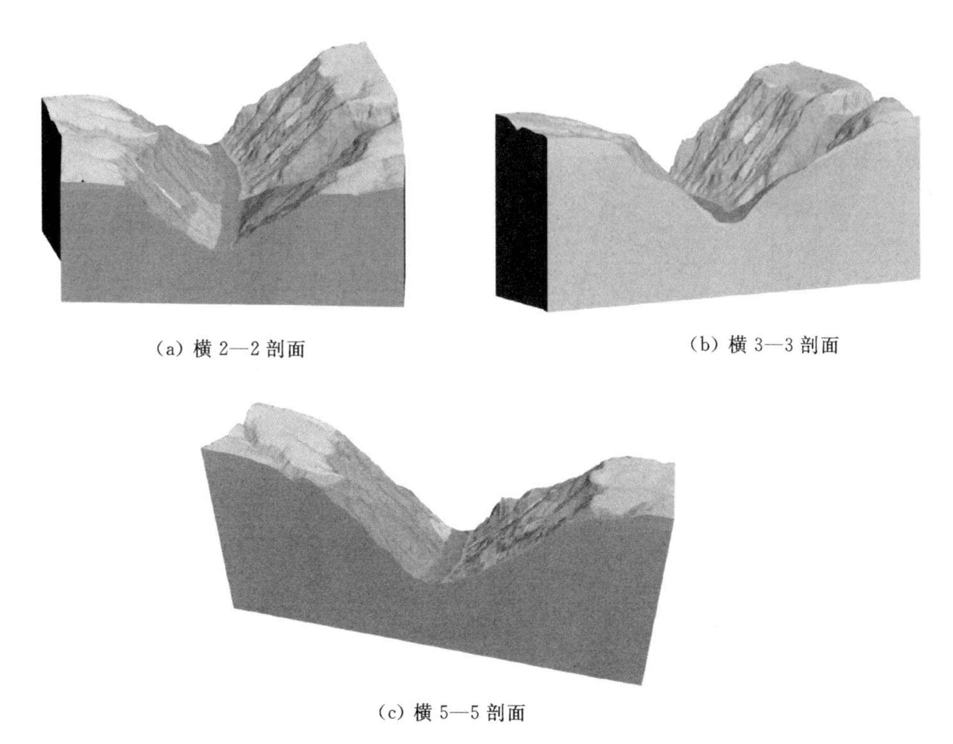

(a) 横 2—2 剖面

(b) 横 3—3 剖面

(c) 横 5—5 剖面

图 5.7 4 号倾倒体部分典型工程地质剖面图

(1) 天然状况下，各计算剖面考虑沿强烈倾倒-碎裂带分界面剪出的安全系数为 1.07～1.59，考虑沿倾倒层状-块裂带分界面剪出的安全系数大于 1.50。

(2) 考虑降雨影响时，各计算剖面沿强烈倾倒-碎裂带分界面剪出的安全系数为 1.00～1.51，沿倾倒层状-块裂带分界面剪出的安全系数大于 1.45，较天然状况降低 0.07～0.12；考虑地震影响时，各计算剖面沿强烈

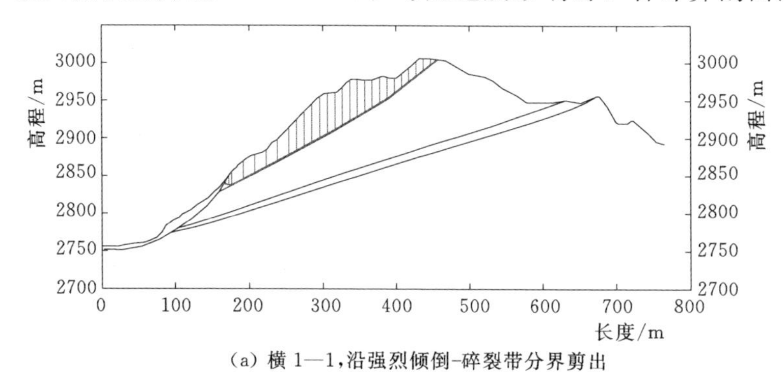

(a) 横 1—1，沿强烈倾倒-碎裂带分界剪出

图 5.8（一） 4 号倾倒体自然边坡的主要计算成果（天然状况）

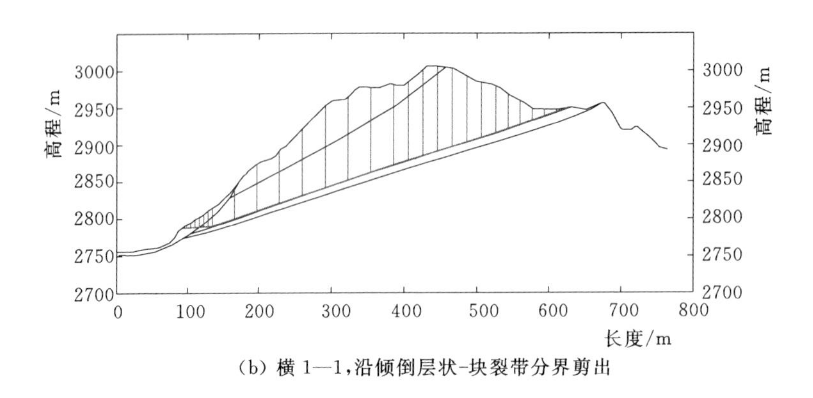

(b) 横1—1,沿倾倒层状-块裂带分界剪出

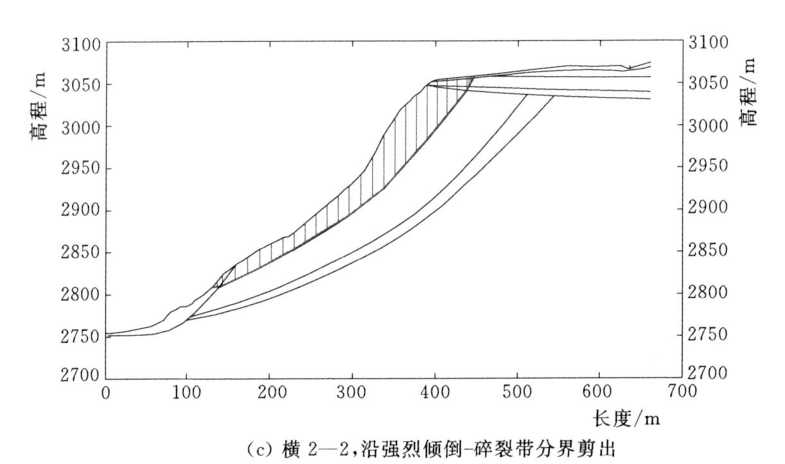

(c) 横2—2,沿强烈倾倒-碎裂带分界剪出

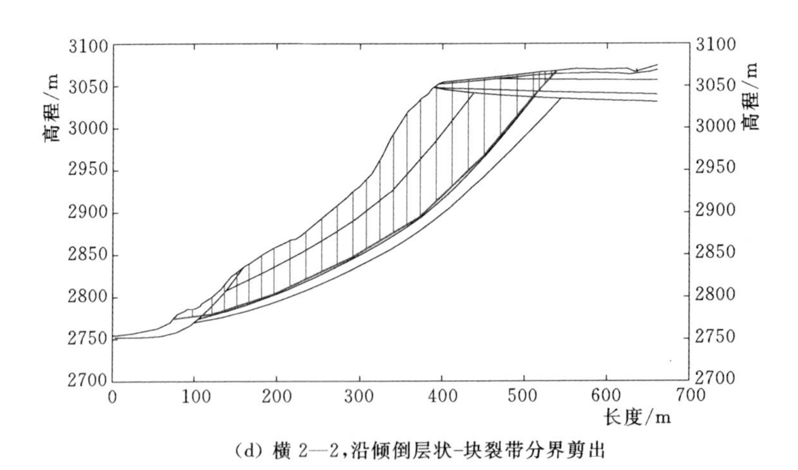

(d) 横2—2,沿倾倒层状-块裂带分界剪出

图5.8(二) 4号倾倒体自然边坡的主要计算成果(天然状况)

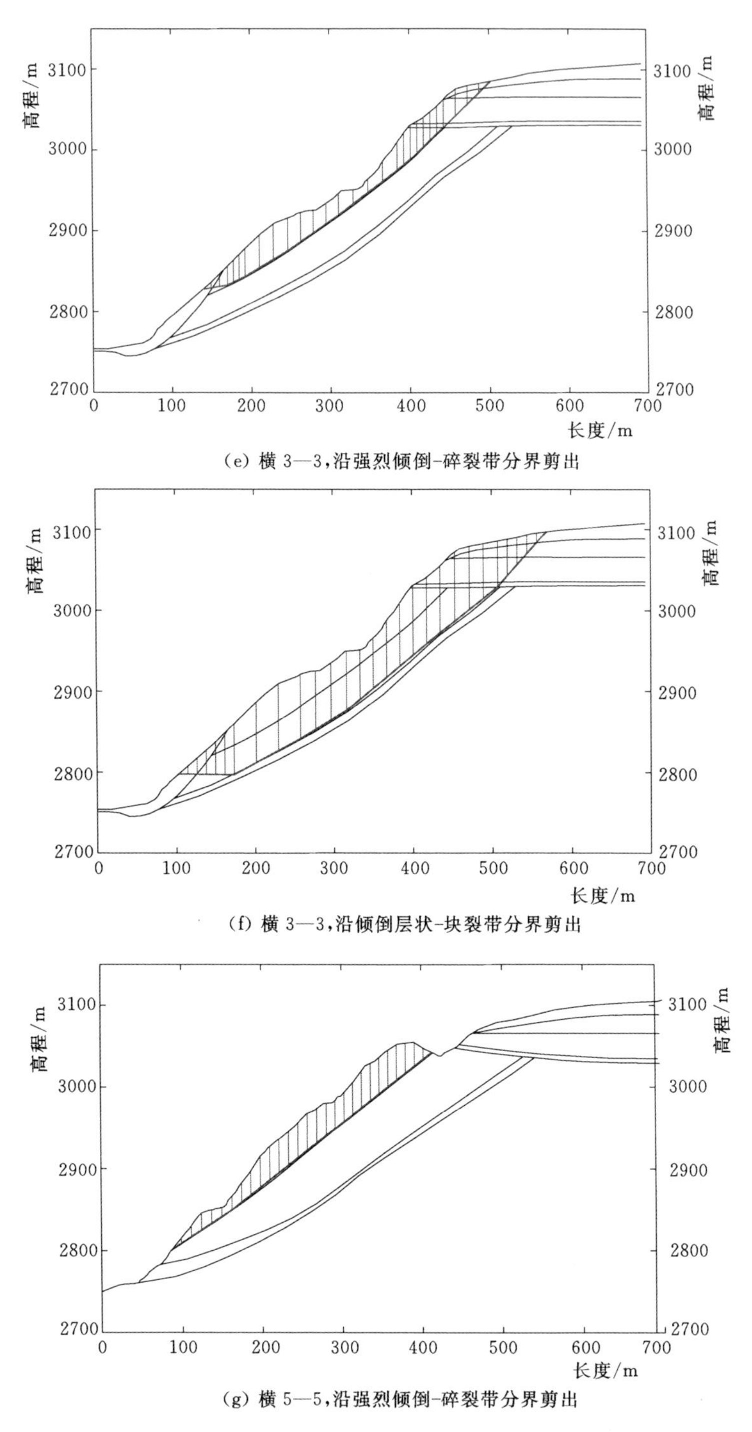

(e) 横 3—3,沿强烈倾倒-碎裂带分界剪出

(f) 横 3—3,沿倾倒层状-块裂带分界剪出

(g) 横 5—5,沿强烈倾倒-碎裂带分界剪出

图 5.8(三) 4 号倾倒体自然边坡的主要计算成果(天然状况)

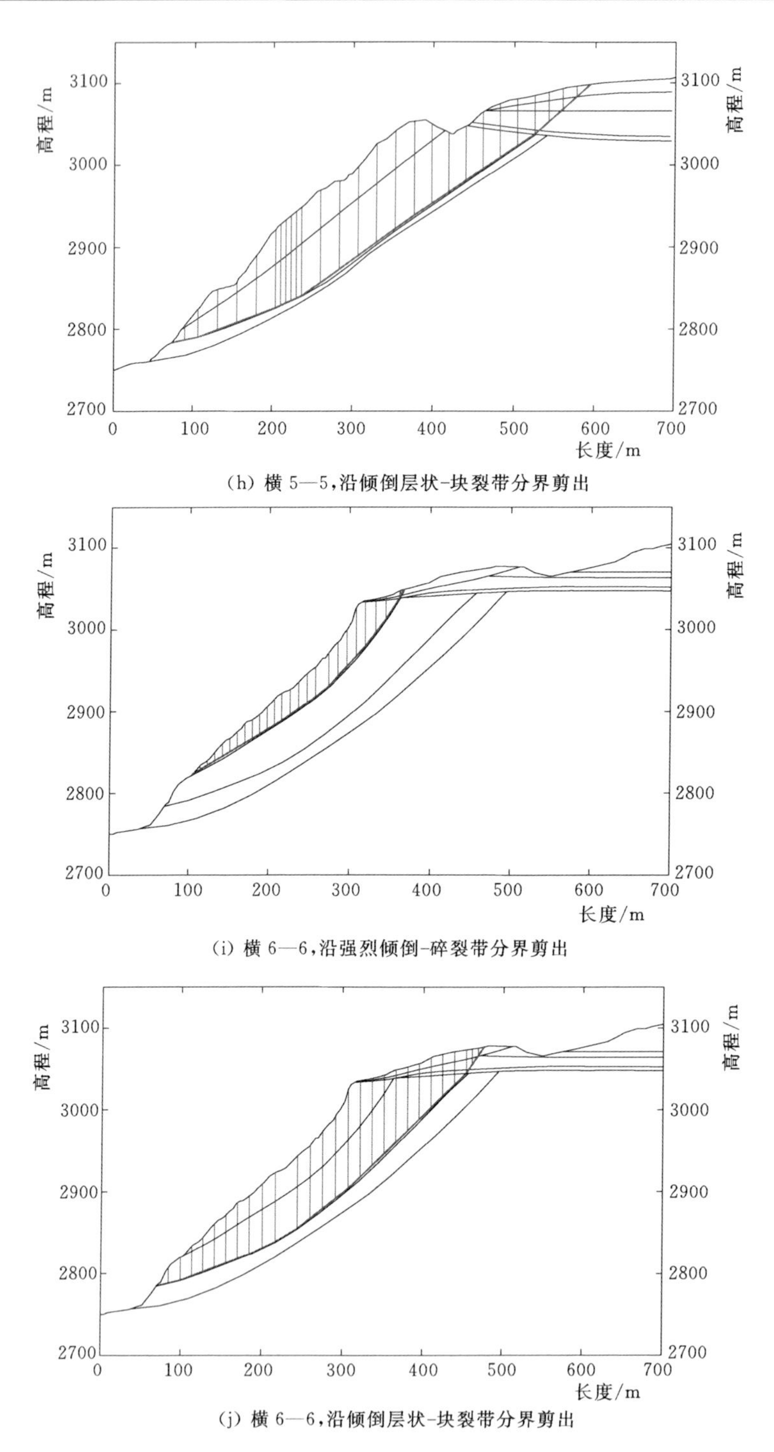

(h) 横 5—5,沿倾倒层状-块裂带分界剪出

(i) 横 6—6,沿强烈倾倒-碎裂带分界剪出

(j) 横 6—6,沿倾倒层状-块裂带分界剪出

图 5.8（四）　4 号倾倒体自然边坡的主要计算成果（天然状况）

倾倒-碎裂带分界面剪出的安全系数为1.02～1.49，沿倾倒层状-块裂带分界面剪出的安全系数大于1.45，较天然状况降低0.07～0.12。

上述计算结果表明，倾倒体自然边坡在不同工况条件下的安全系数大于1.0，这与倾倒体处于稳定状况的现状是相符的，但沿强烈倾倒-碎裂带分界面剪出滑动模式的安全储备不大，因此须对该倾倒变形体进行处理。

5.3.3 开挖边坡施工期与正常运行期的抗滑稳定分析成果

根据倾倒体边坡的开挖情况，对于下游部位的横5—5剖面，浅表层的强烈倾倒-碎裂带岩体被全部挖除，且位于中部的倾倒层状-块裂带岩体部分被挖除，故稳定分析仅考虑沿倾倒层状-块裂带分界面剪出的稳定状况；对于横6—6剖面，位于边坡表层的强烈倾倒-碎裂带、倾倒层状-块裂带均被挖除，故稳定分析不予计算。

表5.6～表5.7分别列出了开挖边坡施工期与正常运行期，各计算剖面在不同工况条件下的抗滑稳定分析成果，图5.9～图5.10列出了部分剖面在施工期与正常运行期的计算简图。从计算结果可以看出：

表5.6 开挖边坡施工期的抗滑稳定分析成果

计算剖面	计算滑动模式	计算工况	
		天然状况	考虑降雨影响
1—1	沿强烈倾倒-碎裂带分界剪出	1.87 (A1)	1.79 (A1-w)
	沿倾倒层状-块裂带分界剪出	3.23 (A2)	3.10 (A2-w)
2—2	沿强烈倾倒-碎裂带分界剪出	1.71 (B1)	1.63 (B1-w)
	沿倾倒层状-块裂带分界剪出	2.24 (B2)	2.15 (B2-w)
3—3	沿强烈倾倒-碎裂带分界剪出	1.53 (C1)	1.46 (C1-w)
	沿倾倒层状-块裂带分界剪出	2.17 (C2)	2.08 (C2-w)
5—5	沿倾倒层状-块裂带分界剪出	2.81 (D1)	2.72 (D1-w)

(1) 开挖边坡施工期，考虑沿强烈倾倒-碎裂带分界面剪出的安全系数在1.50～1.87之间，考虑沿倾倒层状-块裂带分界面剪出的安全系数大于2.0；考虑降雨影响时的安全系数较天然状况降低0.08～0.12。

(2) 开挖边坡正常运行期，当水库蓄水至初期水位2925m高程时，各典型剖面的安全系数大于1.50；当水库蓄水至正常蓄水位2990m高程时，各剖面的安全系数大于1.90，考虑地震影响时的安全系数大于1.80，较天然状况降低0.1～0.4。

表 5.7　　开挖边坡正常运行期的抗滑稳定分析成果

计算剖面	计算滑动模式	计算工况			
		初期水位2925.0m	正常蓄水位	初期水位+降雨	正常蓄水位+地震
1—1	沿强烈倾倒-碎裂带分界剪出	1.85(A1)	1.90(A1-1)	1.78(A1-w)	1.79(A1-1-q)
	沿倾倒层状-块裂带分界剪出	3.25(A2)	3.37(A2-1)	3.12(A2-w)	3.07(A2-1-q)
2—2	沿强烈倾倒-碎裂带分界剪出	1.69(B1)	3.89(B1-1)	1.62(B1-w)	3.48(B1-1-q)
	沿倾倒层状-块裂带分界剪出	2.32(B2)	2.48(B2-1)	2.24(B2-w)	2.33(B2-1-q)
3—3	沿强烈倾倒-碎裂带分界剪出	1.51(C1)	2.93(C1-1)	1.44(C1-w)	2.65(C1-1-q)
	沿倾倒层状-块裂带分界剪出	2.29(C2)	2.39(C2-1)	2.20(C2-w)	2.25(C2-1-q)
5—5	沿倾倒层状-块裂带分界剪出	2.95(D1)	3.14(D1-1)	2.87(D1-w)	2.97(D1-1-q)

上述计算结果表明，边坡开挖后，位于中高程部位的浅表层强烈倾倒一碎裂带岩体被挖除，对边坡具有“削坡减载”的作用，对其稳定性是有利的。当水库蓄水至正常蓄水位 2990.0m 时，倾倒体边坡大部位于库水

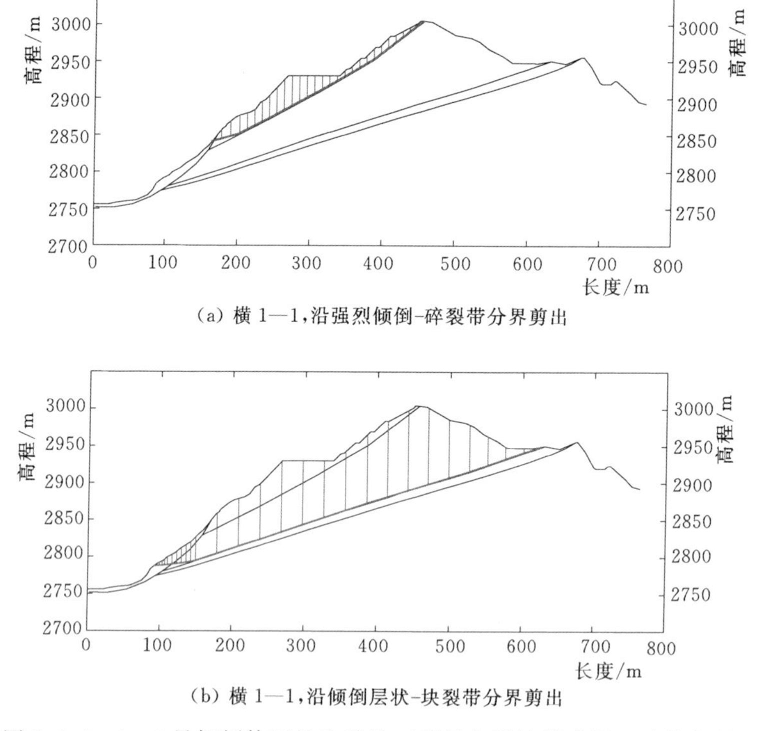

(a) 横 1—1,沿强烈倾倒-碎裂带分界剪出

(b) 横 1—1,沿倾倒层状-块裂带分界剪出

图 5.9（一）　4 号倾倒体开挖边坡施工期的主要计算成果（天然状况）

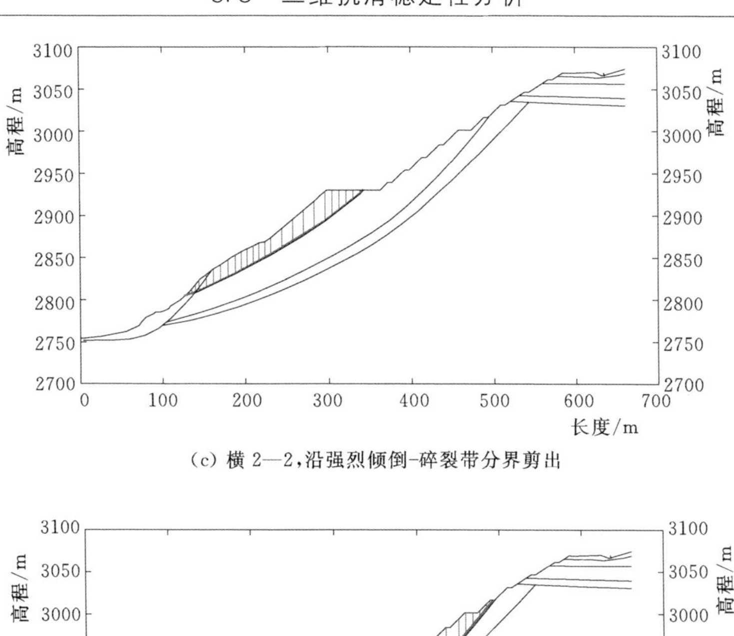

(c) 横 2—2,沿强烈倾倒-碎裂带分界剪出

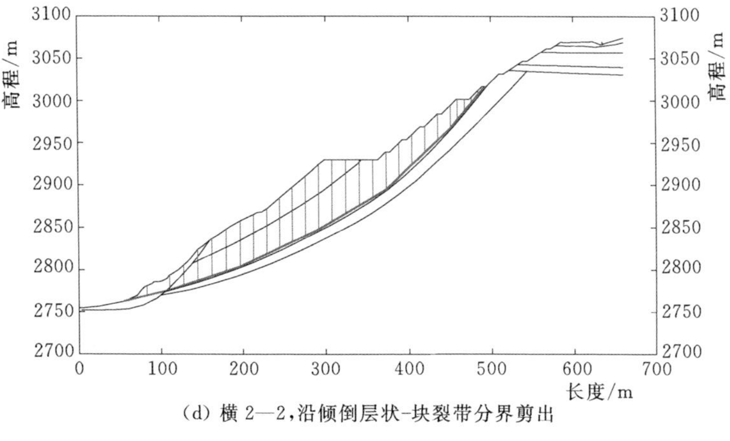

(d) 横 2—2,沿倾倒层状-块裂带分界剪出

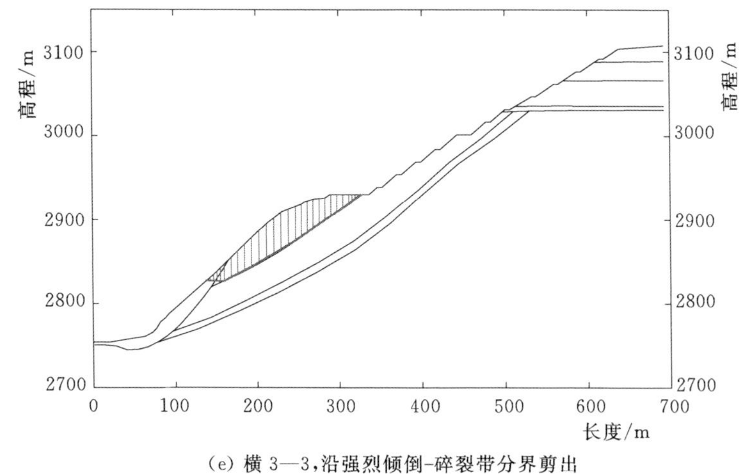

(e) 横 3—3,沿强烈倾倒-碎裂带分界剪出

图 5.9（二） 4 号倾倒体开挖边坡施工期的主要计算成果（天然状况）

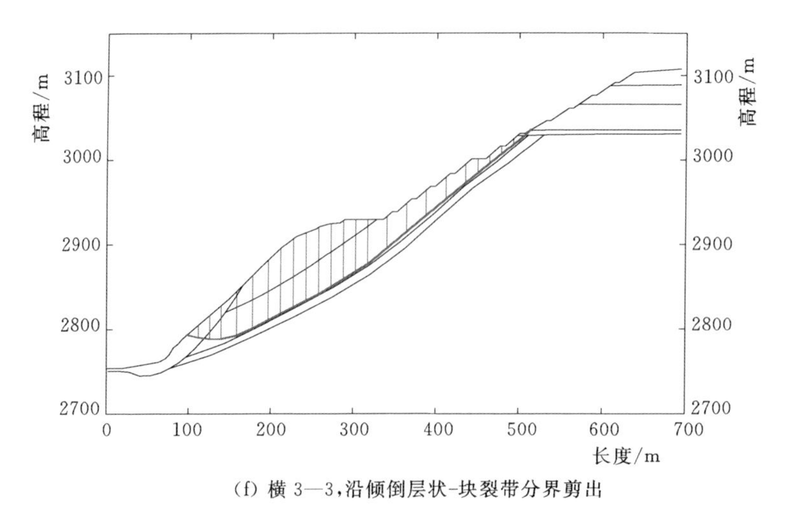

(f) 横3—3,沿倾倒层状-块裂带分界剪出

图5.9（三）　4号倾倒体开挖边坡施工期的主要计算成果（天然状况）

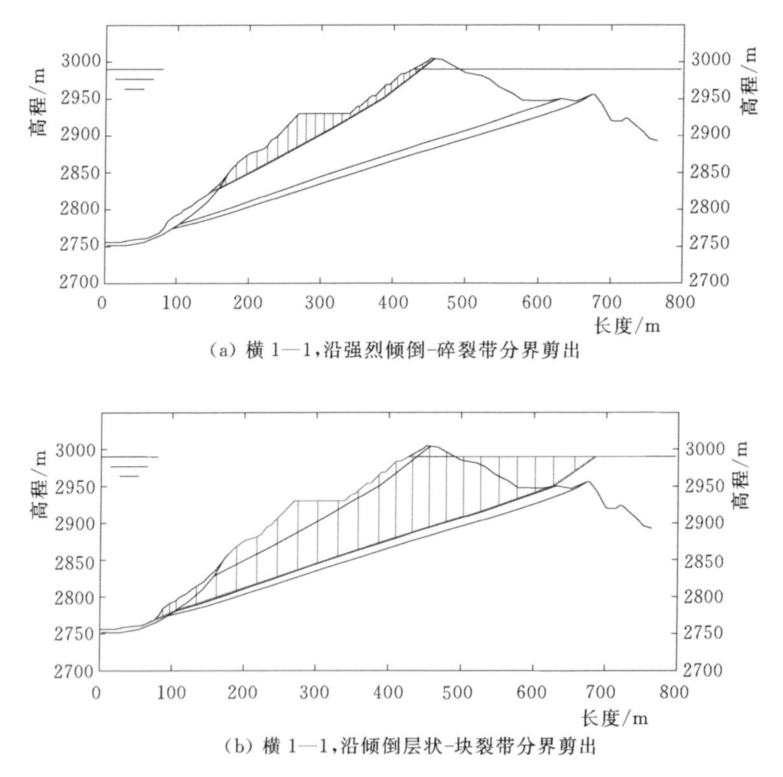

(a) 横1—1,沿强烈倾倒-碎裂带分界剪出

(b) 横1—1,沿倾倒层状-块裂带分界剪出

图5.10（一）　4号倾倒体开挖边坡正常运行期的主要计算成果（正常蓄水位）

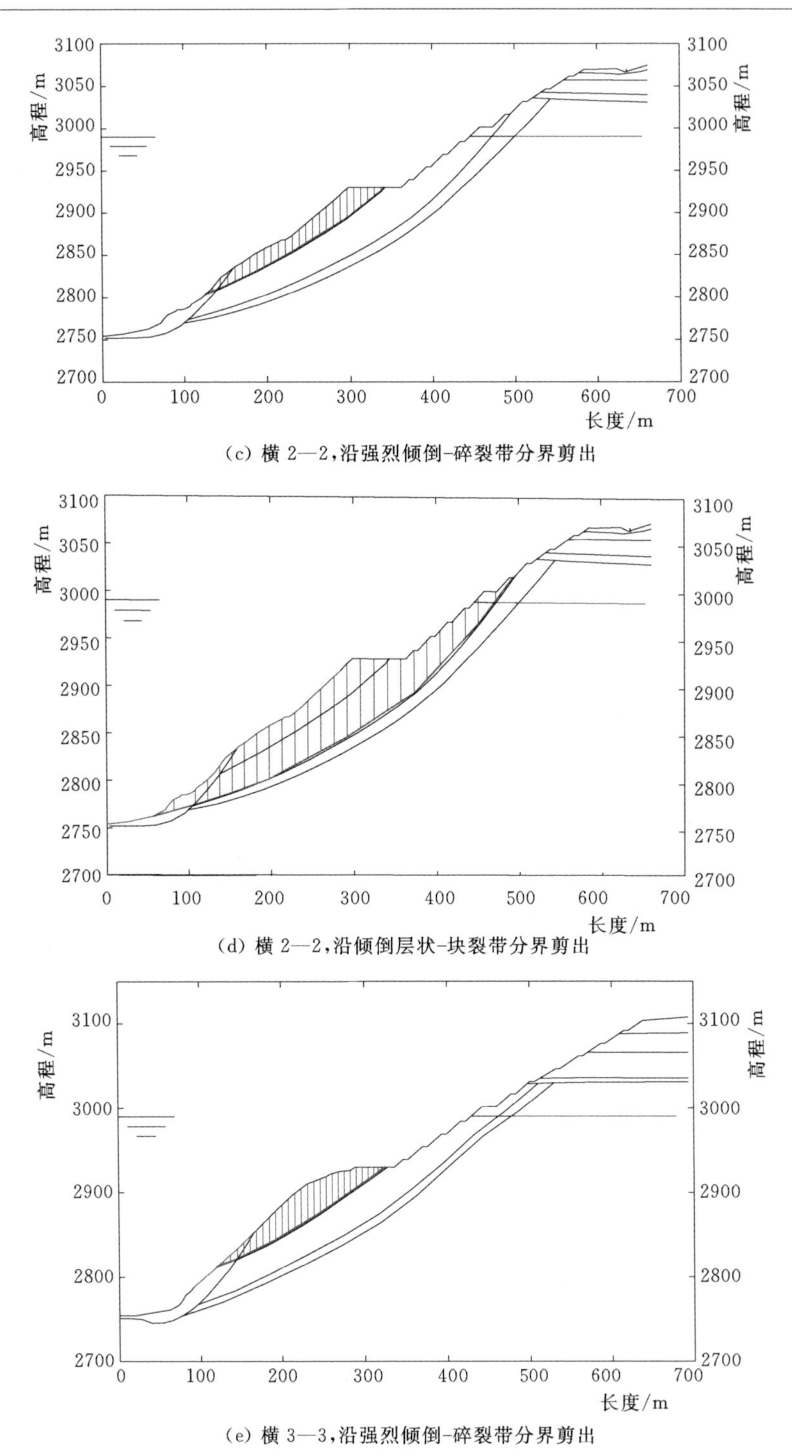

(c) 横 2—2,沿强烈倾倒-碎裂带分界剪出

(d) 横 2—2,沿倾倒层状-块裂带分界剪出

(e) 横 3—3,沿强烈倾倒-碎裂带分界剪出

图 5.10(二) 4号倾倒体开挖边坡正常运行期的主要计算成果(正常蓄水位)

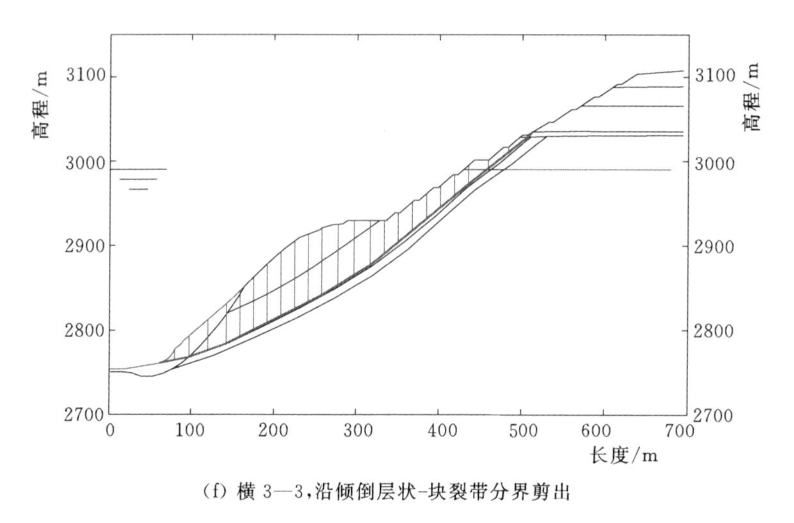

(f) 横3—3,沿倾倒层状-块裂带分界剪出

图5.10（三）　4号倾倒体开挖边坡正常运行期的主要计算成果（正常蓄水位）

位以下，尽管蓄水初期可能会发生较为明显的变形，但从长期稳定性来看，由于岩体容重由天然容重变为浮容重，重量减轻，且岩体的遇水软化效应不明显，蓄水对倾倒体边坡的稳定性也是有利的。

5.4　三维抗滑稳定性分析

5.4.1　稳定分析现状

在边坡稳定分析领域，二维分析仍是目前工程中常用的手段。但是，在很多情况下，开展三维稳定分析具有重要的工程意义，一方面三维边坡稳定分析可以更加真实地反映边坡的实际形态；另一方面，三维分析还可以考虑滑裂面的空间变异特征对边坡安全系数的影响。

由于问题的复杂性，目前的三维稳定分析方法与程序开发方面的工作远远不能满足实际工程的需要。基于力与力矩平衡条件的三维极限平衡分析方法是常见的分析方法。为了使问题变为静定可解，各种三维极限平衡方法均需要引入大量的假设。Lam & Fredlund (1993) 计算了以物理和力学要求为基础可建立的方程个数及这些方程中的未知数数目。他们发现对于离散成 n 行和 m 列条柱的破坏体，总共需要引入 $8mn$ 个假定。目前提出的各种三维极限平衡分析方法，其区别在于对条柱的作用力引入了不同的假定。由于各种三维极限平衡法所引入的假定的任意性，其所引起的计算结果的误差往往是不可预知的，在某些情况下，由于引入假定的不合理性，往往会导致错误的结果。

基于塑性力学上限定理的三维极限分析方法为解决这一复杂问题提供了一种新的途径。这一方法首先将潜在滑体离散为一系列的三维条柱，然后对每个条柱构筑一个机动许可的速度场，并利用外力做功与内能耗散相等的虚功原理计算边坡的安全系数。与三维刚体极限平衡法相比，三维极限分析法具有理论基础严格、引入假定条件少、表达式简洁的优点。这里对这一方法的原理进行介绍。

5.4.2 三维边坡稳定极限分析方法的基本原理

与三维边坡稳定极限平衡法相似，三维边坡稳定的极限分析上限法将滑坡体划分为一系列具有倾斜界面的条柱。在建立三维边坡稳定的上限方法时，为了对各条柱构筑一个机动许可的速度场，引入了中性面的假定，即假定在滑坡体中间存在着一个平面，其走向代表主滑方向，并假定该面内的各点均在该面内移动，这个平面称为中性面。在该面内建立 $Ox-Oy$ 坐标系，其中 Oy 与重力方向相反，Ox 垂直 Oy 且与滑动方向相反，Oz 方向根据右手法则确定，如图 5.11 所示。

图 5.12 所示为呈六面体的单个离散条柱。底面 $ABCD$ 是滑面的一部分，$EFGH$ 是边坡表面的一部分。$ABFE$ 和 $DCGH$ 分别为前后侧面即行与行的界面，以下简称行界面，用符号↔代表，它们垂直于 xOy 面。左右侧面 $ADHE$ 和 $BCGF$ 垂直于 yOz 平面，以下简称列界面，用↕表示。

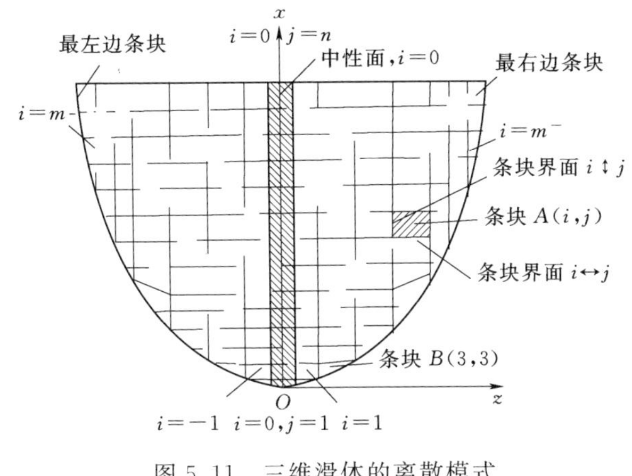

图 5.11 三维滑体的离散模式

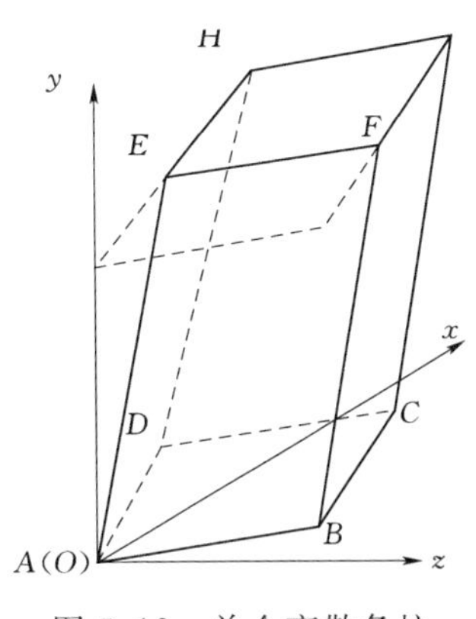

图 5.12 单个离散条柱

俯视滑坡体，设沿 Ox 方向有 n 排条块。沿正负 Oz 方向，分别有

m^+和m^-列条块（图5.11）。在Ox方向，以中性面xOy平面为轴的那一列条块编号为$i=0$，向$z>0$正方向$i=1$，…，m^+，负方向$i=-1$，…，m^-。从现在开始，所有的推导都针对Oz正方向的条块进行。这些推导同样适用于Oz负方向的条块。中性面上的条块沿Ox方向从$1\sim n$编排。某一Oz方向第i列及Ox方向第j行的条块编号为i，j。

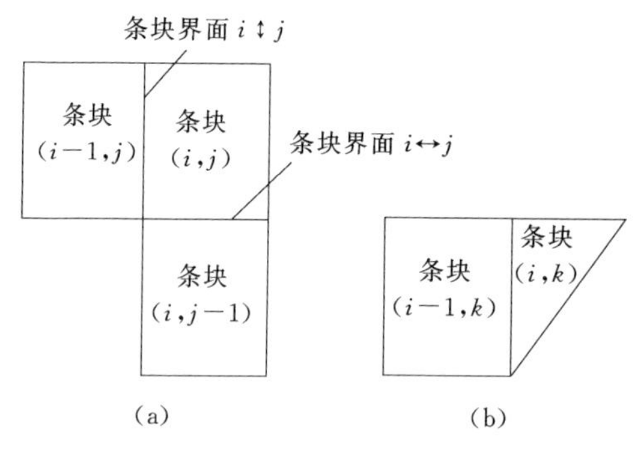

图5.13　依据$\boldsymbol{V}_{i-1,j}$和$\boldsymbol{V}_{i,j-1}$确定$\boldsymbol{V}_{i,j}$

1. 三维速度场的求解

对编号为i，j的条块，它的速度为$\boldsymbol{V}_{i,j}$。该条块相对$i-1$，j条块的速度，即列与列界面上的相对速度记为$\boldsymbol{V}_{i\updownarrow j}$。与此类似，$\boldsymbol{V}_{i\leftrightarrow j}$代表条块$i$，$j$相对条块$i$，$j-1$的速度，如图5.13所示。

根据流动法则和位移协调的要求，某一条块的速度可由其相邻条块的速度来确定。具体的求解方法可根据条柱所处的不同位置分为三类：

（1）中性面条块的速度场。中性面各条块（$i=0$）的速度场的求解可视为一个二维问题，可以很容易地求出$\boldsymbol{V}_{0,j}$与$\boldsymbol{V}_{0\leftrightarrow j}$。

（2）破坏体内条柱的速度场。对于编号为（i，j）的条块，其速度$\boldsymbol{V}_{i,j}$可由与该条块相邻的左侧与下侧条块的速度$\boldsymbol{V}_{i-1,j}$和$\boldsymbol{V}_{i,j-1}$求出，如图5.13所示。

根据Mohr-Coulomb屈服准则与相关联流动法则，有

$$\Phi(\boldsymbol{V}_{i,j},\boldsymbol{N}_{i,j})=\sin\phi_{i,j} \tag{5.1}$$

$$\Phi(\boldsymbol{V}_{i\updownarrow j},\boldsymbol{N}_{i\updownarrow j})=\sin\phi_{i\updownarrow j} \tag{5.2}$$

$$\Phi(\boldsymbol{V}_{i\leftrightarrow j},\boldsymbol{N}_{i\leftrightarrow j})=\sin\phi_{i\leftrightarrow j} \tag{5.3}$$

速度协调条件要求

$$\boldsymbol{V}_{i\leftrightarrow j}=\boldsymbol{V}_{i,j}-\boldsymbol{V}_{i,j-1} \tag{5.4}$$

$$\boldsymbol{V}_{i\updownarrow j}=\boldsymbol{V}_{i,j}-\boldsymbol{V}_{i-1,j} \tag{5.5}$$

当$\boldsymbol{V}_{i-1,j}$、$\boldsymbol{V}_{i,j-1}$已知时，联立式（5.1）～式（5.3），即可采用迭代法求出$\boldsymbol{V}_{i,j}$在x、y、z轴上的三个分量。

（3）滑坡体边界条块的速度。对于每列的第一个条块（$j=1$），如图5.13（b）所示，由于不存在与其相邻的下侧条块，此时式（5.3）不存

在，因此方程的个数比未知数的个数少 1 个，此时需要引入一个假定才能求解该条块的速度。

假定第一个条块速度的绝对值与相邻的 $j-1$ 条块的速率存在如下关系：

$$|\mathbf{V}_{i,k}|=\xi_i|\mathbf{V}_{i-1,k}| \tag{5.6}$$

有了这个附加假设，即可联立式（5.1）、式（5.2）、式（5.6）确定每一列边界条块的速度，作为一种简化计算方法，通常取 $\xi_1=\xi_2=\xi_3=\cdots=1.0$。

确定整个条块系统的速度场的计算过程包括以下几步：

1）假定中性面上的第一列条柱的速度 $\mathbf{V}_{0,1}$ 的大小为 1，方向与底滑面的夹角为 ϕ，且平行于中性面，则根据二维边坡稳定的上限法即可逐步求出 $\mathbf{V}_{0,j}$ 及 $\mathbf{V}_{0\leftrightarrow j}$，$j=2$，…，$n$。

2）按计算第 3 类条块的速度场的方法，计算边界条块 1，k 的速度 $\mathbf{V}_{1,k}$。

3）从 $V_{1,k}$ 开始，按照计算第 2 类条块速度的方法依次类推，计算 $\mathbf{V}_{1,j}$、$\mathbf{V}_{1\leftrightarrow j}$ 与 $\mathbf{V}_{1\updownarrow j}$（$j=k+1$，…，$n$），即第 1 列各条块的绝对速度与相对速度。

4）按步骤 2）与步骤 3）的相同做法求出中性面右侧 $i=2$，…，m^+ 系列条块的速度。

5）按步骤 2）与步骤 3）的相同做法求出中性面左侧 $i=-1$，-2，…，m^- 系列条块的速度。

2. 安全系数的求解

当滑坡体所有离散条块的速度场计算完毕后，即可根据功能平衡方程式（5.7）在三维边坡稳定领域的具体表达式求解安全系数 F：

$$\sum D^*_{i\leftrightarrow j,e}+\sum D^*_{i\updownarrow j,e}+\sum D^*_{i,j,e}=\mathbf{W}\mathbf{V}^*+\mathbf{T}^o\mathbf{V}^* \tag{5.7}$$

式中，左侧三项分别表示条柱行界面、列界面与底滑面的内能耗散，右侧第一项为滑坡体重力所做的功，第二项为外荷载所做的功。安全系数 F 隐含在含下标 e 的变量中，可根据迭代求解。

5.4.3 三维抗滑稳定性分析

5.4.3.1 补充二维剖面的抗滑稳定分析成果

根据 4 号倾倒体边坡的地质情况与开挖状况，拟对该边坡的上游侧部位（Ⅱ区）开展三维稳定分析。三维稳定分析的初始滑裂面是在对各剖面的二维分析基础上组合而成的，然后利用最优化方法确定临界空间滑裂面。前文对倾倒体Ⅱ区选择了横1—1、横2—2与横3—3剖面作为典型剖面开展了稳定性分析，在进行三维分析之前，拟再补充剖面 $A_1—A_1$，$A_2—A_2$，$A_3—A_3$，$A_4—A_4$ 的抗滑稳定分析，各剖面的平面位置如图5.14所示。

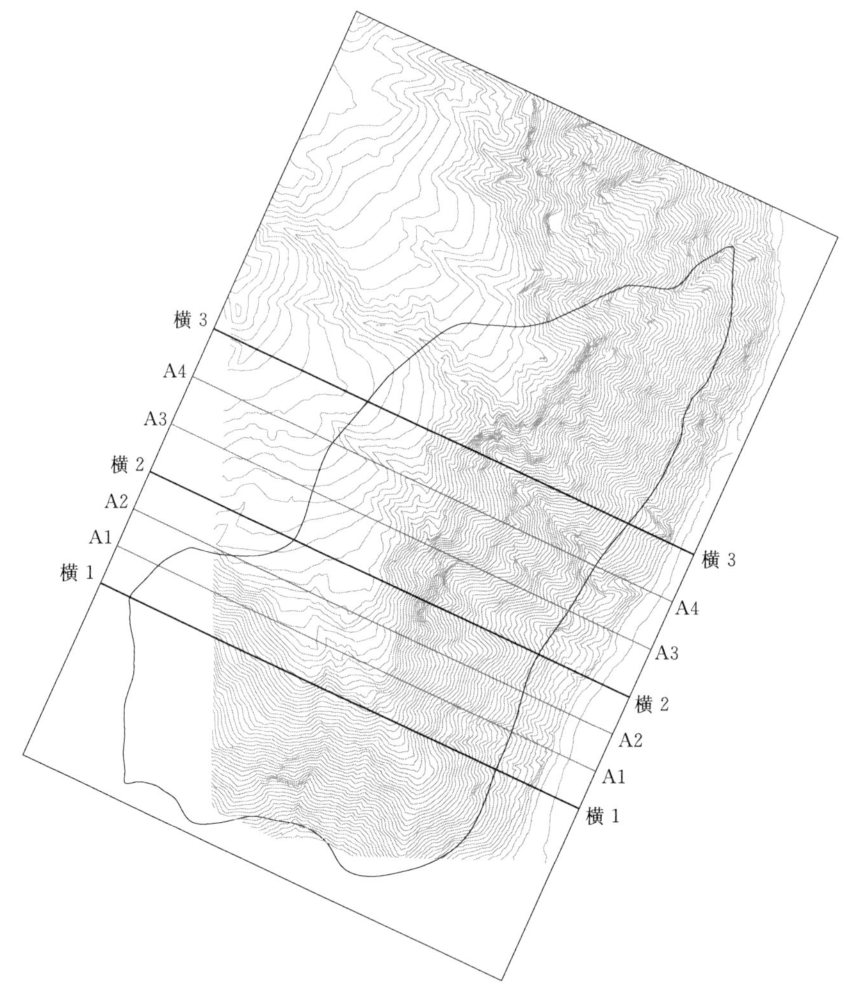

图5.14　补充二维计算剖面的平面位置图

稳定分析的计算条件见5.3.1节。表5.8～表5.10分别列出了各补充二维剖面自然边坡、开挖边坡施工期与正常运行期的抗滑稳定分析成果图5.15和图5.16分别列出了自然边坡与开挖边坡正常蓄水位工况条件下的计算成果图。从计算结果可以看出：

表 5.8 自然边坡补充二维剖面的抗滑稳定分析成果

计算剖面	计算滑动模式	计算工况		
		天然状况	考虑降雨影响	考虑地震影响
$A_1—A_1$	沿强烈倾倒-碎裂带分界剪出	1.47 (F1)	1.39 (F1-w)	1.38 (F1-q)
	沿倾倒层状-块裂带分界剪出	2.59 (F2)	2.47 (F2-w)	2.38 (F2-q)
$A_2—A_2$	沿强烈倾倒-碎裂带分界剪出	1.50 (G1)	1.41 (G1-w)	1.40 (G1-q)
	沿倾倒层状-块裂带分界剪出	2.36 (G2)	2.25 (G2-w)	2.18 (G2-q)
$A_3—A_3$	沿强烈倾倒-碎裂带分界剪出	1.27 (H1)	1.19 (H1-w)	1.20 (H1-q)
	沿倾倒层状-块裂带分界剪出	1.73 (H2)	1.64 (H2-w)	1.63 (H2-q)
$A_4—A_4$	沿强烈倾倒-碎裂带分界剪出	1.31 (I1)	1.23 (I1-w)	1.24 (I1-q)
	沿倾倒层状-块裂带分界剪出	1.64 (I2)	1.55 (I2-w)	1.55 (I2-q)

表 5.9 工程开挖边坡施工期，补充二维剖面的抗滑稳定分析成果

计算剖面	计算滑动模式	计算工况	
		天然状况	考虑降雨影响
$A_1—A_1$	沿强烈倾倒-碎裂带分界剪出	1.58 (F1)	1.50 (F1-w)
	沿倾倒层状-块裂带分界剪出	2.57 (F2)	2.45 (F2-w)
$A_2—A_2$	沿强烈倾倒-碎裂带分界剪出	1.70 (G1)	1.62 (G1-w)
	沿倾倒层状-块裂带分界剪出	2.42 (G2)	2.31 (G2-w)
$A_3—A_3$	沿强烈倾倒-碎裂带分界剪出	1.64 (H1)	1.56 (H1-w)
	沿倾倒层状-块裂带分界剪出	1.92 (H2)	1.83 (H2-w)
$A_4—A_4$	沿强烈倾倒-碎裂带分界剪出	1.52 (I1)	1.44 (I1-w)
	沿倾倒层状-块裂带分界剪出	1.84 (I2)	1.75 (I2-w)

（1）对于开挖前的自然边坡，沿强烈倾倒-碎裂带分界面剪出的安全系数大于1.25，沿倾倒层状-块裂带分界面剪出的安全系数大于1.60；考虑降雨影响时的安全系数较天然状况降低0.07～0.1，考虑地震影响时的安全系数较天然状况降低0.09～0.18。

（2）对于工程开挖边坡，施工期各计算剖面的安全系数大于1.40，正常运行期的安全系数大于1.30。

综合上述计算成果，倾倒体边坡开挖后的安全系数较天然状况有一定程度的提高；考虑蓄水影响时，各剖面的安全系数较蓄水前降低0.1～0.2。

表 5.10 工程开挖边坡正常运行期，补充二维剖面的抗滑稳定分析成果

计算剖面	计算滑动模式	计算工况			
		初期水位2925.0m	正常蓄水位	初期水位+降雨	正常蓄水位+地震
$A_1—A_1$	沿强烈倾倒-碎裂带分界剪出	1.39(F1)	1.47(F1-1)	1.32(F1-w)	1.37(F1-1-q)
	沿倾倒层状-块裂带分界剪出	2.37(F2)	2.63(F2-1)	2.26(F2-w)	2.43(F2-1-q)
$A_2—A_2$	沿强烈倾倒-碎裂带分界剪出	1.59(G1)	1.61(G1-1)	1.51(G1-w)	1.51(G1-1-q)
	沿倾倒层状-块裂带分界剪出	2.28(G2)	2.40(G2-1)	2.17(G2-w)	2.22(G2-1-q)
$A_3—A_3$	沿强烈倾倒-碎裂带分界剪出	1.49(H1)	1.45(H1-1)	1.41(H1-w)	1.36(H1-1-q)
	沿倾倒层状-块裂带分界剪出	1.80(H2)	1.97(H2-1)	1.71(H2-w)	1.86(H2-1-q)
$A_4—A_4$	沿倾倒层状-块裂带分界剪出	1.35(I1)	1.45(I1-1)	1.27(I1-w)	1.36(I1-1-q)

5.4.3.2 三维抗滑稳定分析成果

进行三维稳定分析时，以剖面 $A_3—A_3$ 为代表主滑动方向的中性面，左侧有 2 个断面，即 $A_4—A_4$ 与横 3—3；右侧有 4 个断面，即横 2—2，

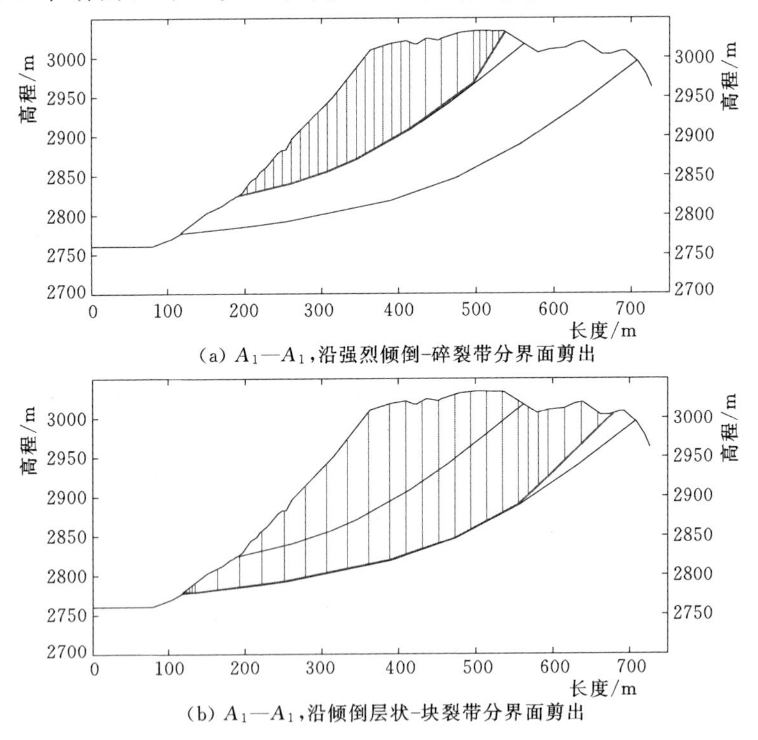

(a) $A_1—A_1$，沿强烈倾倒-碎裂带分界面剪出

(b) $A_1—A_1$，沿倾倒层状-块裂带分界面剪出

图 5.15（一） 倾倒体自然边坡，补充二维剖面的主要成果（天然状况）

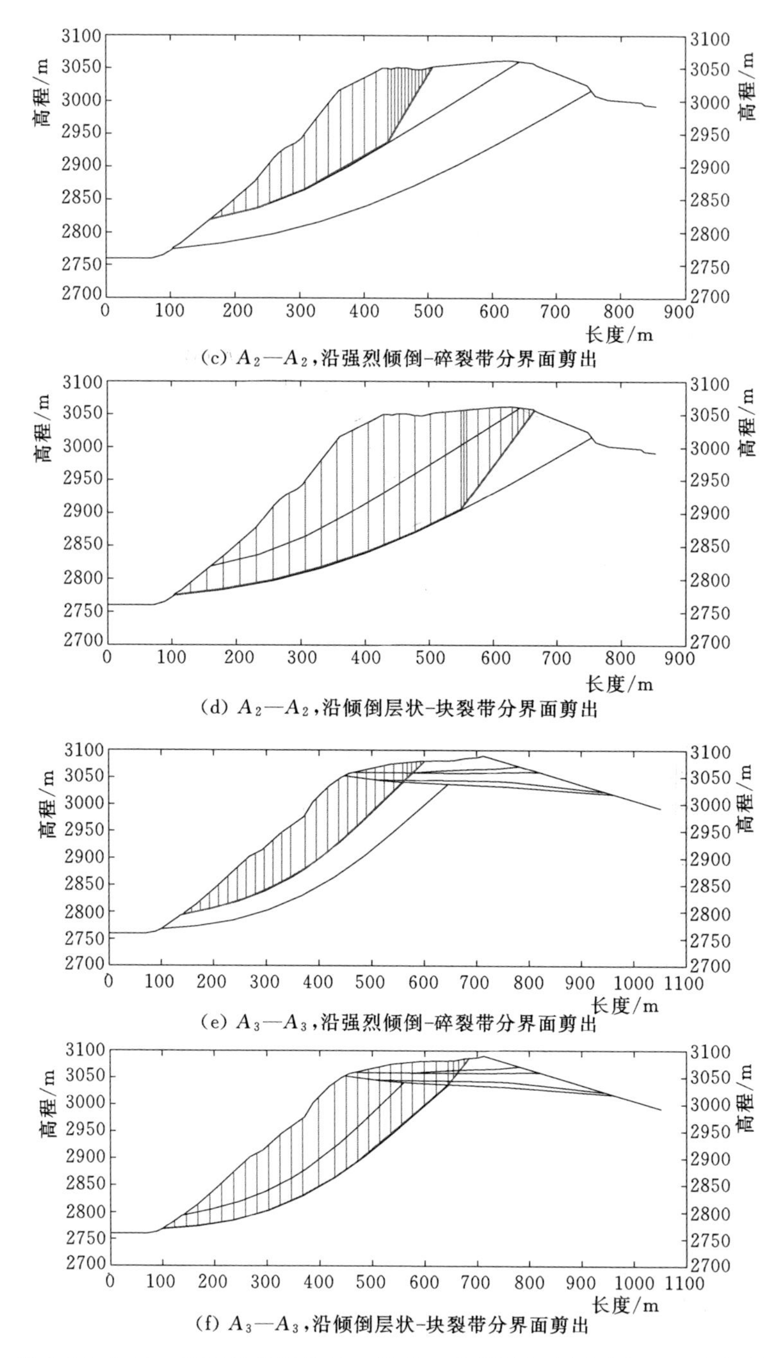

图 5.15（二） 倾倒体自然边坡，补充二维剖面的主要成果（天然状况）

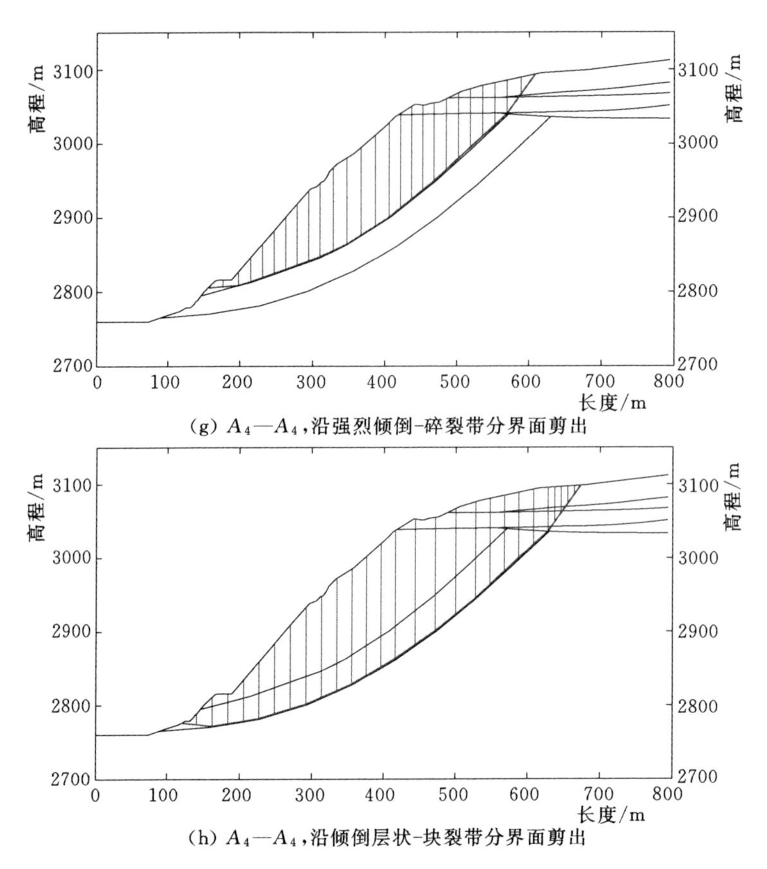

(g) $A_4—A_4$，沿强烈倾倒-碎裂带分界面剪出

(h) $A_4—A_4$，沿倾倒层状-块裂带分界面剪出

图5.15（三）　倾倒体自然边坡，补充二维剖面的主要成果（天然状况）

$A_2—A_2$，$A_1—A_1$与横1—1，如图5.14所示。

表5.11列出了倾倒体自然边坡与工程开挖边坡各工况条件下的三维

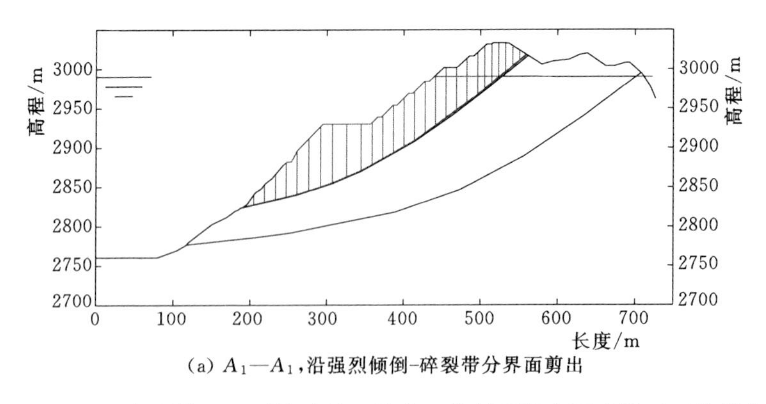

(a) $A_1—A_1$，沿强烈倾倒-碎裂带分界面剪出

图5.16（一）　倾倒体工程开挖边坡，补充二维剖面的主要成果（正常蓄水位）

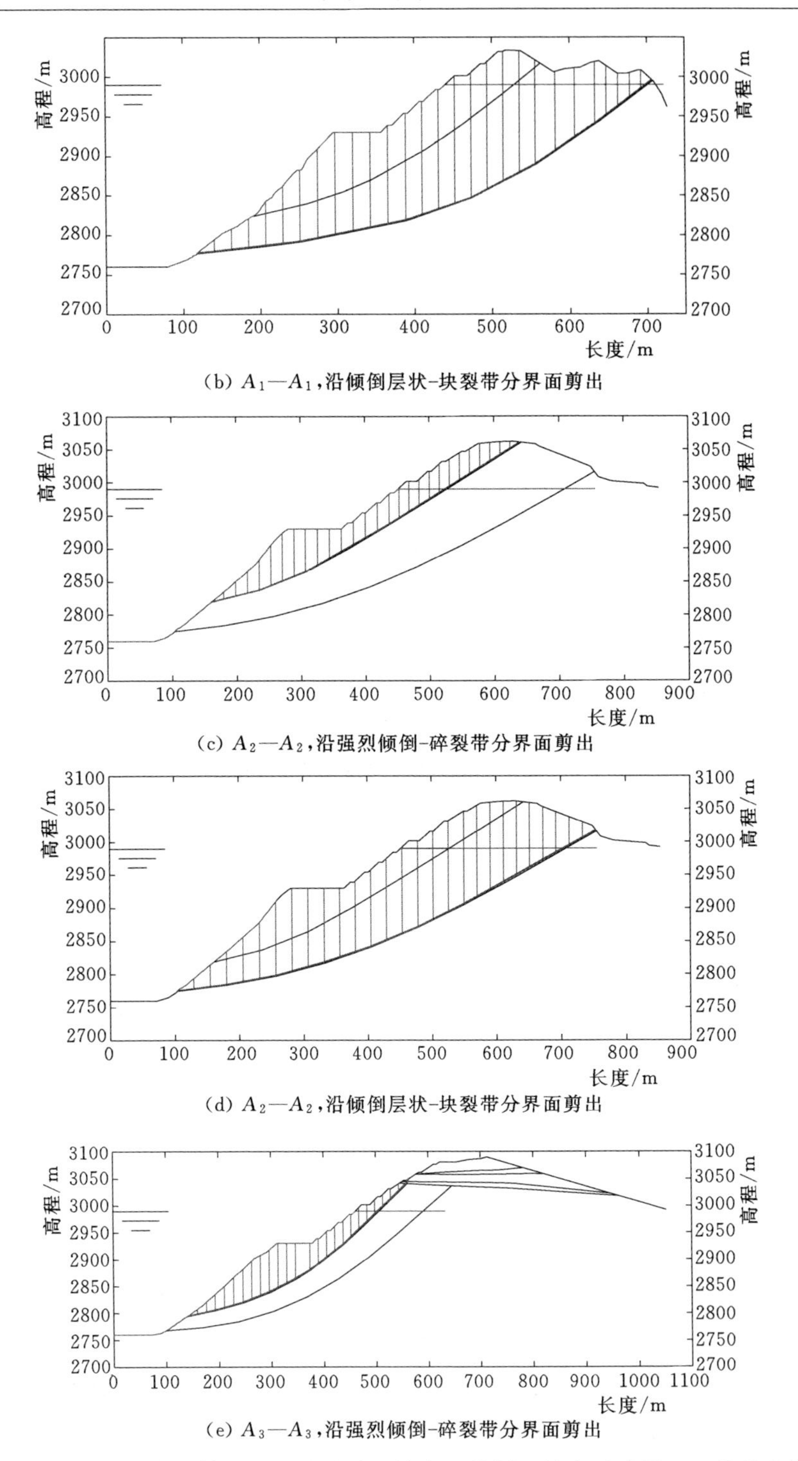

(b) A_1—A_1，沿倾倒层状-块裂带分界面剪出

(c) A_2—A_2，沿强烈倾倒-碎裂带分界面剪出

(d) A_2—A_2，沿倾倒层状-块裂带分界面剪出

(e) A_3—A_3，沿强烈倾倒-碎裂带分界面剪出

图 5.16（二） 倾倒体工程开挖边坡，补充二维剖面的主要成果（正常蓄水位）

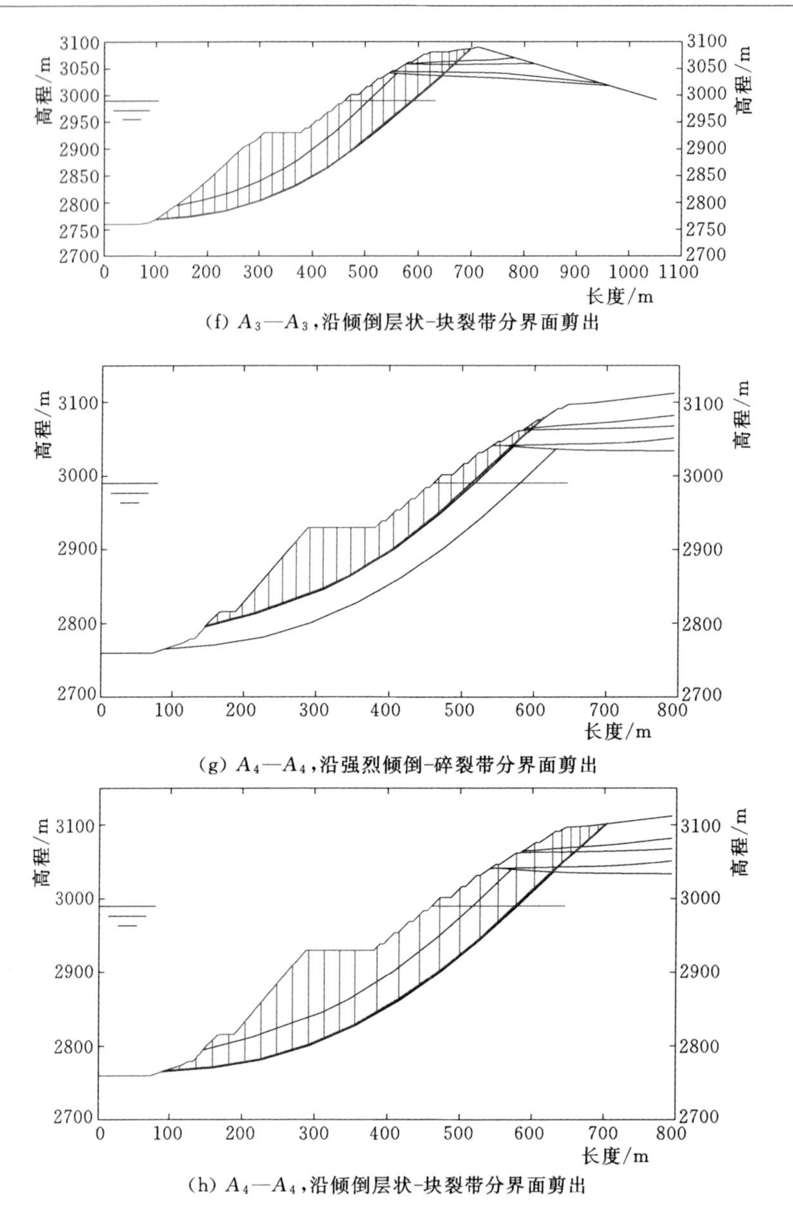

(f) A_3—A_3，沿倾倒层状-块裂带分界面剪出

(g) A_4—A_4，沿强烈倾倒-碎裂带分界面剪出

(h) A_4—A_4，沿倾倒层状-块裂带分界面剪出

图5.16（三）　倾倒体工程开挖边坡，补充二维剖面的主要成果（正常蓄水位）

抗滑稳定分析成果，图5.17～图5.20列出了相应的三维滑面与滑坡体的空间视图。从计算结果可以看出，考虑边坡的三维效应时，自然边坡在天然状况下的安全系数大于1.60，考虑降雨影响与地震影响时的安全系数大于1.50；对于工程开挖边坡，施工期的安全系数大于2.00，正常运行期的安全系数大于2.10。计算结果表明，当考虑边坡的三维效应时，开挖边坡

表 5.11　　4号倾倒体边坡的三维抗滑稳定分析成果

计算工况	计算滑动模式	天然状况	考虑降雨影响	考虑地震影响
自然边坡	沿强烈倾倒-碎裂带分界面剪出	1.62	1.54	1.57
	沿倾倒层状-块裂带分界面剪出	2.40	2.28	2.30
开挖边坡施工期	沿强烈倾倒-碎裂带分界面剪出	2.14	2.02	—
	沿倾倒层状-块裂带分界面剪出	3.00	2.86	—
开挖边坡，初期蓄水	沿强烈倾倒-碎裂带分界面剪出	2.25	1.86	—
	沿倾倒层状-块裂带分界面剪出	2.98	2.77	—
开挖边坡，正常运行期	沿强烈倾倒-碎裂带分界面剪出	2.27	—	2.10
	沿倾倒层状-块裂带分界面剪出	2.88	—	2.70

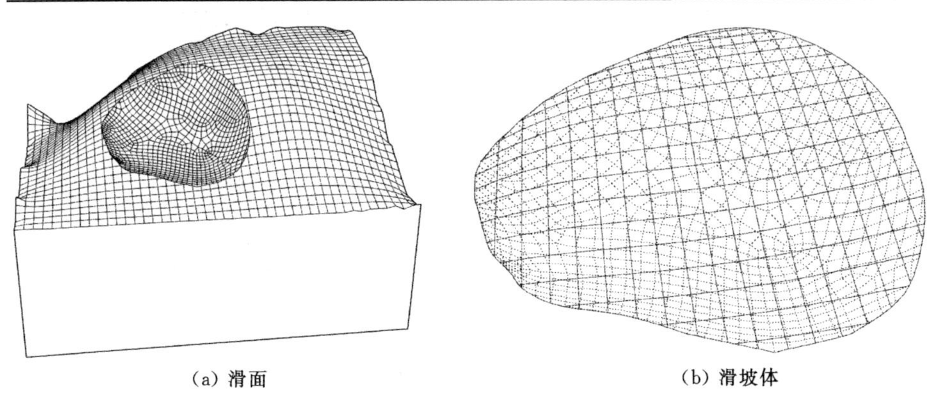

(a) 滑面　　(b) 滑坡体

图 5.17　倾倒体自然边坡，沿强烈倾倒-碎裂带分界面剪出

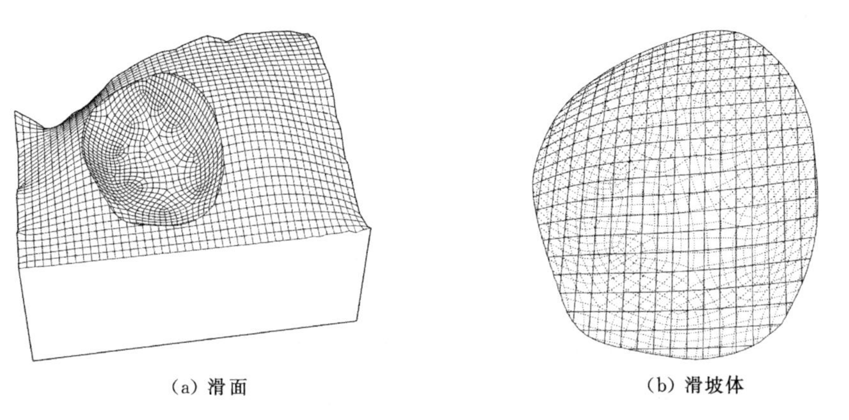

(a) 滑面　　(b) 滑坡体

图 5.18　倾倒体自然边坡，沿倾倒层状-块裂带分界面剪出

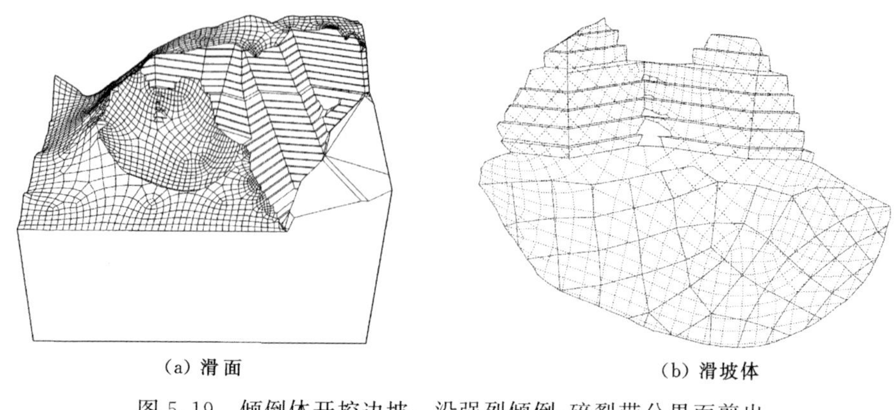

图 5.19　倾倒体开挖边坡，沿强烈倾倒-碎裂带分界面剪出

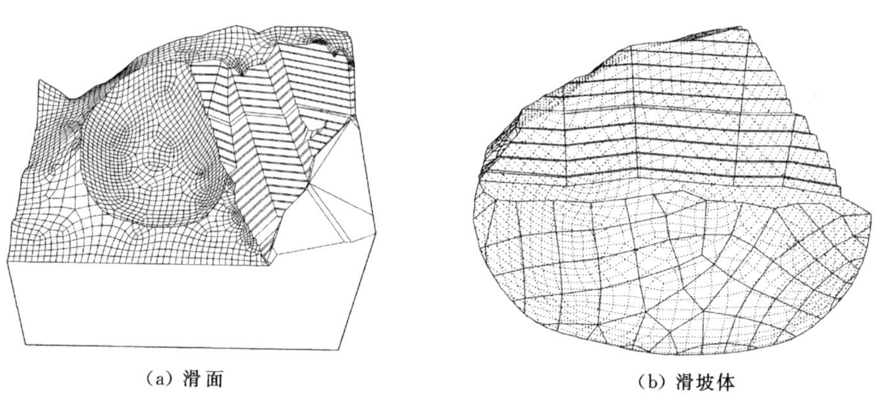

图 5.20　倾倒体开挖边坡，沿倾倒层状-块裂带分界面剪出

施工期的安全系数较自然边坡有一定程度的增大；此外，考虑水库蓄水影响时，对于沿强烈倾倒-碎裂带分界面剪出的滑动模式，水库蓄水后的安全系数较蓄水前增加了0.11～0.13，但对于沿倾倒层状-块裂带分界面剪出的滑动模式，水库蓄水后的安全系数较蓄水前降低0.02～0.12。

5.5　本章小结

（1）利用赤平投影方法对4号倾倒体自然边坡与工程开挖边坡进行失稳模式分析结果表明，4号倾倒体边坡不存在不利的结构面组合，沿某一组结构面发生平面滑动破坏或沿两组结构面发生楔体滑动破坏的可能性不大。受倾倒变形影响，位于边坡浅层的岩体倾倒变形严重，岩体破碎，架空明显，存在沿倾倒变形岩体内部发生滑动的可能性。

（2）利用二维极限平衡分析方法对4号倾倒体自然边坡与工程边坡的稳定性进行分析评价，结果显示，自然边坡各剖面的安全系数大于1.07，开挖边坡施工期的安全系数大于1.50，正常运行期的安全系数大于1.50，表明开挖减载对边坡的抗滑稳定性是有利的；水库蓄水至初期水位2925.0m时，各剖面的安全系数较施工期变化不明显，但当水库蓄水至正常蓄水位2990.0m时，各剖面的安全系数较施工期增加显著，表明水库蓄水对边坡的稳定性是有利的。分析其原因，边坡岩土体遇水软化不明显，水库蓄水至正常蓄水位时，倾倒体边坡大部分位于库水位以下，导致位于库水位以下的滑体重量减少所致。

（3）利用三维极限分析方法对倾倒体自然边坡与工程开挖边坡的稳定性进行分析，结果表明，自然边坡在天然状况下的安全系数大于1.60，工程开挖边坡施工期的安全系数大于2.00，正常运行期的安全系数大于2.10。计算结果表明，考虑开挖影响时，开挖边坡施工期的安全系数较自然边坡增加明显；考虑水库蓄水影响时，边坡沿强烈倾倒-碎裂带分界面剪出的安全系数增加了0.11～0.13，沿倾倒层状-块裂带分界面剪出的安全系数降低0.02～0.12。

第6章　4号倾倒体失稳滑动过程模拟与滑坡涌浪分析

针对茨哈峡左岸4号倾倒体边坡，选取典型地质剖面，根据稳定性计算成果得到滑坡体，采用离散元分析方法对滑坡体滑动失稳的历时、速度等进行分析计算，并在此基础上采用潘家铮涌浪分析方法对滑坡体失稳产生的涌浪进行风险评价。

6.1　自然边坡失稳滑动过程分析

6.1.1　数值计算模型

6.1.1.1　计算剖面

选取4号倾倒体横3典型剖面，分析倾倒体失稳滑动过程及滑体运动速度。图6.1为4号倾倒体横3典型地质剖面图。根据稳定性计算成果，

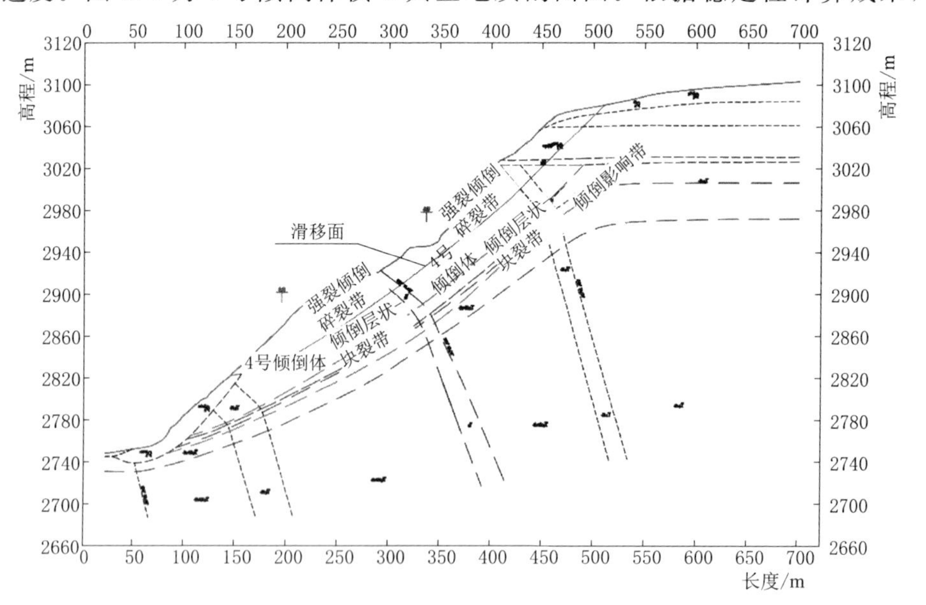

图6.1　4号倾倒体横3典型地质剖面图

自然边坡的最危险滑面为强烈倾倒-破碎带。

6.1.1.2 计算模型

根据地质剖面图，选取强烈倾倒一破碎带上部岩体为滑体，下部岩体为滑床，建立离散元块体模型。图 6.2 所示为横 3 剖面建立的离散元模型。其中，图 6.2（a）所示为强倾倒破碎带滑体模型，滑体剖分后的块体单元数目为 2588，单元平均尺寸为 2.0m。图 6.2（b）所示为滑体和下部滑床模型。

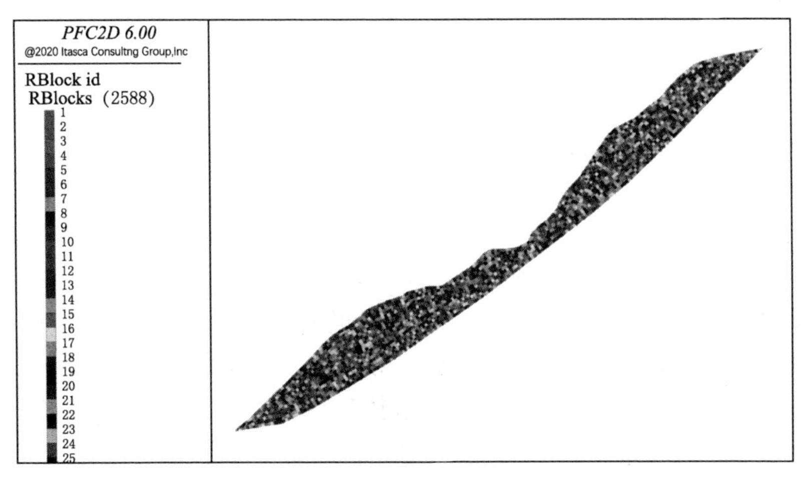

（a）强倾倒破碎带滑体模型

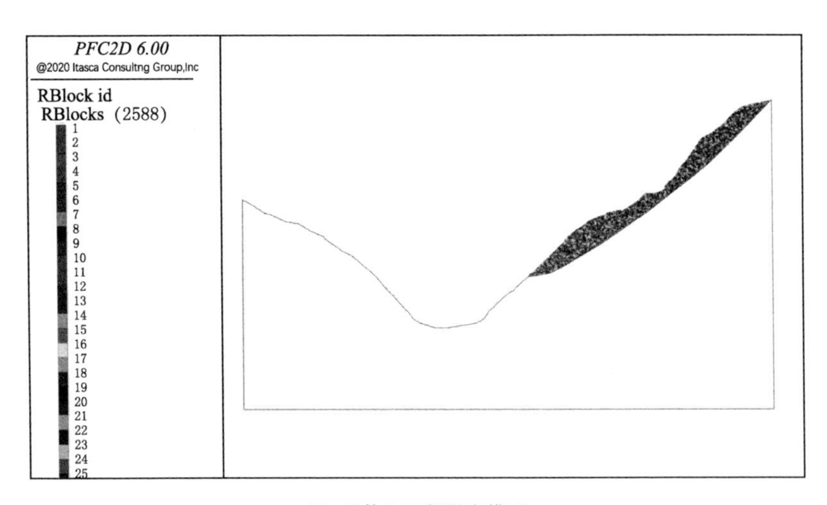

（b）滑体和下部滑床模型

图 6.2 4 号倾倒体横 3 剖面离散元模型

6.1.2　滑动摩擦参数取值

滑动摩擦角或摩擦系数是决定边坡失稳后滑体运动特征的重要参数。因此，为了评价4号倾倒体失稳后的运行规律，数值模拟分析时，选取了三种不同的滑动摩擦角进行对比分析，具体取值见表6.1。

表6.1　滑动摩擦参数取值表

滑动摩擦角	10°	12°	15°
滑动摩擦系数	0.175	0.209	0.262

6.1.3　横3剖面失稳滑动过程分析

6.1.3.1　推测滑体失稳滑动过程

根据数值模拟结果，在不同滑动摩擦角下，横3剖面推测滑坡体失稳后的运行规律基本相似。为此，这里仅给出了滑动摩擦角为10°下推测滑体失稳后的运行过程，见图6.3。由图6.3可见，横3剖面强烈倾倒一破碎带上部岩体失稳后，滑体沿强烈倾倒折断面滑动后堆积于河床部位。

为了进一步分析，在模拟过程中，对滑体运动速度进行了监测，包括滑体平均运动速度（_vel_avg）、下部滑体运动速度（low_avg_vel）、中部滑体运动速度（mid_avg_vel）及下部滑体运动速度（top_avg_vel）。

图6.4分别给出了不同滑动摩擦角下横2剖面推测滑体失稳后不同部位的运动速度。由图6.4可见：

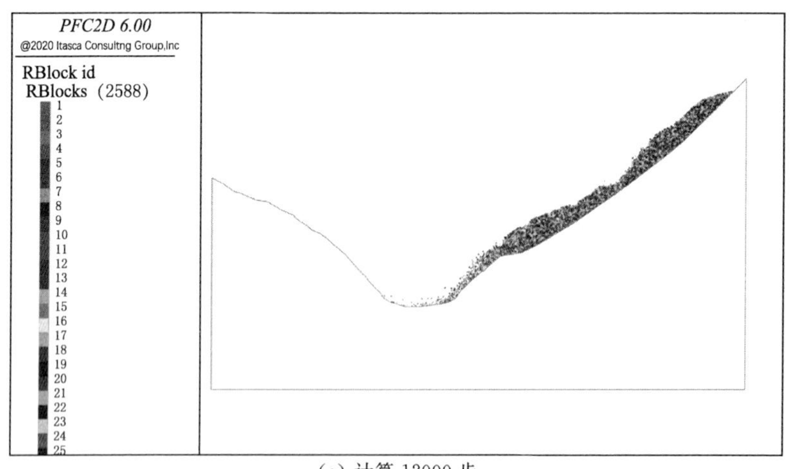

(a) 计算12000步

图6.3（一）　横3剖面推测滑体沿强烈倾倒折断面失稳滑动过程（滑动摩擦角为10°）

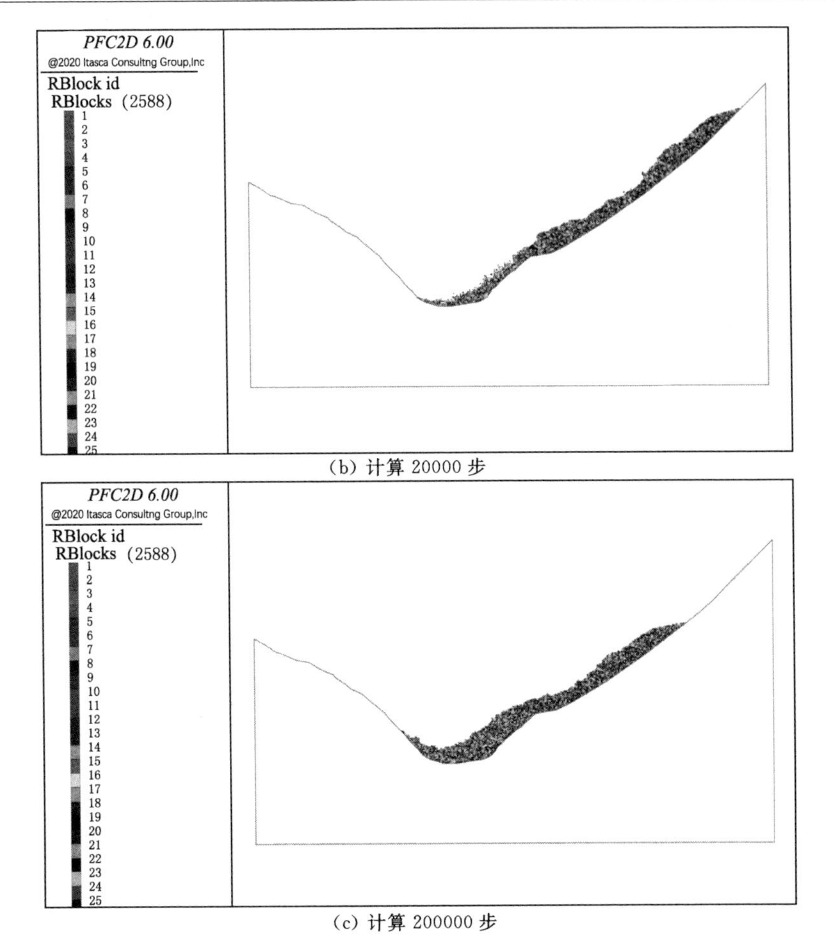

(b) 计算 20000 步

(c) 计算 200000 步

图 6.3（二） 横 3 剖面推测滑体沿强烈倾倒折断面失稳滑动过程（滑动摩擦角为 10°）

（1）不同滑动摩擦角下，滑动摩擦角越大，滑体滑动速度越小；当滑动摩擦角分别为 10°、12°和 15°时，横 3 剖面推测滑体失稳后最大滑动速度分别为 8.9m/s、7.2m/s、5.2m/s。

（2）在某一滑动摩擦系数下，不同部位滑体的运动速度不同；其中，下部滑体的运动速度最大，上部滑体的运动速度最小，且滑动摩擦角越大，不同部位滑动速度差别越小。

6.1.3.2 不同滑动摩擦角下推测滑体失稳后的堆积形态

图 6.5 给出了不同滑动摩擦角下横 3 剖面推测滑体失稳后的堆积形态。由图 6.5 可见，不同滑动摩擦角下，横 3 剖面推测滑体失稳后的堆积形态有所不同，但总体上差别不大；而且滑动摩擦系数越小，滑体失稳后在河床部位堆积的高度也相对越高。

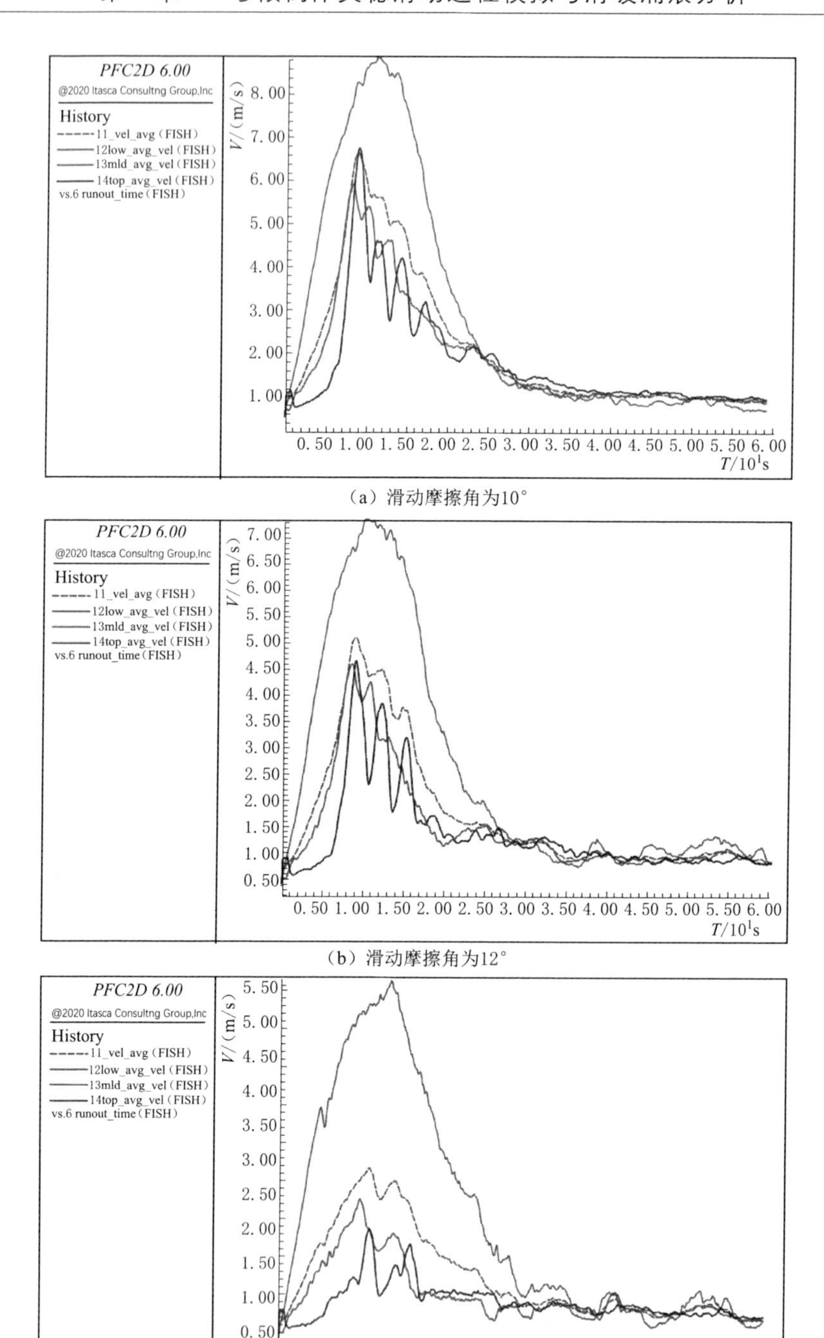

（a）滑动摩擦角为10°

（b）滑动摩擦角为12°

（c）滑动摩擦角为15°

图6.4　不同滑动摩擦角下横3剖面推测滑体失稳后的运动特征

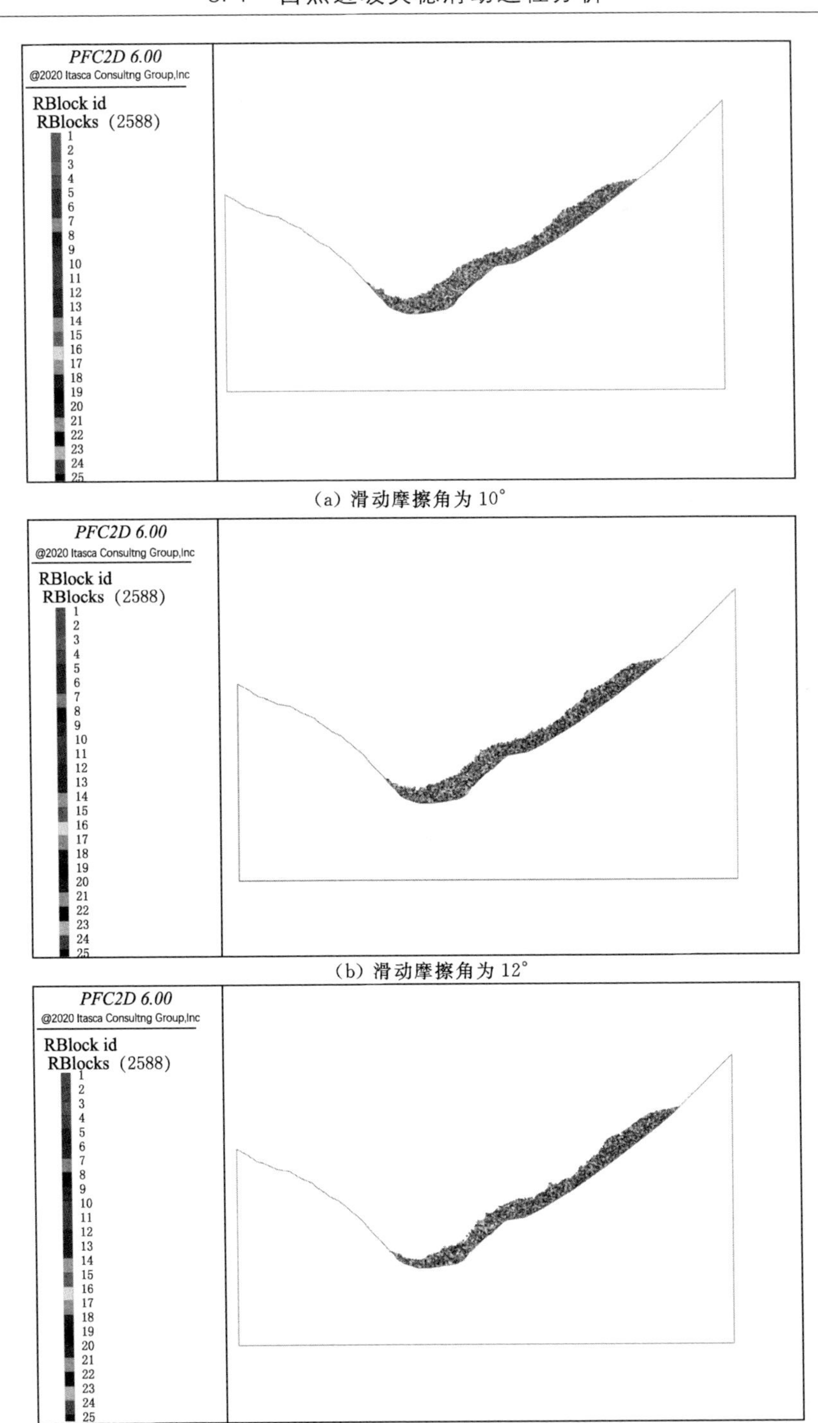

(a) 滑动摩擦角为 10°

(b) 滑动摩擦角为 12°

(c) 滑动摩擦角为 15°

图 6.5 不同滑动摩擦角下横 3 剖面推测滑体失稳后的运动速度

6.2　开挖方案蓄水条件下的失稳滑动过程分析

6.2.1　数值计算模型

6.2.1.1　计算剖面

对于设计建议的开挖方案，考虑到当水库蓄水至正常蓄水位2990.0m时，倾倒体大部分位于库水位以下，受水的阻力影响，其变形破坏模式将以缓慢的蠕滑为主，故这里仅模拟水库蓄水至初期水位2925.0m，且控制性滑动模式为由强烈倾倒-碎裂带剪出的滑动过程。计算选取4号倾倒体横3剖面，根据开挖和蓄水方案，建立数值计算模型，分析开挖＋蓄水时倾倒体失稳滑动过程及滑体运动速度。图6.6为4号倾倒体横3剖面开挖设计图。

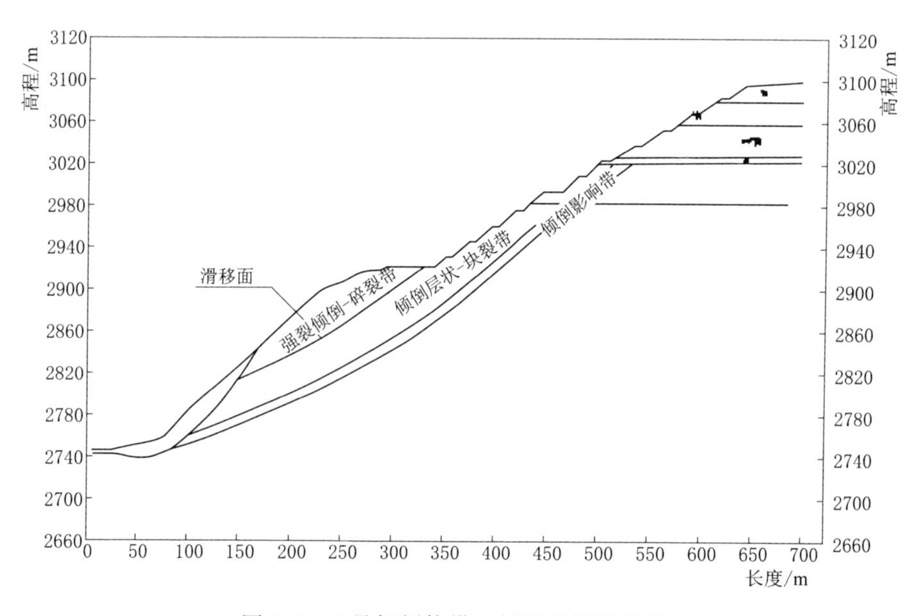

图6.6　4号倾倒体横3剖面开挖设计图

6.2.1.2　计算模型

根据稳定性计算成果，在开挖设计方案下，边坡最危险滑面为强烈倾倒-破碎带。因此，根据开挖设计方案，选取强烈倾倒-破碎带上部滑体，下部岩体作为滑床，建立离散元块体模型。图6.7所示为建立的横3剖面在设计开挖方案下的离散元模型。其中，图6.7（a）所示为强倾倒破碎带滑体模型，滑体剖分后的块体单元数目为2541，平均单元尺寸为1.3m。

图 6.7（b）所示为滑体和下部滑床模型。

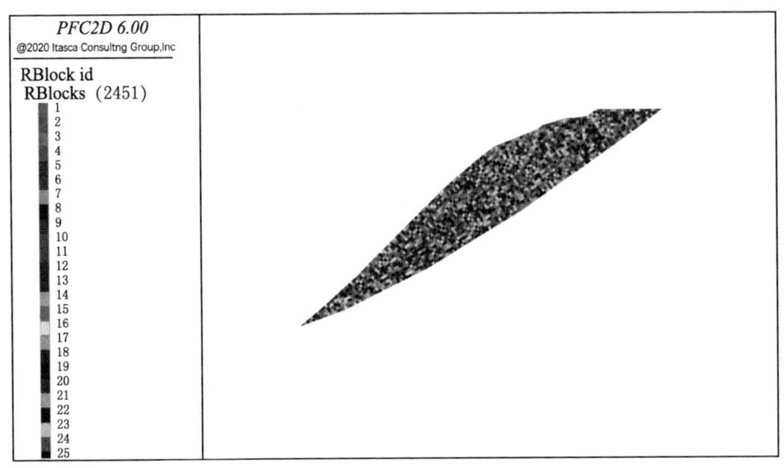

（a）强倾倒破碎带滑体模型

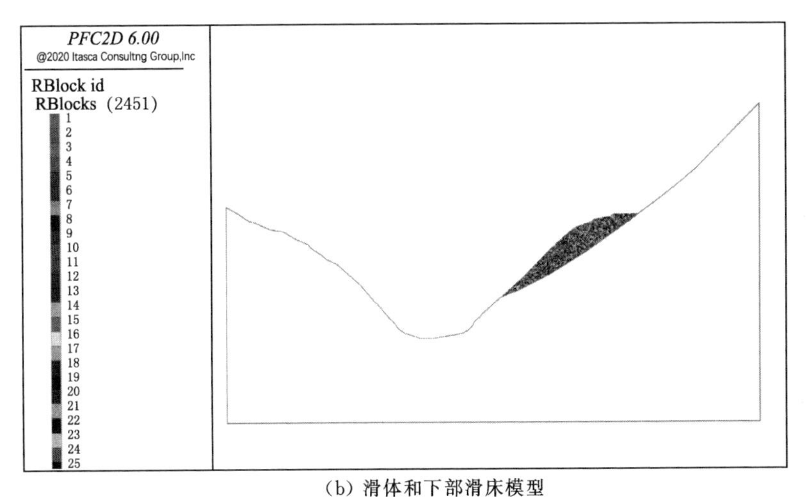

（b）滑体和下部滑床模型

图 6.7　开挖设计方案下横 3 剖面离散元模型

6.2.2　横 3 剖面失稳滑动过程分析

6.2.2.1　推测滑体失稳滑动过程

根据数值模拟结果，在开挖设计方案下，横 3 剖面推测的滑体在不同滑动摩擦角下失稳后的运行规律基本相似。为此，这里给出了滑动摩擦角为 10°下推测滑体失稳后的运行过程，见图 6.8。由图 6.8 可见，横 3 剖面强烈倾倒-破碎带上部岩体失稳后，滑体沿强烈倾倒折断面滑动后堆积于河床部位。

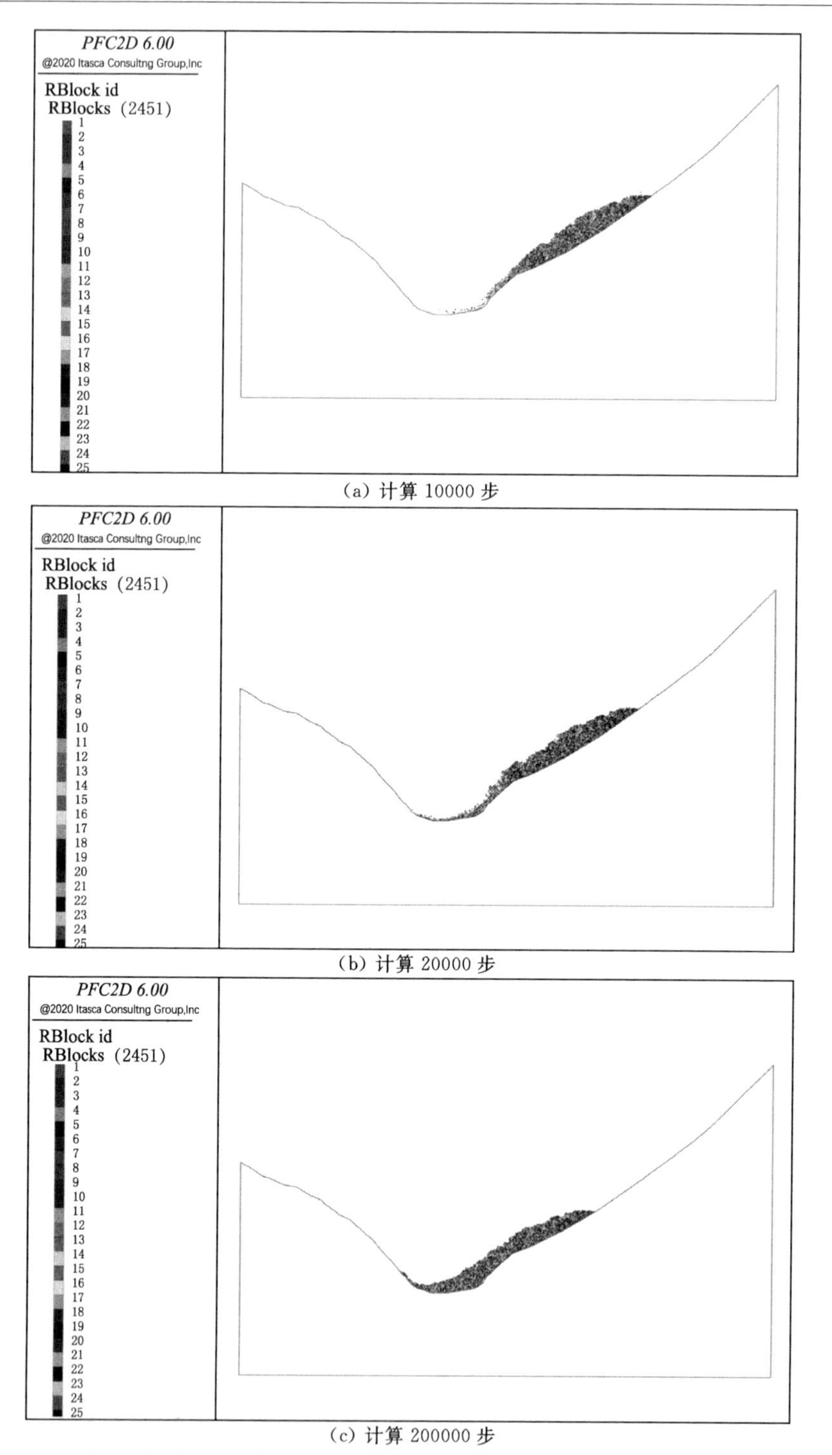

(a) 计算 10000 步

(b) 计算 20000 步

(c) 计算 200000 步

图 6.8　横 3 剖面推测滑体沿强烈倾倒折断面失稳滑动过程（滑动摩擦角为 10°）

为了进一步分析，在模拟过程中，对滑体运动速度进行了监测，包括滑体平均运动速度（_vel_avg）、下部滑体运动速度（low_avg_vel）、中部滑体运动速度（mid_avg_vel）及下部滑体运动速度（top_avg_vel）。

图 6.9 分别给出了不同滑动摩擦角下横 2 剖面开挖后推测滑体失稳后不同部位的运动速度。由图 6.9 可见：

（1）不同滑动摩擦角下，滑动摩擦角越大，滑体滑动速度越小；当滑动摩擦角分别为 10°、12°和 15°时，横 2 剖面推测滑体失稳后最大滑动速度分别为 11.8m/s、11.0m/s、8.0m/s。

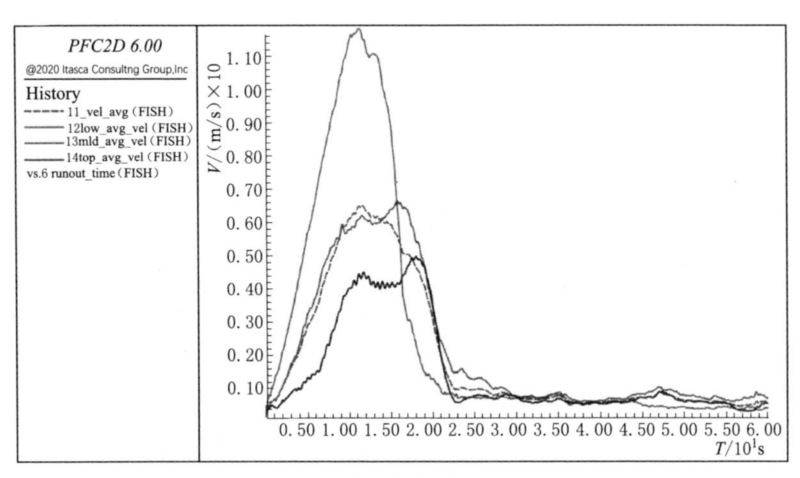

（a）滑动摩擦角为10°

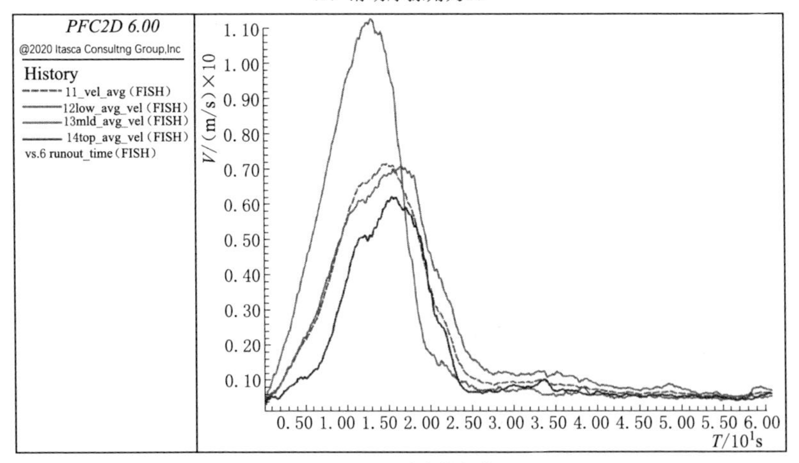

（b）滑动摩擦角为12°

图 6.9（一）　横 3 剖面推测滑体在不同滑动摩擦角下失稳后的运动速度

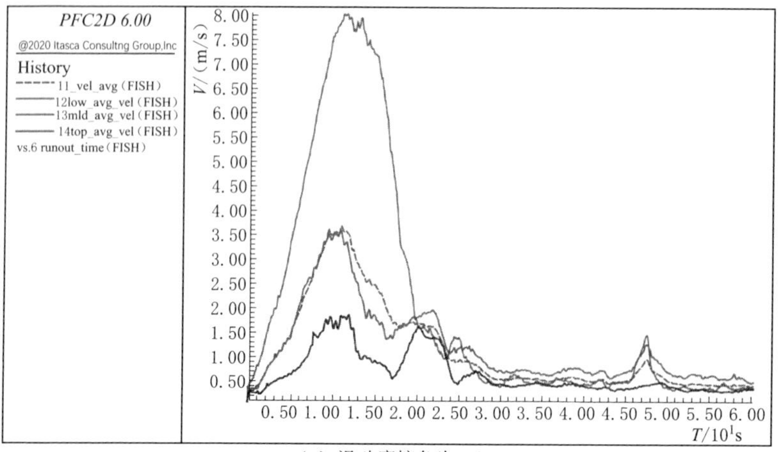

(c) 滑动摩擦角为15°

图 6.9（二）　横3剖面推测滑体在不同滑动摩擦角下失稳后的运动速度

（2）在某一滑动摩擦系数下，不同部位滑体的运动速度不同；其中，下部滑体的运动速度最大，上部滑体的运动速度最小，且滑动摩擦角越大，不同部位滑动速度差别越小。

6.2.2.2　不同滑动摩擦角下推测滑体失稳后的堆积形态

图6.10给出了不同滑动摩擦角下横3剖面推测滑体失稳后的堆积形态。由图6.10可见，不同滑动摩擦角下，横3剖面推测滑体失稳后的堆积形态有所不同，但总体上差别不大；而且滑动摩擦系数越小，滑体失稳后在河床部位堆积体的高度越高。

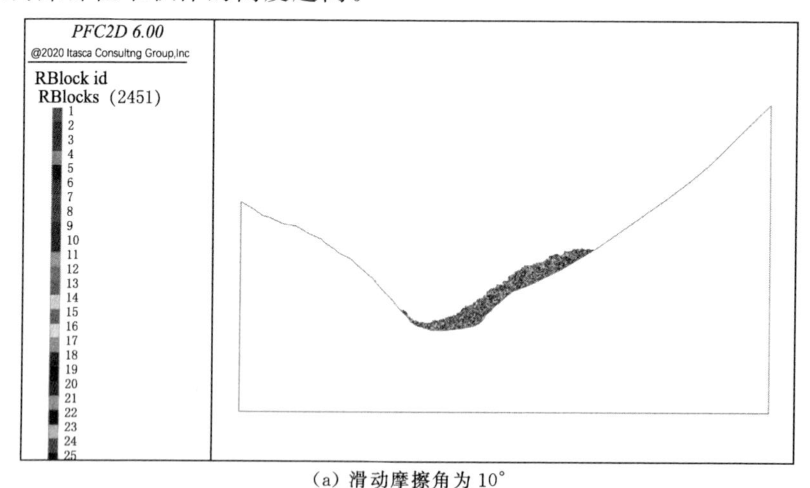

(a) 滑动摩擦角为10°

图 6.10（一）　横3剖面推测滑体在不同滑动摩擦角下失稳后的堆积形态

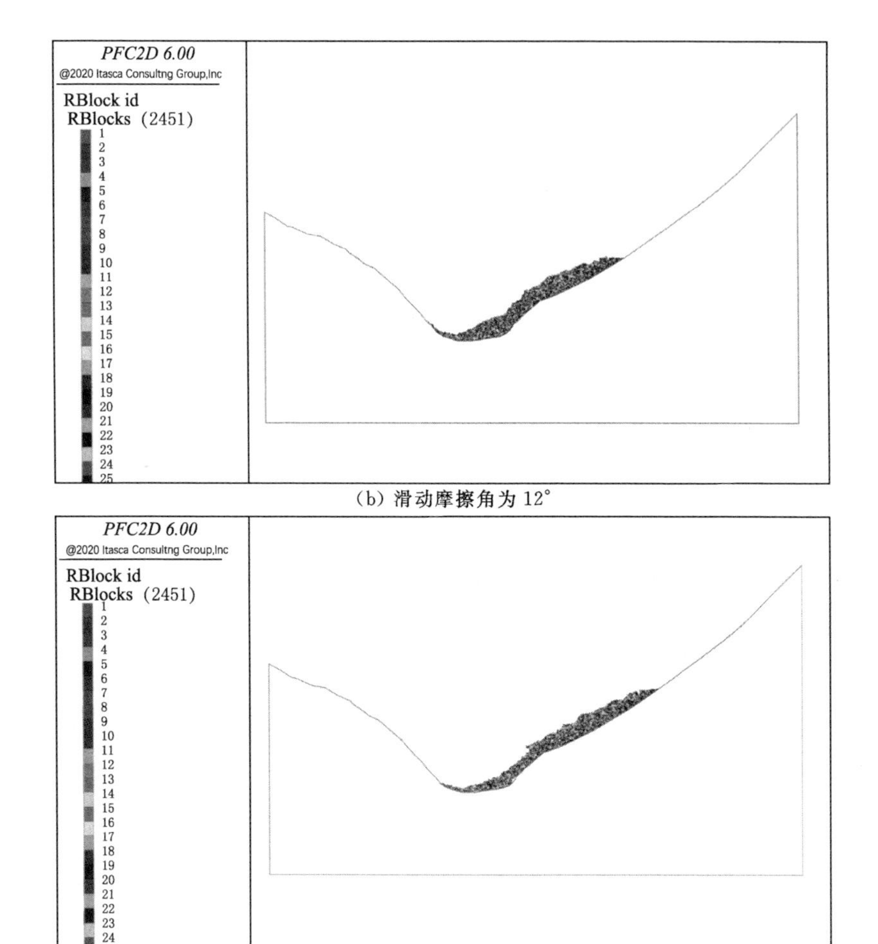

(b) 滑动摩擦角为 12°

(c) 滑动摩擦角为 15°

图 6.10（二） 横 3 剖面推测滑体在不同滑动摩擦角下失稳后的堆积形态

6.3 开挖方案+压脚方案蓄水条件下的失稳滑动过程分析

6.3.1 数值计算模型

对于设计建议的开挖方案+压脚方案情况，对库水位为初期水位 2925.0m 时倾倒体变形破坏过程进行模拟。计算选取 4 号倾倒体横 3 剖面，根据开挖和压脚方案及蓄水方案，建立数值计算模型，分析开挖后正

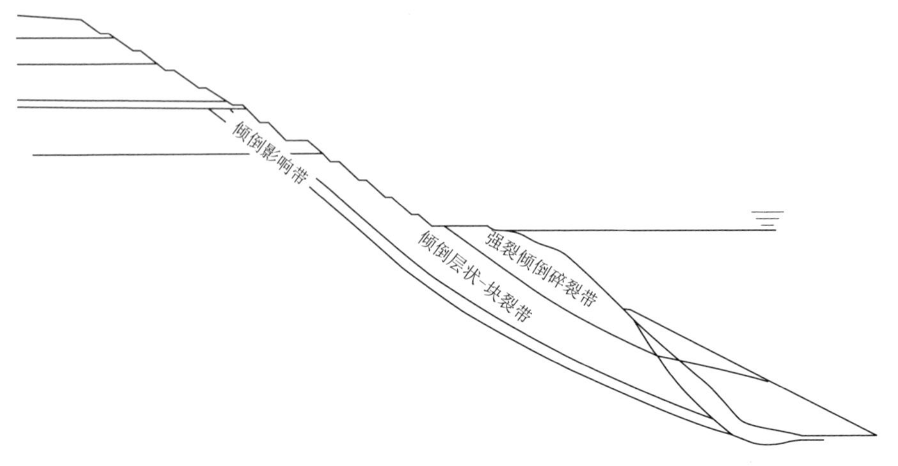

图 6.11　4 号倾倒体横 3 剖面开挖设计图

常蓄水位下倾倒体失稳滑动过程及滑体运动速度。图 6.11 为 4 号倾倒体横 3 剖面开挖设计图。

6.3.1.1　计算模型

根据稳定性计算得出的最危险滑面，选取滑面以上为滑体，滑面以下为滑床，建立离散元块体模型。图 6.12 为建立的横 3 剖面离散元模型。其中，图 6.12 (a) 所示为强倾倒破碎带滑体模型，滑体剖分后的块体单元数目为 3048，平均单元尺寸为 1.5m。图 6.12 (b) 所示为滑体和下部滑床模型。

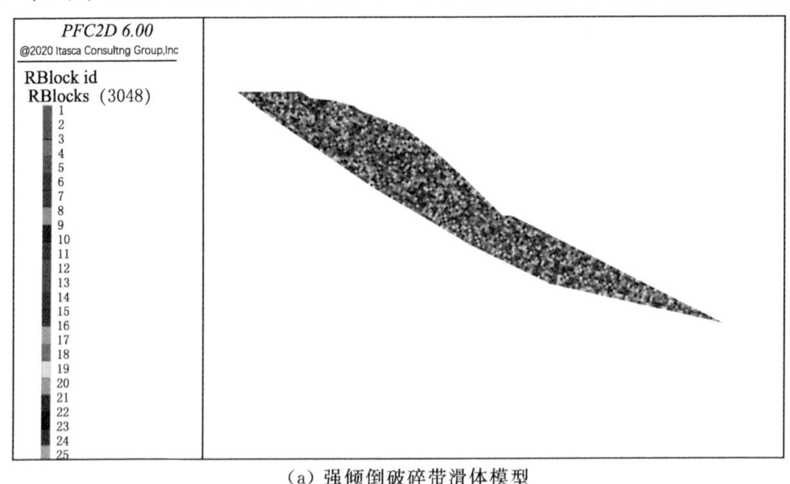

(a) 强倾倒破碎带滑体模型

图 6.12（一）　开挖压脚方案横 3 剖面离散元模型

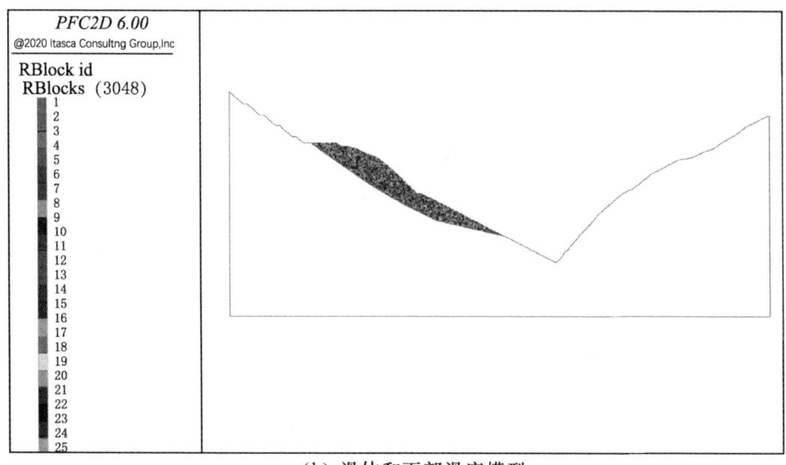

(b) 滑体和下部滑床模型

图 6.12（二） 开挖压脚方案横 3 剖面离散元模型

6.3.2 横 3 剖面失稳滑动过程分析

6.3.2.1 推测滑体失稳滑动过程

开挖及压脚方案下，横 3 剖面推测的滑体在不同滑动摩擦角下失稳后的运行规律基本相似。为此，这里仅给出了滑动摩擦角为 10°下推测滑体失稳后的运行过程，见图 6.13。由图 6.13 可见，横 3 剖面推测滑体失稳

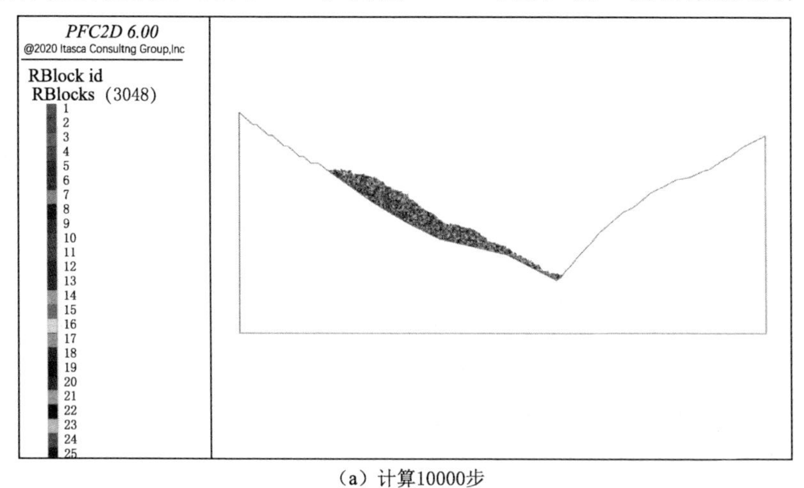

(a) 计算10000步

图 6.13（一） 压脚方案横 3 剖面推测滑体沿滑面失稳滑动过程（滑动摩擦角为 10°）

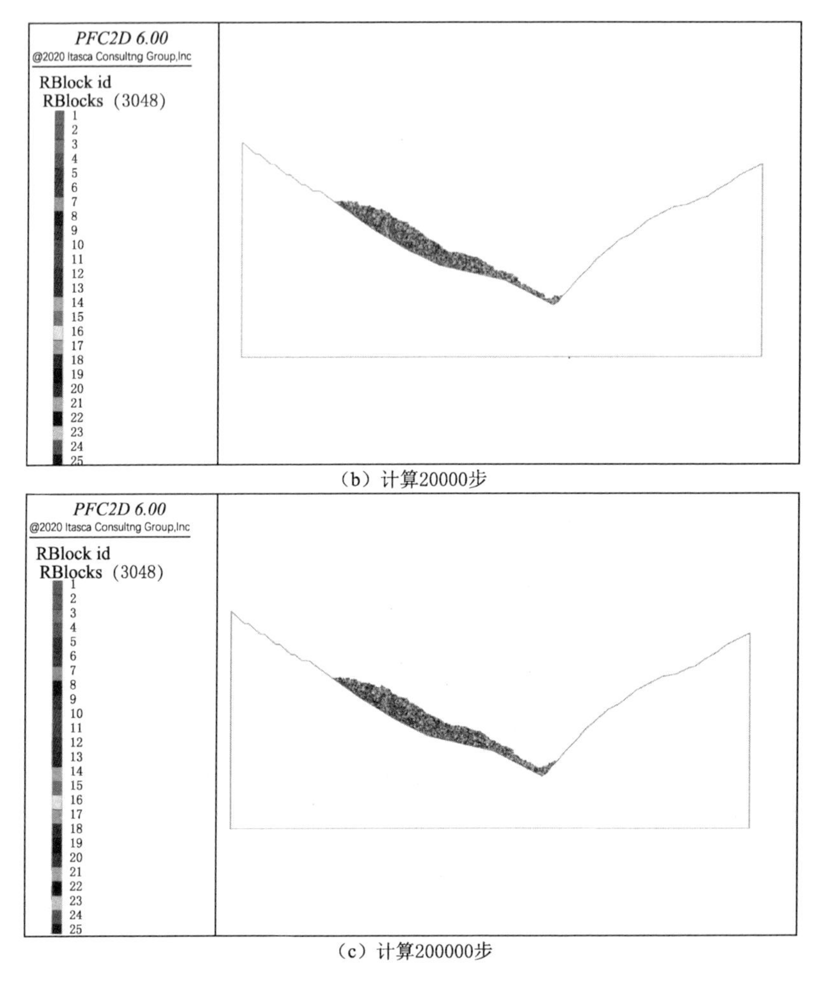

(b) 计算20000步

(c) 计算200000步

图 6.13（二）　压脚方案横 3 剖面推测滑体沿滑面失稳滑动过程（滑动摩擦角为 10°）

后，沿滑移面运动后堆积于河床部位，相较无压脚方案下，受压脚影响，滑体失稳后运动距离有所减小。

为了进一步分析，在模拟过程中，对滑体运动速度进行了监测，包括滑体平均运动速度（_vel_avg）、下部滑体运动速度（low_avg_vel）、中部滑体运动速度（mid_avg_vel）及下部滑体运动速度（top_avg_vel）。

图 6.14 分别给出了不同滑动摩擦角下横 3 剖面推测滑体失稳后不同部位的运动速度。由图 6.14 可见：

（1）不同滑动摩擦角下，滑动摩擦角越大，滑体滑动速度越小；当滑动摩擦角分别为 10°、12°和 15°时，横 3 剖面推测滑体失稳后最大滑动速度

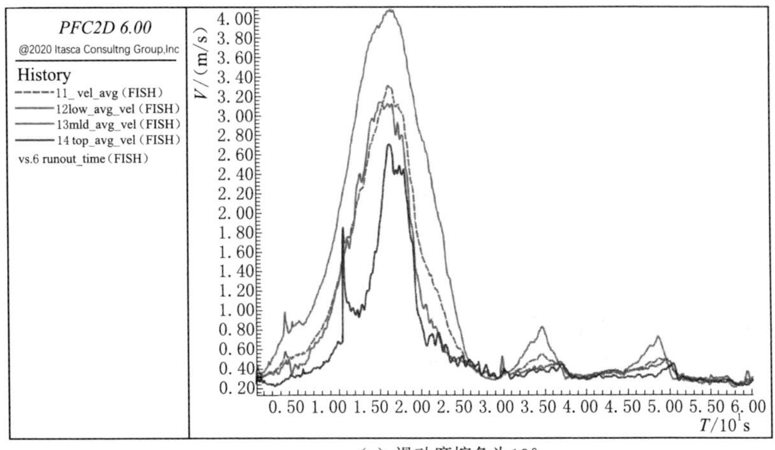

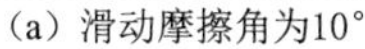
(a) 滑动摩擦角为10°

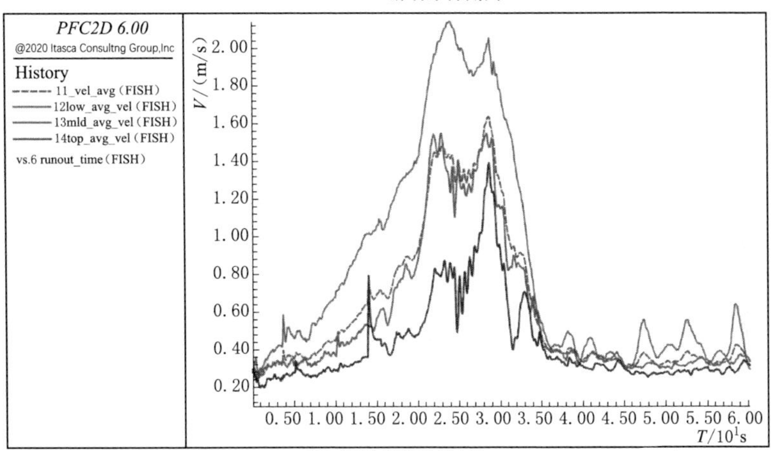

(b) 滑动摩擦角为12°

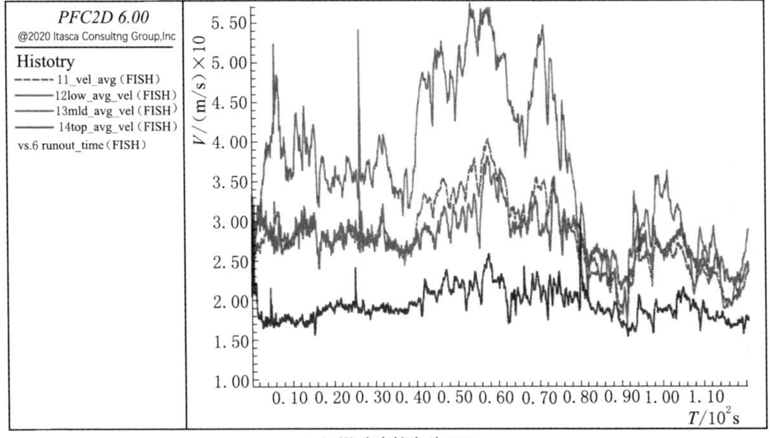

(c) 滑动摩擦角为15°

图 6.14 压脚方案横 3 剖面不同滑动摩擦角下推测滑体失稳后的运动特征

分别为4.0m/s、2.1m/s、0.57m/s。

（2）在某一滑动摩擦系数下，不同部位滑体的运动速度不同；其中，下部滑体的运动速度最大，上部滑体的运动速度最小，且滑动摩擦角越大，不同部位滑动速度差别越小。

6.3.2.2　不同滑动摩擦角下推测滑体失稳后的堆积形态

图6.15给出了不同滑动摩擦角下横3剖面推测滑体失稳后的堆积形态。由图6.15可见，不同滑动摩擦角下，横3剖面推测滑体失稳后的堆积形态有所不同，但总体上差别不大；而且滑动摩擦系数越小，滑体失稳后在河床部位堆积的高度也相对越高。

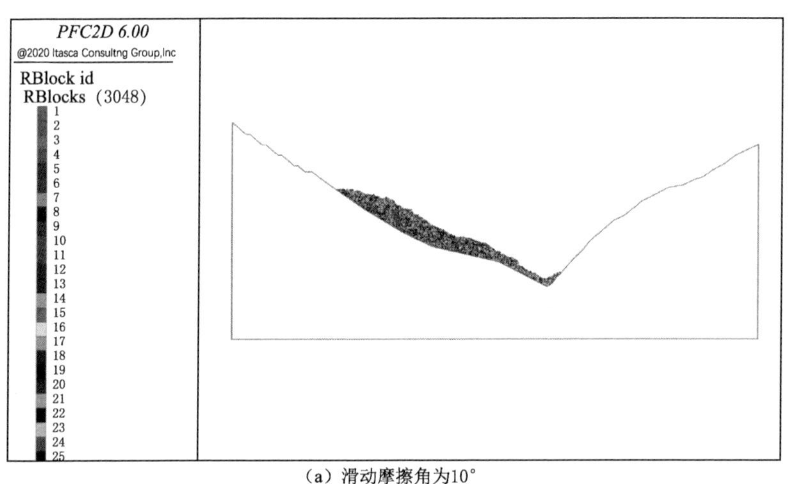

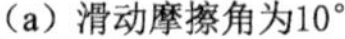
(a) 滑动摩擦角为10°

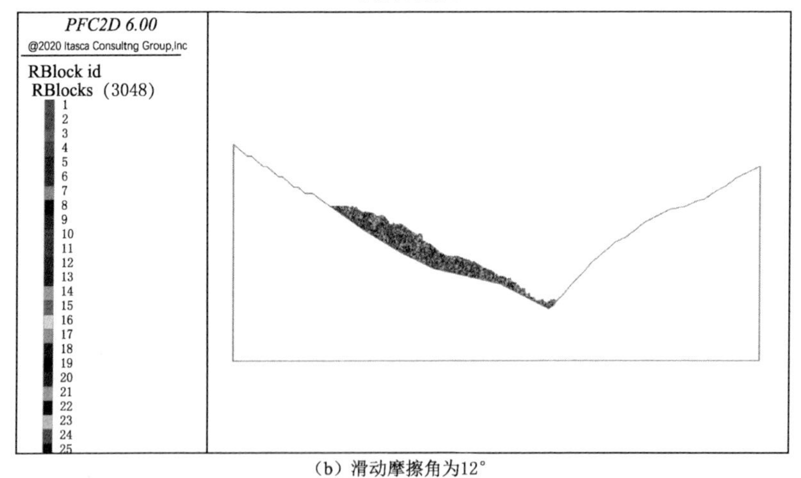

(b) 滑动摩擦角为12°

图6.15（一）　横3剖面不同滑动摩擦角下推测滑体失稳后的堆积形态

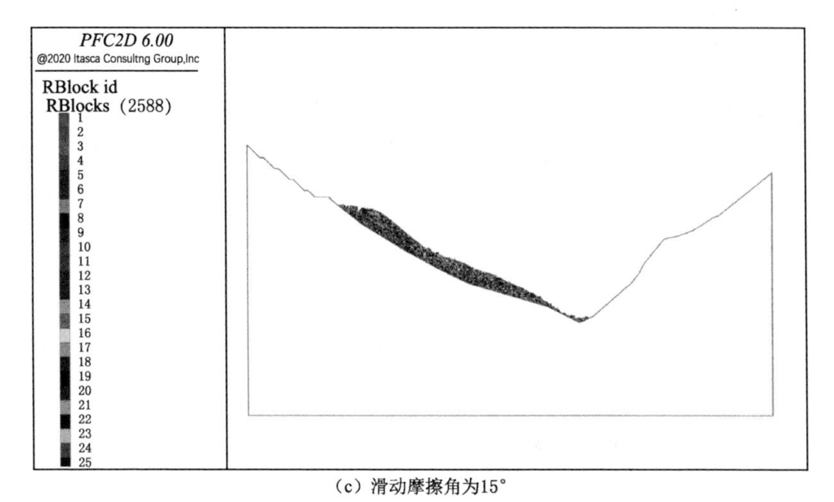

(c) 滑动摩擦角为15°

图 6.15(二) 横 3 剖面不同滑动摩擦角下推测滑体失稳后的堆积形态

6.4 优化开挖方案一+压脚蓄水条件下的失稳滑动过程分析

6.4.1 数值计算模型

6.4.1.1 计算剖面

对于开挖方案一+压脚蓄水情况，对库水位为初期水位 2925.0m 时倾倒体变形破坏过程进行模拟。根据开挖优化方案一+压脚蓄水的稳定性计算结果，选取横 3 典型剖面，分析倾倒体失稳滑动过程及滑体运动速度。图 6.16 为 4 号倾倒体横 3 地质剖面图。根据稳定性计算成果知，初始状态下，最危险滑面为强烈倾倒-破碎带。

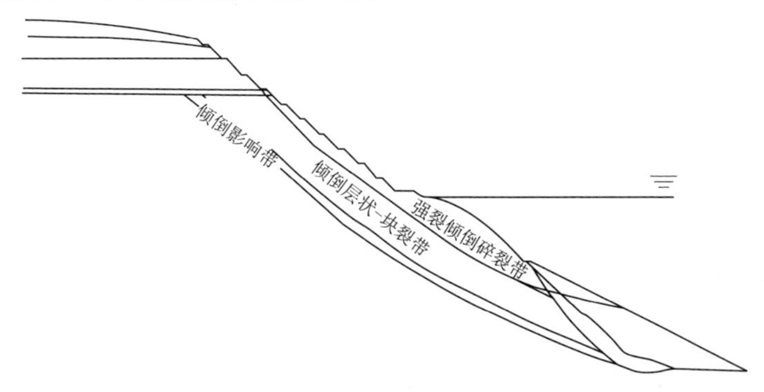

图 6.16 开挖优化方案一 4 号倾倒体横 3 地质剖面图

6.4.1.2 计算模型

根据优化方案一的稳定性计算得出的滑面，选取滑面以上为滑体，滑面以下为滑床，建立离散元块体模型。图 6.17 所示为开挖优化方案一下横 3 剖面的离散元模型。其中，图 6.17（a）所示为强倾倒破碎带滑体模型，滑体剖分后的块体单元数目为 2955，平均单元尺寸为 1.6m。图 6.17（b）所示为滑体和下部滑床模型。

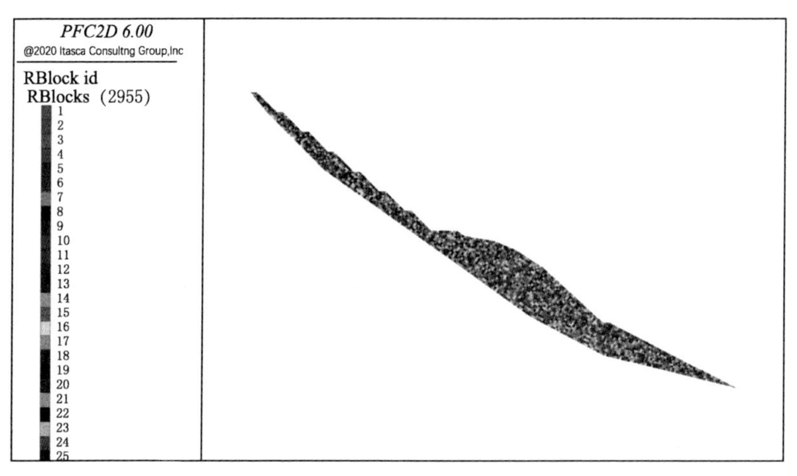

（a）强倾倒破碎带滑体模型

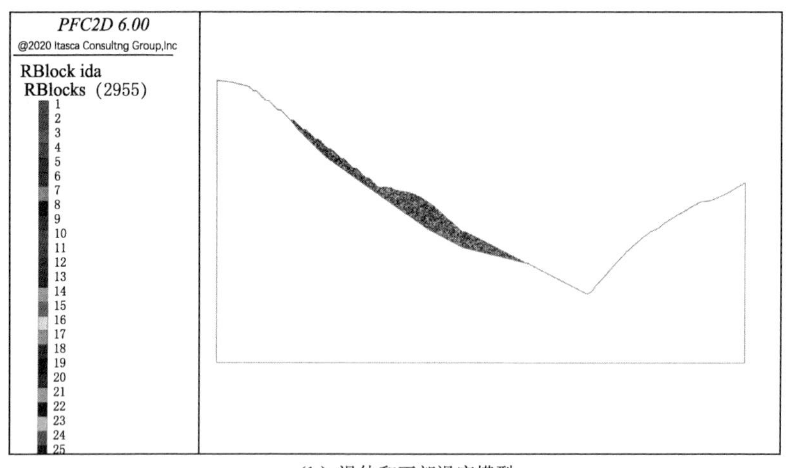

（b）滑体和下部滑床模型

图 6.17 开挖优化方案一横 3 剖面离散元模型

6.4.2 横3剖面失稳滑动过程分析

6.4.2.1 推测滑体失稳滑动过程

根据数值模拟结果，在开挖优化方案一下，横3剖面推测的滑体在不同滑动摩擦角下失稳后的运行规律基本相似。为此，这里给出了滑动摩擦角为10°下推测滑体失稳后的运行过程，见图6.18。由图6.18可见，横3剖面强烈倾倒一破碎带上部岩体失稳后沿滑面滑动后堆积于河床部位。

为了进一步分析，在模拟过程中，对滑体运动速度进行了监测，包括滑体平均运动速度（_vel_avg）、下部滑体运动速度（low_avg_vel）、中部滑体运动速度（mid_avg_vel）及下部滑体运动速度（top_avg_vel）。

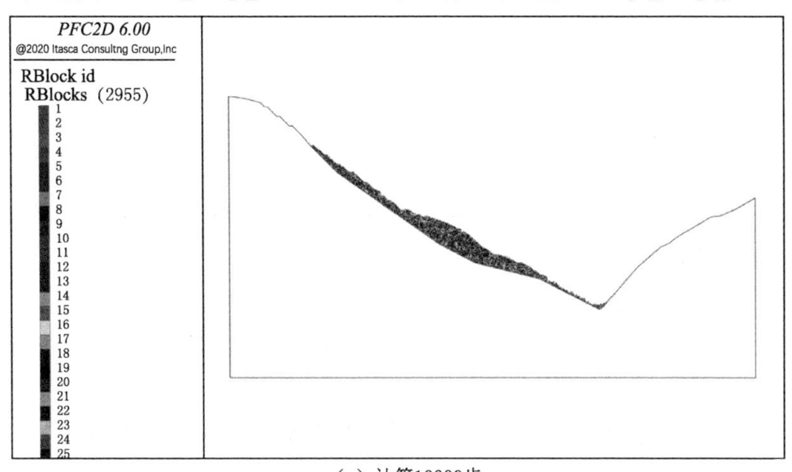

（a）计算10000步

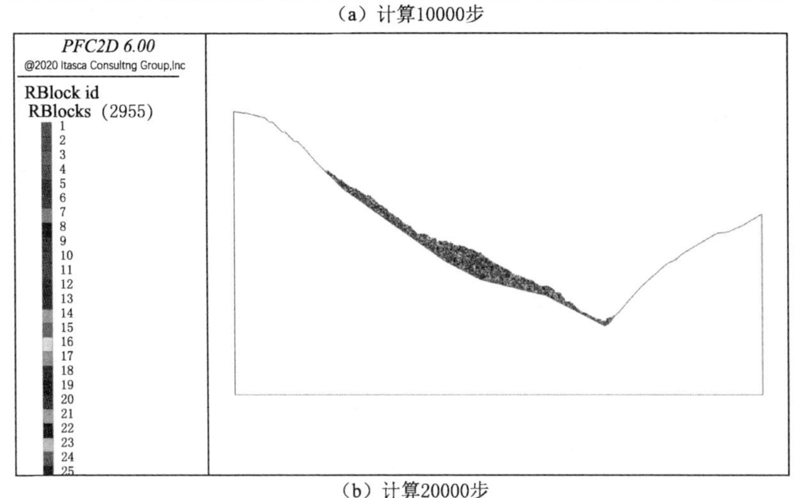

（b）计算20000步

图6.18（一） 开挖优化方案一横3剖面推测滑体失稳滑动过程（滑动摩擦角为10°）

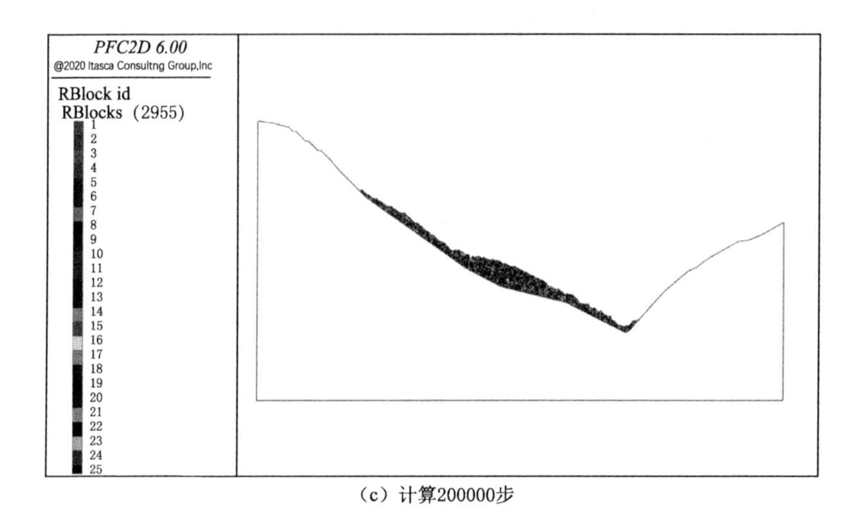

(c) 计算200000步

图 6.18（二） 开挖优化方案一横 3 剖面推测滑体失稳滑动过程（滑动摩擦角为 10°）

图 6.19 分别给出了不同滑动摩擦角下横 3 剖面开挖后推测滑体失稳后不同部位的运动速度。由图 6.19 可见：

(1) 不同滑动摩擦角下，滑动摩擦角越大，滑体滑动速度越小；当滑动摩擦角分别为 10°、12°和 15°时，横 3 剖面推测滑体失稳后最大滑动速度分别为 3.2m/s、1.8m/s、1.2m/s。

(2) 在某一滑动摩擦系数下，不同部位滑体的运动速度不同；其中，

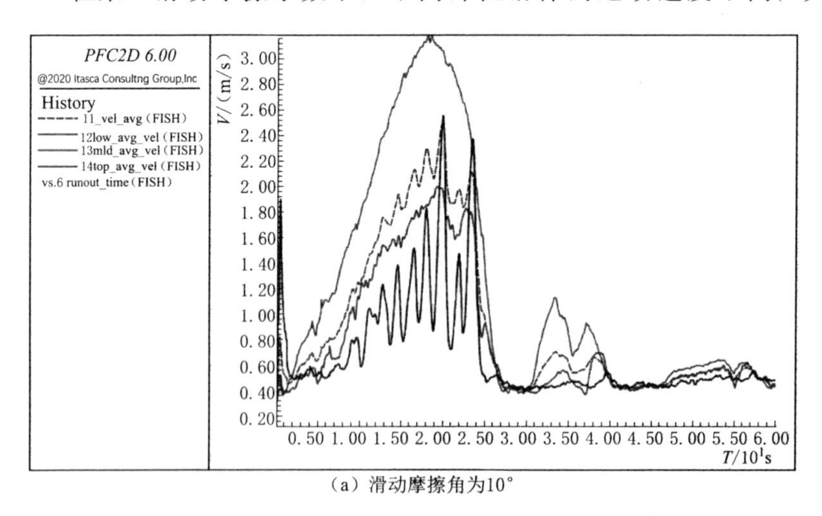

(a) 滑动摩擦角为10°

图 6.19（一） 优化方案一横 3 剖面在不同滑动摩擦角下推测滑体失稳后的运动特征

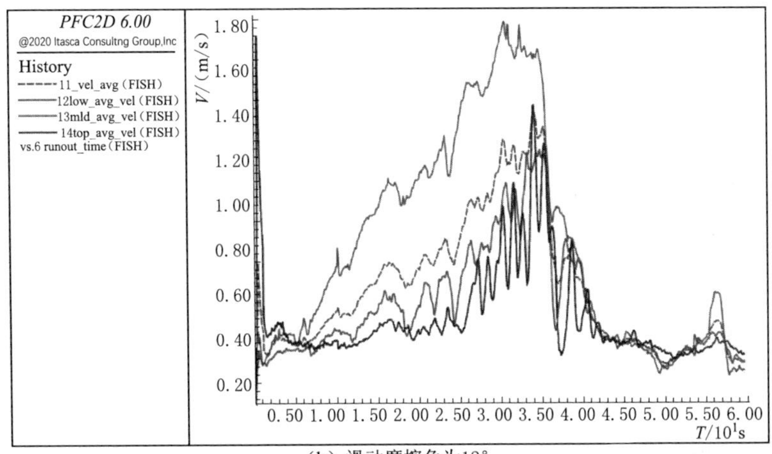

(b) 滑动摩擦角为12°

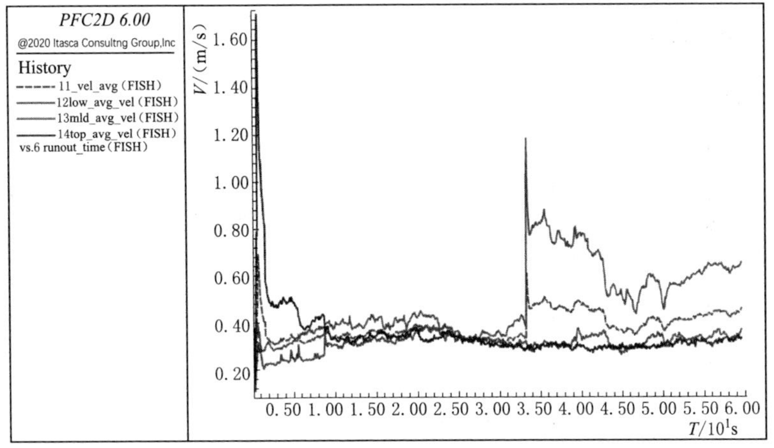

(c) 滑动摩擦角为15°

图 6.19（二） 优化方案一横 3 剖面在不同滑动摩擦角下推测滑体失稳后的运动特征

下部滑体的运动速度最大，上部滑体的运动速度最小，且滑动摩擦角越大，不同部位滑动速度差别越小。

6.4.2.2 不同滑动摩擦角下推测滑体失稳后的堆积形态

图 6.20 给出了不同滑动摩擦角下横 3 剖面推测滑体失稳后的堆积形态。由图 6.20 可见，不同滑动摩擦角下，横 3 剖面推测滑体失稳后的堆积形态有所不同，但总体上差别不大；而且滑动摩擦系数越小，滑体失稳后在河床部位堆积体的高度越高。

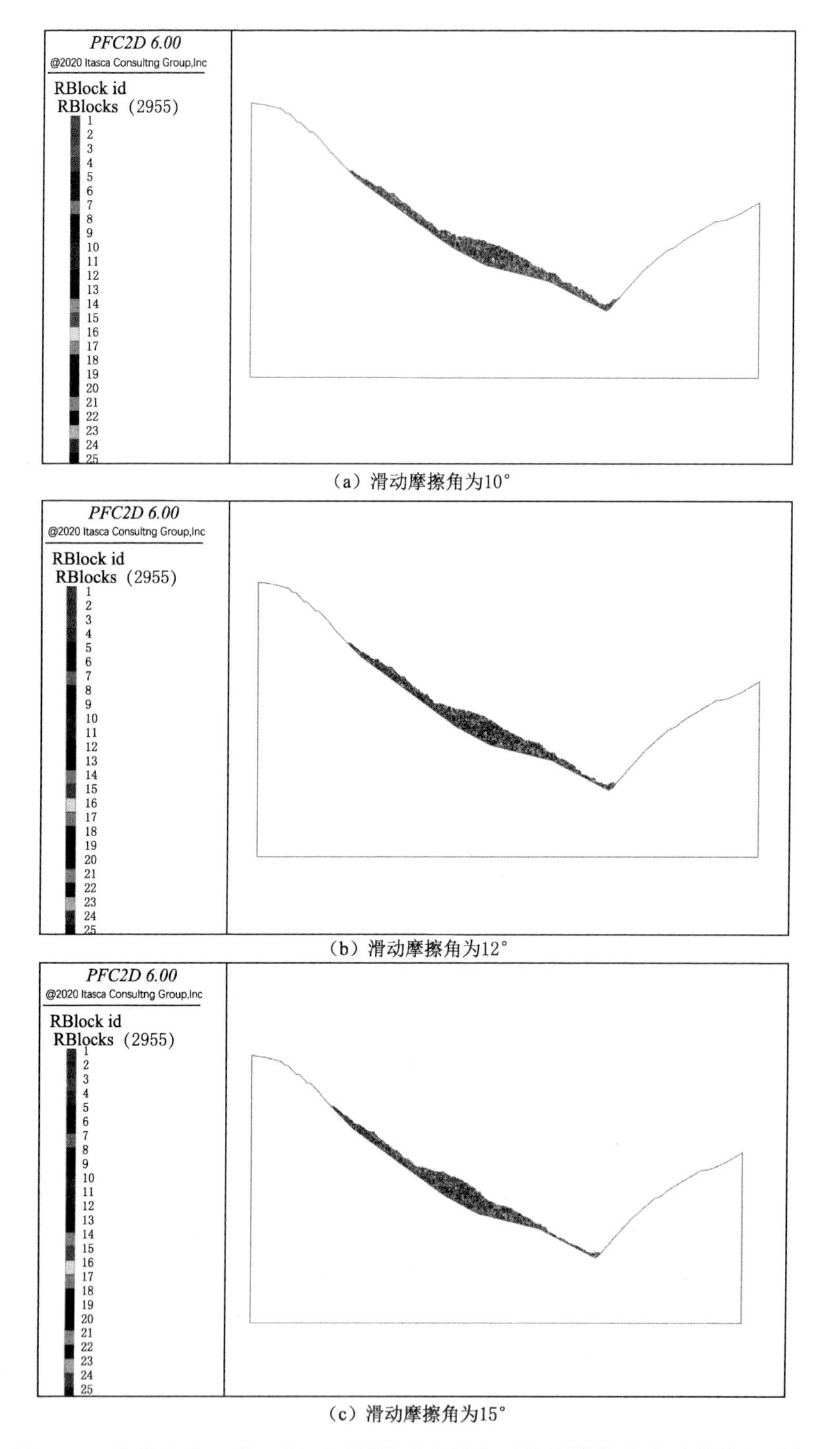

（a）滑动摩擦角为10°

（b）滑动摩擦角为12°

（c）滑动摩擦角为15°

图 6.20　优化方案一横 3 剖面不同滑动摩擦角下推测滑体失稳后的堆积形态

6.5　优化开挖方案二+压脚时蓄水条件下失稳滑动过程分析

6.5.1　数值计算模型

6.5.1.1　计算剖面

对于开挖方案二+压脚时蓄水情况，对库水位为初期水位2925.0m时倾倒体变形破坏过程进行模拟。根据开挖优化方案二的稳定性计算结果，选取横3典型剖面，分析倾倒体失稳滑动过程及滑体运动速度。图6.21为4号倾倒体横3典型地质剖面图。由图6.21可见，在开挖方案二，最危险滑面为强烈倾倒-破碎带。

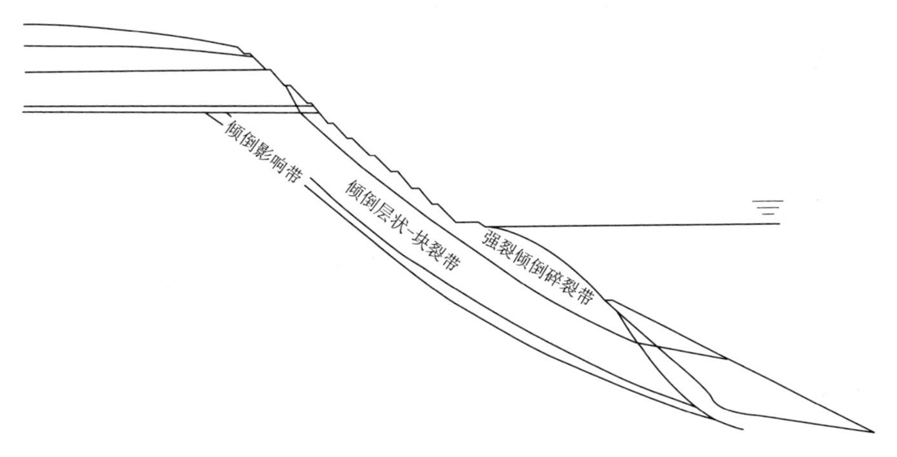

图6.21　开挖优化方案二4号倾倒体横3典型地质剖面图

6.5.1.2　计算模型

根据稳定性计算成果，边坡最危险滑面为强烈倾倒-破碎带。因此，选取强烈倾倒-破碎带上部滑体，下部岩体作为滑床，建立离散元块体模型。图6.22所示为开挖方案二时横3剖面的离散元模型。其中，图6.22(a)所示为强倾倒破碎带滑体模型，滑体剖分后的块体单元数目为2955，平均单元尺寸为1.6m。图6.22(b)所示为滑体和下部滑床模型。

6.5.2　横3剖面失稳滑动过程分析

6.5.2.1　推测滑体失稳滑动过程

根据数值模拟结果，在开挖优化方案二下，横3剖面推测的滑体在不

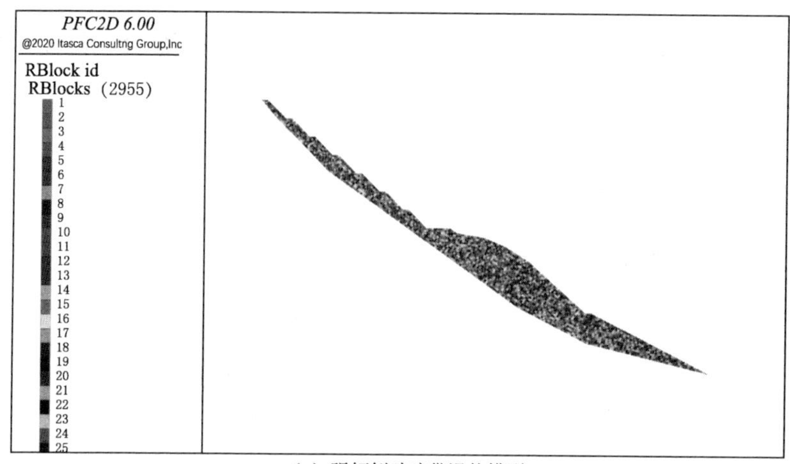

（a）强倾倒破碎带滑体模型

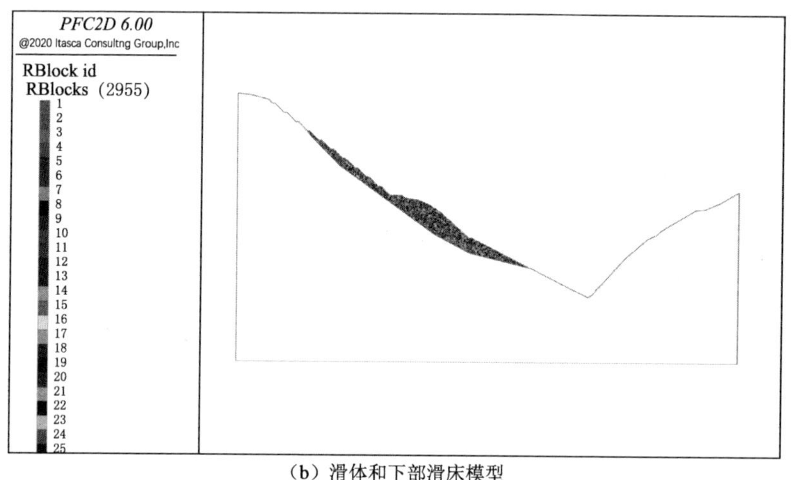

（b）滑体和下部滑床模型

图 6.22　优化方案二横 3 剖面离散元模型

同滑动摩擦角下失稳后的运行规律基本相似。为此，这里给出了滑动摩擦角为 10°下推测滑体失稳后的运行过程，见图 6.23。由图 6.23 可见，横 3 剖面强烈倾倒-破碎带上部岩体失稳后沿滑面滑动后堆积于河床部位。

为了进一步分析，在模拟过程中，对滑体运动速度进行了监测，包括滑体平均运动速度（_ vel _ avg）、下部滑体运动速度（low _ avg _ vel）、中部滑体运动速度（mid _ avg _ vel）及下部滑体运动速度（top _ avg _ vel）。

图 6.24 分别给出了不同滑动摩擦角下横 3 剖面开挖后推测滑体失稳后不同部位的运动速度。由图 6.24 可见：

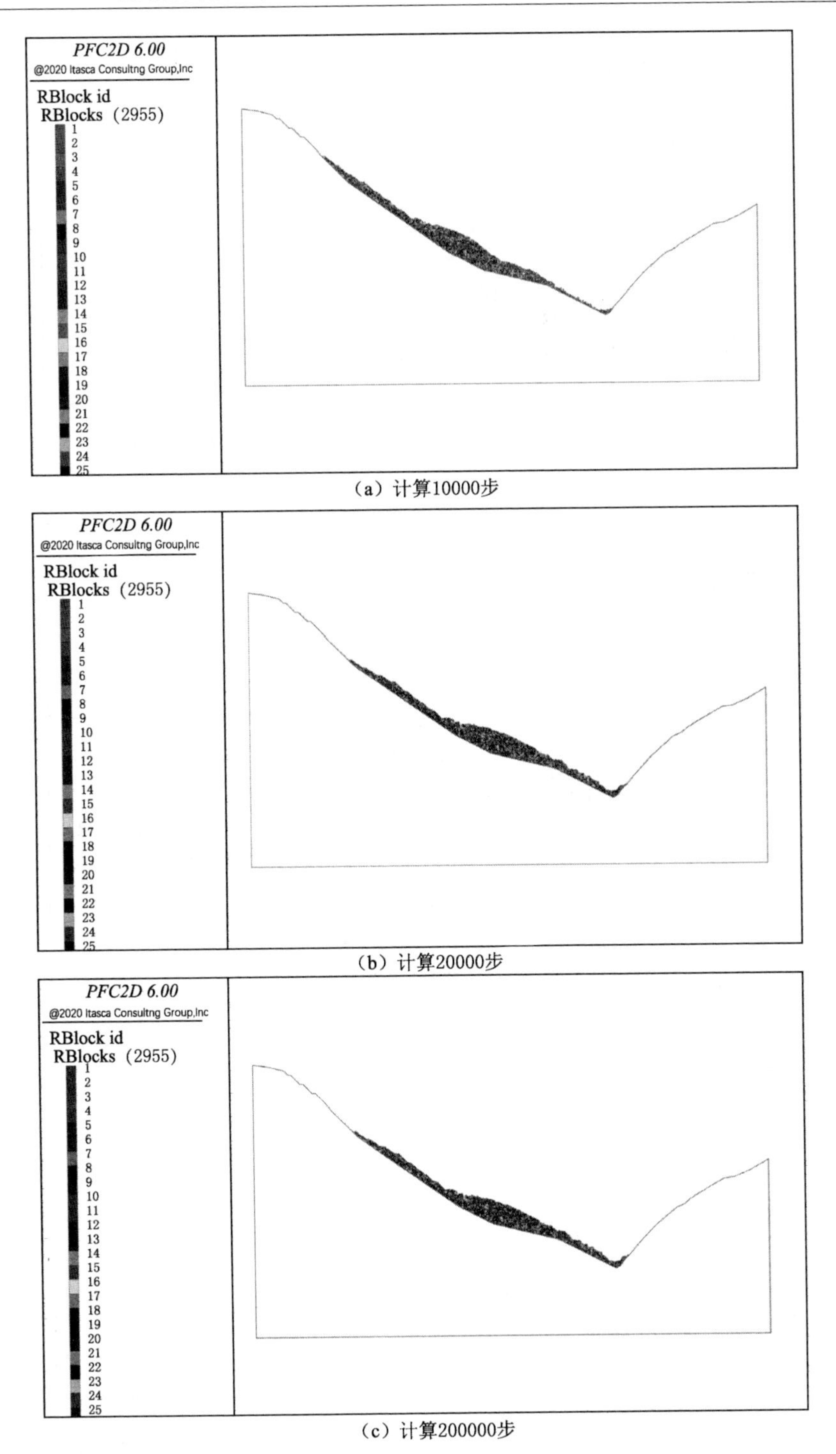

（a）计算10000步

（b）计算20000步

（c）计算200000步

图 6.23 方案二横 3 剖面推测滑体沿滑面失稳滑动过程（滑动摩擦角为 10°）

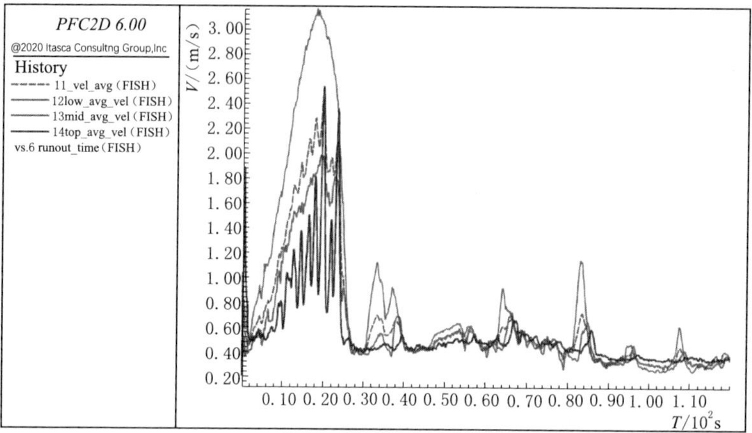

（a）滑动摩擦角为10°

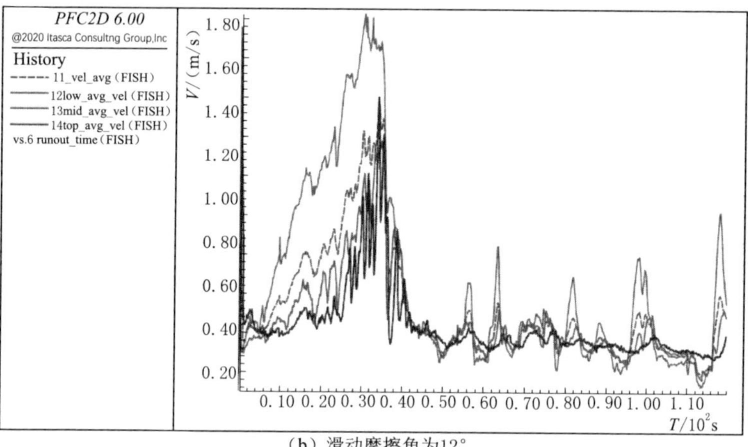

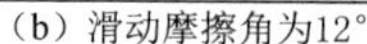
（b）滑动摩擦角为12°

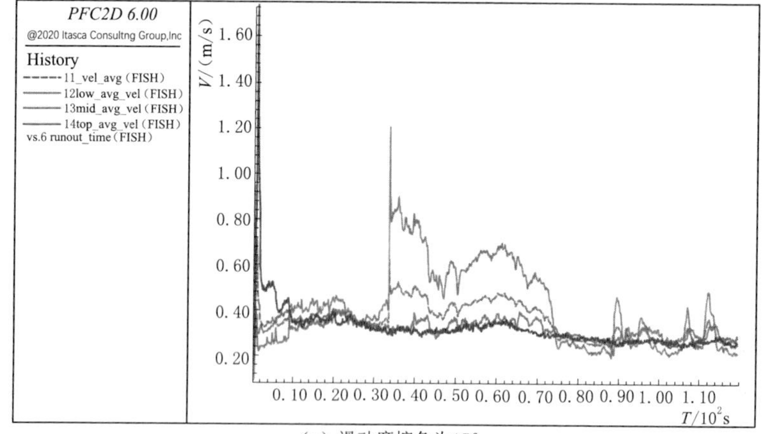

（c）滑动摩擦角为15°

图6.24　方案二横3剖面不同滑动摩擦角下推测滑体失稳后的运动特征

（1）不同滑动摩擦角下，滑动摩擦角越大，滑体滑动速度越小；当滑动摩擦角分别为10°、12°和15°时，横2剖面推测滑体失稳后最大滑动速度分别为3.1m/s、1.8m/s、0.8m/s。

（2）在某一滑动摩擦系数下，不同部位滑体的运动速度不同；其中，下部滑体的运动速度最大，上部滑体的运动速度最小，且滑动摩擦角越大，不同部位滑动速度差别越小。

6.5.2.2　不同滑动摩擦角下推测滑体失稳后的堆积形态

图6.25给出了不同滑动摩擦角下横3剖面推测滑体失稳后的堆积形态。由图6.25可见，不同滑动摩擦角下，横3剖面推测滑体失稳后的堆积

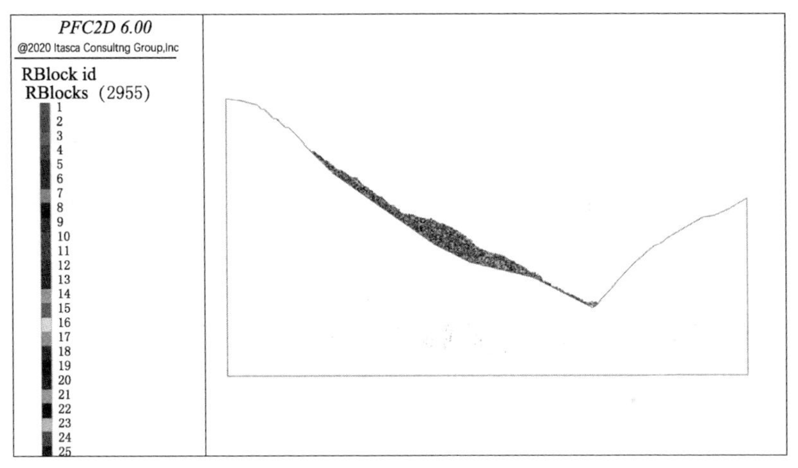

（a）滑动摩擦角为10°

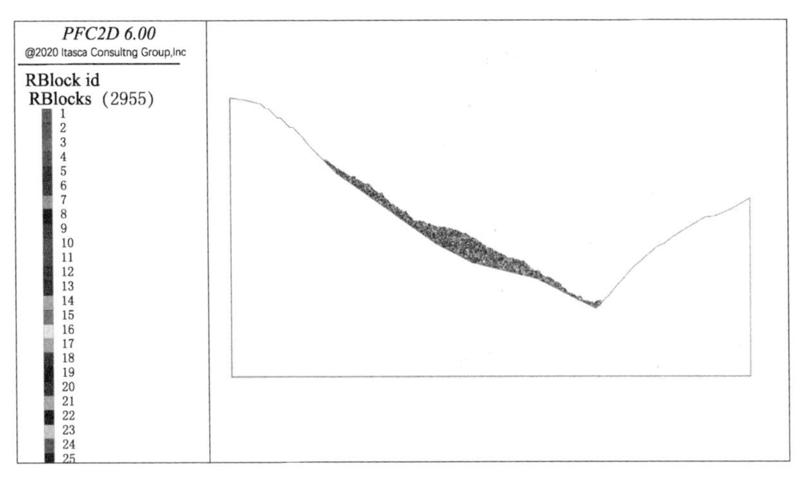

（b）滑动摩擦角为12°

图6.25（一）　优化方案二横3剖面不同滑动摩擦角下推测滑体失稳后的堆积形态

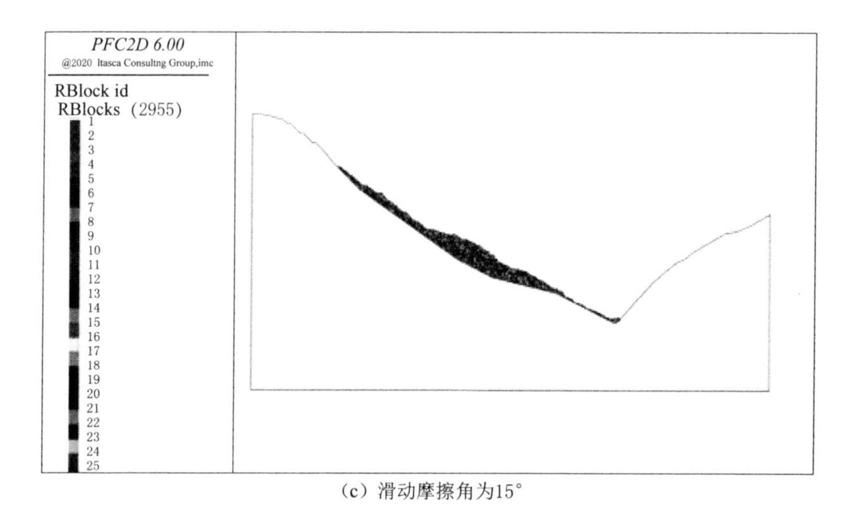

（c）滑动摩擦角为15°

图6.25（二）　优化方案二横3剖面不同滑动摩擦角下推测滑体失稳后的堆积形态

形态有所不同，但总体上差别不大；而且滑动摩擦系数越小，滑体失稳后在河床部位堆积体的高度越高。

6.6　基于潘家铮法的滑坡涌浪分析

6.6.1　基本原理

这一方法在单向流分析成果的基础上，假定涌流首先在滑坡入水处发生，产生初始波，然后向周围传播，在传播的过程中，通过反射波的叠加，来求得涌浪高度。该方法首先需要判断岸坡变形类型，然后根据滑坡速度求初始浪高，再根据初始浪高求任意点处的浪高。具体的求解步骤如下：

（1）初始浪高ζ_0的确定。

当岸坡发生水平运动时，激起的初始浪高为

$$\frac{\zeta_0}{h}=1.17v/\sqrt{gh}$$

当岸坡发生垂直运动时，激起的初始浪高为：

①当$0<v/\sqrt{gh}<0.5$时，$\frac{\zeta_0}{\lambda}=v/\sqrt{gh}$；②当$0.5<v/\sqrt{gh}<2$时，$\zeta_0/\lambda$呈曲线变化，如图6.26所示；③当$v/\sqrt{gh}>2$时，$\frac{\zeta_0}{\lambda}=1$。

式中：v为滑坡体的水平（竖向）速度；h为水深；λ为滑体的平均厚度。

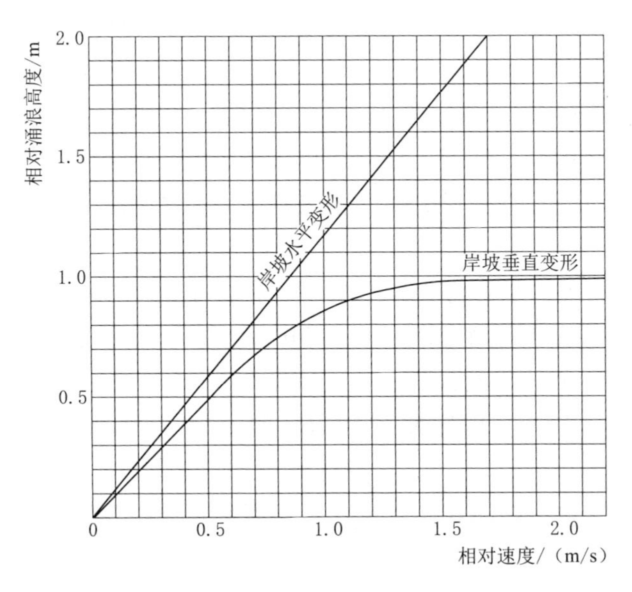

图 6.26　滑坡体初始浪高变化曲线图

假定水库库岸为两条平行陡崖，宽度为 B，滑坡范围 L 内的库岸断面保持一致。岸坡变形率（滑速）为常数，发生在 $0<t<T$ 时段内。

（2）滑体对岸点 A 处的浪高：

$$\zeta_{\max}=\frac{2\zeta_0}{\pi}(1+k)\sum_{1,3,5,\cdots}^{n}\left\{k^{2(n-1)}\ln\left[\frac{l}{(2n-1)B}+\sqrt{1+\left(\frac{l}{(2n-1)B}\right)^2}\right]\right\} \tag{6.1}$$

式中，ζ_0 为初始波高；k 为波的反射系数，可近似取 1；$\sum$为级数之和，其项数取决于滑坡历时 T 及涌浪从本岸传播至对岸需时Δt 之比。

（3）距滑体 x_0 处的 A' 的浪高：

$$\zeta=\frac{\zeta_0}{\pi}\sum_{1,3,5,\cdots}^{n}(1+k\cos\theta_n)k^{n-1}\ln\left\{\frac{\sqrt{1+\left(\dfrac{nB}{x_0-L}\right)^2}-1}{\dfrac{x_0}{x_0-L}\left[\sqrt{1+\left(\dfrac{nB}{x_0}\right)^2}-1\right]}\right\} \tag{6.2}$$

式中：θ_n 为传至 A' 的第 n 次入射线与岸坡法线的交角，$\tan\theta_n=\dfrac{x}{nB}$。

式（6.2）中的级数 n，可通过查表法或迭代法进行求解。

6.6.2　涌浪计算结果与分析

基于前文通过离散元法计算得到的倾倒体失稳后的滑速与历时情况，

采用潘家铮提出的涌浪计算方法，讨论自然边坡与开挖边坡失稳后产生的涌浪进行分析计算。

6.6.2.1　涌浪分析的计算条件

进行涌浪分析时，根据4号倾倒体各典型剖面的潜在滑面情况，计算假定岸坡变形属于水平变形类型，涌浪计算点（大坝）距滑体中点的距离按420.0m计。

（1）针对自然边坡，考虑库水位为正常蓄水位2990m的情况。对于横2—2剖面，相应的当量水深h=133.5m，水库库面宽度B=659.7m，滑面长度L=337.0m，平均厚度λ=26.88m；对于横3—3剖面，相应的当量水深h=116.5m，水库库面宽度B=748.3m，滑面长度L=388.0m，平均厚度λ=32.5m。

（2）针对设计建议的开挖方案，考虑库水位为初期蓄水2925.0m的情况。对于横2—2剖面，当量平均水深h=92.6m，水库库面宽度B=530.9m，滑面长度L=200.0m，平均厚度λ=18.7m；对于横3—3剖面，当量平均水深h=85.1m，水库库面宽度B=530.4m，滑面长度L=182.8m，平均厚度λ=25.4m。

（3）针对开挖优化方案一，考虑库水位为初期蓄水2925.0m的情况。对于横1—1剖面，当量平均水深h=89.2m，水库库面宽度B=568.8m，滑面长度L=268.1m，平均厚度λ=21.1m；对于横3—3剖面，当量平均水深h=85.1m，水库库面宽度B=530.4m，滑面长度L=296.1m，平均厚度λ=26.0m。

（4）针对开挖优化方案二，考虑库水位为初期蓄水2925.0m的情况。对于横1—1剖面，当量平均水深h=89.2m，水库库面宽度B=568.8m，滑面长度L=320.7m，平均厚度λ=20.3m；对于横3—3剖面，当量平均水深h=85.1m，水库库面宽度B=530.4m，滑面长度L=359.2m，平均厚度λ=21.4m。

6.6.2.2　计算结果与分析

表6.2和表6.3分别列出了自然边坡与开挖边坡，不考虑压脚影响以及不同开挖方案；考虑压脚影响时，采用潘家铮法获得的涌浪计算成果。从计算结果可以看出：

（1）滑面上的动摩擦角φ对滑坡涌浪的计算结果影响显著，随着动摩擦角的增加，由于滑体的滑速减少，导致其涌浪高度逐渐降低。

（2）自然边坡在正常蓄水位工况条件下得到的坝前涌浪高度为5.37～

10.89m，考虑设计建议的开挖方案，且水库蓄水至初期水位2925.0m时得到的坝前涌浪高度为3.92～8.14m，表明边坡开挖后，由于潜在滑体的体积减少，滑动失稳产生的涌浪高度具有逐渐降低的趋势。

(3) 当考虑不同开挖方案+压脚影响时，设计建议开挖方案+压脚、开挖方案一+压脚与开挖方案二+压脚三种情况得到的坝前涌浪高度分别为0.47～2.99m、1.31～3.35m与0.94～5.09m，表明随着开挖量的减少，滑动失稳引起的涌浪高度随之增大。

考虑到初期蓄水位为2925.0m，距坝顶的高度为76.5m，因此即使边坡发生失稳，也不会导致涌浪漫坝的严重后果。

表6.2　自然边坡与开挖边坡，不考虑压脚影响的涌浪计算结果

边坡状况	滑面动摩擦角 φ/°	初始浪高 ζ_0/m	对岸最大浪高 ζ_{max}/m	运行至坝前的最大涌浪高度 ζ/m
自然边坡	10	35.88	11.71	9.19
	12	29.02	9.47	7.43
	15	20.96	6.84	5.37
开挖边坡（设计建议开挖方案）	10	40.66	8.87	8.14
	12	37.90	8.27	5.56
	15	27.56	6.01	4.04

表6.3　考虑不同开挖方案+压脚影响时的涌浪计算结果

边坡状况	滑面动摩擦角 φ/°	初始浪高 ζ_0/m	对岸最大浪高 ζ_{max}/m	运行至坝前的最大涌浪高度 ζ/m
设计建议开挖方案+压脚	10	13.7	3.00	2.76
	12	7.2	1.58	1.44
	15	1.96	0.51	0.47
开挖方案一+压脚	10	11.0	3.86	3.57
	12	6.2	2.17	2.01
	15	4.1	1.45	1.34
开挖方案二+压脚	10	10.6	5.44	5.09
	12	6.2	3.16	2.96
	15	2.7	1.40	1.31

6.7　本章小结

（1）在不同滑动摩擦角条件下，由稳定性计算成果推测出的滑体，在失稳后堆积形态有所不同，但总体上差别不大；而且滑动摩擦系数越小，滑体失稳后在河床部位堆积的高度也相对越高。

（2）在同一滑动摩擦系数条件下，失稳后不同部位滑体的运动速度不同，下部滑体的运动速度最大，上部滑体的运动速度最小，且滑动摩擦角越大，不同部位滑动速度差别越小。

（3）基于离散元数值模拟获得的滑坡体滑速与持续时间，采用潘家铮法进行倾倒体失稳后产生的涌浪进行分析。结果表明，自然边坡，在正常蓄水位工况条件下坝前涌浪高度为5.37～10.89m；开挖方案，当水库蓄水至初期水位2925.0m时坝前涌浪高度为3.92～8.14m。优化方案，当考虑不同开挖方案＋压脚影响时，开挖方案＋压脚、开挖方案一＋压脚与开挖方案二＋压脚三种情况坝前涌浪高度分别为0.47～2.99m、1.31～3.35m与0.94～5.09m。考虑到初期蓄水位为2925.0m，此时库水位距坝顶的高度为76.5m，即使边坡发生失稳，也不会导致涌浪漫坝的严重后果。

（4）从坝前涌浪高度出发，开挖方案＋压脚、开挖方案一＋压脚与开挖方案二＋压脚三种情况下，危险工况的坝前涌浪高度较开挖方案分别减小5.15m、4.79m和3.05m。优化方案“开挖方案一＋压脚”较为合理，且与抗滑稳定分析成果所推荐的施工方案较为一致。

参 考 文 献

[1] 黄润秋. 论中国西南地区水电开发工程地质问题及其研究对策 [J]. 地质灾害与环境保护，2002，13 (1)：1-5.

[2] 周建平，钱钢粮. 十三大水电基地的规划及其开发现状 [J]. 水利水电施工，2011 (1)：1-7.

[3] 周创兵. 水电工程高陡边坡全生命周期安全控制研究综述 [J]. 岩石力学与工程学报，2013，32 (6)：1081-1093.

[4] 邹浩. 西部水电工程倾倒变形体岩体质量评价体系与应用研究 [D]. 北京：中国地质大学，2016.

[5] 谢良甫. 反倾层状岩质斜坡倾倒变形特征及演化机理研究 [D]. 北京：中国地质大学，2015.

[6] 李天斌. 岩质工程高边坡稳定性及其控制的系统研究 [D]. 成都：成都理工大学，2002.

[7] MULLER L. New considerations on the Vaiont slide [J]. Rock Mechanics & Engineering Geology，1968.

[8] ASHBY J. Sliding and toppling modes of failure in models and jointed rock slopes [D]. London：Imperial College，Royal school of Mines，1971.

[9] FRIETAS M H，WATTERS R J. Some field examples of toppling failure [J]. Geotechmque，1973，23 (4)：495-514.

[10] GOODMAN R E，BRAY J W. Toppling of rock slopes [C]. Proceedings of ASCE Specialty Conference [A]. Rock Engineering for Foundations and Slopes：Colorado，1976：201-234.

[11] HOEK E，BRAY J. Rock slope engineering [M]. London：The Institute of Mining and Metallurgy，1981.

[12] 张咸恭，王思敬，张倬元，等. 中国工程地质学 [M]. 北京：科学出版社，2000：191-193.

[13] 洪玉辉. 碧口水电站右岸倾倒体高边坡稳定性分析与评价 [J]. 西北水电，1994 (1)：10-14.

[14] 白彦波. 澜沧江苗尾水电站坝肩倾倒变形岩体的质量分类评价及其工程效应分析 [D]. 成都：成都理工大学，2007.

[15] 宋玉环. 西南地区软硬互层研制边坡变形破坏模式及稳定性研究 [D]. 成都理工大学，2011.

[16] MULLER，L. New considerations on the Vajont slide [J]. Fels mechanikund Ingenieur geologie，1968，6 (1)：1-91.

[17] FRETTAS D M H，WATTERS R J. Some field examples of toppling failure [J].

Geotechnique, 1973, 23 (4): 495 - 514.

[18] GOODMAN R E, BRAY J W. Toppling of rock slopes [C] //In Rock Engineering: American Society of Civil Engineers, Geotechnical Engineering Division Conference, Boulder, Colorado, 1976 (2): 201 - 234.

[19] BURMAN B C. Developments of a numerical model for discontinua [J]. Australian Geomechanics Journal, 1974 (1): 1 - 10.

[20] BUKOVANSKY M, RODRIGUEZ M A, CEDRUN G. Three rock slides in stratified and jointed rocks [C]. Proc., 3rd Congress Int. Soc. of Rock Mech, Denver, Colorado, 1976, vol. IIB: 854 - 858.

[21] WYLLIE D C. Toppling rock slope failures examples of analysis and stabilization [J]. Rock Mech, 1980, 13 (2): 89 - 98.

[22] EVANS R S. An analysis of secondary toppling rock failures - the stress redistribution method [D]. J. Engng. Geol., The Geological Society, 1981.

[23] WANG S J. On the mechanism and process of slope deformation in an open pit mine [J]. Rock Mech, 1981, 14 (3): 145 - 156.

[24] TEME C S, West TR. Some secondary toppling failure mechanisms in discontinuous rock slopes [C]. 24th US Symposium on Rock Mech., 1983: 193 - 204.

[25] BYRNE R J. Physical and numerical models in rock and soil slope stability [D]. North Queensland, Australia: James Cook University, 1974.

[26] HAMMETT R D. A study of the behavior of discontinuous rock masses [D]. North Queensland, Australia: James Cook University, 1974.

[27] HSU S C, NELSON P P. Analyses of slopes in jointed weak rock masses using distinct element method [C]. Proceedings of Mechanics of Jointed and Faulted Rock, Vienna, Austria: [s. n.], 1995: 589 - 594.

[28] COGGAN J S, PINE R J. Application of distinct - element modelling to assess slope stability at Delabole slate quarry, Cornwall, England. Trans. Inst. Min. Metall (Sec. A: Mining Industry), 1996: 22 - 30.

[29] ORR M Ch, SWINDELLS Ch F. Open pit toppling failures: Experience versus analysis [C] //Proceedings of the 7th International Congress on Computer Method and Advance in Geomechanics, Cairus: [s. n.], 1991 (1): 505 - 510.

[30] PRITCHARD M A, SAVIGNY K W. Numerical modelling of toppling [J]. Canadian Geotechnical Journal, 1990, (27): 823 - 834.

[31] PRITCHARD M A, SAVIGNY K W. The Heather Hill Landslide, an example of a large scale toppling failure in a natural slope [J]. Canadian Geotechnical Journal, 1991, (28): 410 - 422.

[32] RADKO BUCEK. Toppling failure in rock slopes [D]. Edmonton Canada: University of Albert, 1995.

[33] ADHIKARY D P. The modelling of flexural toppling of foliated rock slopes [D]. Ph. D. thesis, Department of Civil Engineering, University of Western Australia, 1995.

[34] ADHIKARY D P, DYSKIN A V, JEWELL R J. Numerical modelling of the flexural deformation of foliated rock slopes [J]. Int. J. Rock Mech. Min. Sci. and Min. Abstr.,

1996，33（6）：595－606.

[35] ADHIKARY D P，DYSKIN A V，JEWELL R J，et al. A study of the mechanism of flexural toppling failure of rock slopes [J]. Rock Mechanics and Rock Engineering，1997，30（2）：75－93.

[36] NICHOL Susan L，OLDRICH Hungr，EVANS S G. Large－scale brittle and ductile toppling of rock slopes [J]. Canadian Geotechnical Journal，2002，39（4）：773－788.

[37] LEANDRO R Alejano，GÓMEZ－MÁRQUEZ Iván，MARTÍNEZ－ALEGRÍA Roberto. Analysis of a complex toppling－circular slope failure [J]. Engineering Geology，2010，114（1）：93－104.

[38] 杜永廉. 岩石边坡弯曲倾倒变形和稳定分析 [C] //岩体工程地质力学问题：首届全国工程地质大会论文专辑. 北京：中科院地质所，1979.

[39] 许兵，李毓瑞. 金川露天矿一区边坡倾倒-滑坡破坏的岩体结构分析 [M]. 北京：科学出版社，1979.

[40] 张倬元，王士天，王兰生. 工程地质分析原理 [M]. 北京：地质出版社，1981.

[41] 王思敬. 金川露天矿边坡变形机制及过程 [J]. 岩土工程学报，1982，4（1）：76－83.

[42] 孙玉科，姚宝魁. 我国岩质边坡变形破坏的主要地质模式 [J]. 岩石力学与工程学报，1983（1）：67－76.

[43] 庆祖荫. 对倾倒体成因及工程地质性质的初步认识 [C] ///全国首届工程地质学术会议论文选集 [A]. 北京：科学出版社，1983：240－245.

[44] 孙玉科，牟会宠. 层状边坡变形与时间效应 [M]. 北京：科学出版社，1984.

[45] 王兰生，张倬元. 斜坡岩体变形破坏的基本地质力学模式 [J]. 水文工程地质论丛，1985.

[46] 黄建安，王思敬. 多块体倾倒分析 [J]. 地质科学，1986（1）：64－73.

[47] 洪玉辉. 白龙江水电建设中的主要工程地质问题 [J]. 西北水电，1987（2）：1－6.

[48] 卢世宗. 红旗岭露天矿边坡倾倒-滑移体的特征 [C] //中国典型滑坡. 北京：科学出版社，1988.

[49] 王根夫. 敷溪口水电站坝址右岸蠕变倾倒松动边坡变形的特征及其成因机制分析 [J]. 水利水电技术，1987，（3）：24－28.

[50] 陈志坚. 黄河小浪底坝段倾倒滑移体变形破坏特征及其形成机制探讨 [J]. 水利水电技术，1991，（9）：44－50.

[51] 王思敬，肖远，杜永廉. 广西红水河龙滩水电站坝址左岸边坡层状岩体弯曲蠕变机理分析 [J]. 地质科学，1992（增刊）：342－352.

[52] 洪玉辉. 碧口水电站右岸倾倒体高边坡稳定性分析与评价 [J]. 西北水电，1994（1）：11－16.

[53] 王士天，黄润秋，李渝生. 雅砻江锦屏水电站重大工程地质问题研究 [M]. 成都：成都科技大学出版社，1995.

[54] 赵红敏. 五强溪水电站左岸船闸高边坡倾倒破坏分析及治理 [J]. 中南水力发电，1996（3）：1－5.

[55] 伍法权. 云母石英片岩斜坡弯曲倾倒变形的理论分析 [J]. 工程地质学报，1997（4）：306－311.

[56] 常祖峰，谢阳，梁海华. 小浪底工程库区岸坡倾倒变形研究 [J]. 中国地质灾害与

防治学报，1999，10（1）：28-31.

[57] 谢阳，梁海华. 小浪底工程库区岸坡倾倒变形研究 [J]. 中国地质灾害与防治学报，1999（1）：28-31.

[58] 王士天. 四川某水库大坝左坝肩边坡变形破坏机制及整治对策探讨 [J]. 地质灾害与环境保护，1999，10（3）：1-5.

[59] 黄润秋. 20世纪以来中国的大型滑坡及其发生机制 [J]. 岩石力学与工程学报，2007，26（3）：433-454.

[60] 张倬元，王士天，王兰生. 工程地质分析原理 [M]. 2版. 北京：地质出版社，1994.

[61] 李强. 鄂西山区地下采掘与山体稳定性岩体力学研究 [D]. 成都：成都地质学院，1990.

[62] 崔政权. 系统工程地质学导论 [M]. 北京：水利电力出版社，1992.

[63] 许强，黄润秋，秦四清. 弯曲拉裂型斜坡的尖点突变模型 [C] //工程地质-传统与未来，第三届全国青年工程地质大会论文集 [A]. 成都：成都科技大学出版社，1993.

[64] 许强，黄润秋，王士天. 反倾岩层弯曲拉裂变形的CUSP型突变分析 [M]. 成都：西南交通大学出版社，1993.

[65] 陈红旗，黄润秋. 反倾层状边坡弯曲折断的应力及挠度判据 [J]. 工程地质学报，2004，12（3）：243-246.

[66] 蒋良潍，黄润秋. 反倾层状岩体斜坡弯曲-拉裂两种失稳破坏之判据探讨 [J]. 工程地质学报，2006，14（3）：289-294.

[67] 韩贝传，王思敬. 边坡倾倒变形的形成机制与影响因素 [J]. 工程地质学报，1999，7（3）：213-217.

[68] 程东幸，刘大安，丁恩保，等. 层状反倾岩质边坡影响因素及反倾条件分析 [J]. 岩土工程学报，2005，27（11）：1362-1366.

[69] 中国水利水电科学研究院，电力部中南勘测设计研究院. 岩质高边坡失稳破坏机理及分析方法的研究（第二分册）[R]. 北京：中国水利水电科学研究院，1995.

[70] 徐佩华，陈剑平，黄润秋，等. 锦屏Ⅰ级水电站解放沟左岸边坡倾倒变形机制的3D数值模拟 [J]. 煤田地质与勘探，2004，32（4）：40-43.

[71] 芮勇勤，贺春宁，王惠勇，等. 开挖引起大规模倾倒滑移边坡变形破坏分析 [J]. 长沙交通学院学报，2001，17（4）：8-12.

[72] 任光明，宋彦辉，聂德新，等. 软弱基座型斜坡变形破坏过程研究 [J]. 岩石力学与工程学报，2003，22（9）：1510-1513.

[73] 金仁祥，任光明. 陡倾角反倾层状岩质边坡变形特征数值模拟验证 [J]. 中国地质灾害与防治学报，2003，14（2）：35-38.

[74] 纪玉石，申力，刘晶辉. 采矿引起的倾倒滑移变形机理及其控制 [J]. 岩石力学与工程学报，2005，24（19）：3594-3598.

[75] 程东幸，刘大安，丁恩保，等. 反倾岩质边坡变形特征的三维数值模拟研究 [J]. 工程地质学报，2005，13（2）：222-226.

[76] 赵小平，李渝生，陈孝兵，等. 澜沧江某水电站右坝肩工程边坡倾倒变形问题的数值模拟研究 [J]. 工程地质学报，2008，16（3）：299-303.

[77] 孙东亚，彭一江，王兴珍. DDA数值方法在岩质边坡倾倒破坏分析中的应用 [J]. 岩石力学与工程学报，2002，21 (1)：39-42.

[78] 王承群. 岩质边坡倾倒变形破坏的块体单元分析法 [R]. 上海：同济大学，1985.

[79] 汪小刚，张建红，赵毓芝，等. 用离心模型研究岩石边坡的倾倒破坏 [J]. 岩土工程学报，1996，18 (5)：14-21.

[80] 左保成，陈从新，刘小巍，等. 反倾岩质边坡破坏机理物理模型研究 [J]. 岩石力学与工程学报，2005，24 (19)：3505-3511.

[81] 邹丽芳，徐卫亚，宁宇，等. 反倾层状岩质边坡倾倒变形破坏机理综述 [J]. 长江科学院院报，2009，26 (5)：25-30.

[82] 谭儒蛟，杨旭朝，胡瑞林. 反倾岩体边坡变形机制与稳定性评价研究综述 [J]. 岩土力学. 2009，30 (S2)：479-480.

[83] 任光明，夏敏，李果，等. 陡倾顺层岩质斜坡倾倒变形破坏特征研究 [J]. 岩石力学与工程学报，2009，28 (增1)：3193-3200.

[84] 李国柱. 布昭坝露天矿西帮边坡变形特征及失稳控制 [J]. 露天采煤技术，2000 (2)：11-13.

[85] 申力，刘晶辉，江智明. 倾倒滑移变性体的基本特征及力学模型研究 [J]. 水文地质工程地质，2000 (2)：20-22.

[86] 齐典涛. 昌马水库倾倒变形边坡特征形成机制及发育深度 [J]. 西部探矿工程，2001 (6)：47-49.

[87] 徐佩华，陈剑平，黄润秋，等. 锦屏水电站解放沟反倾高边坡变形机制的探讨 [J]. 工程地质学报，2004，12 (3)：247-252.

[88] 严明，黄润秋，徐佩华. 某水电站坝前左岸高边坡深部破裂形成机制分析 [J]. 成都理工大学学报（自然科学版），2005，32 (6)：605-613.

[89] 邓辉，巨能攀，涂国祥. 某高边坡变形破坏机制及整治对策探讨 [J]. 地球与环境，2005，3 (增刊)：417-422.

[90] 鲁地景，钟辉亚，李幸福. 风滩水电站扩建工程进水口反倾层状结构边坡岩体特征与加固处理 [J]. 工程地质学报，2005 (4)：557-562.

[91] 宋彦辉，黄民奇，陈新建. 班多水电站左岸I号倾倒体破坏机制分析 [J]. 水利水电科技进展，2007，27 (5)：50-52.

[92] 杨根兰，黄润秋，严明，等. 小湾水电站饮水沟大规模倾倒破坏现象的工程地质研究 [J]. 工程地质学报，2006，14 (2)：165-171.

[93] 李玉倩，李渝生，杨晓芳. 某水电站边坡倾倒变形破坏模式及形成机制探讨 [J]. 水利与建筑工程学报，2008，6 (3)：39-41.

[94] 伍保祥，沈军辉，沈中超，等. 四川省华蓥市赵子秀山变形体的成因机制研究 [J]. 水文地质工程地质，2008 (3)：23-27.

[95] 白彦波，张良，李渝生. 苗尾水电站坝肩岩体倾倒变形程度分级体系 [J]. 科技信息，2009 (6)：417-418.

[96] 白彦波，李湘军，余鹏程，等. 苗尾水电站坝肩岩体倾倒变形的力学机制与发展过程 [J]. 科技信息，2009 (22)：689-690.

[97] 宋彦辉，黄民奇，聂德新，等. 茨哈峡水电站消能池高边坡变形特征及其稳定性研究 [J]. 地质与勘探，2009，45 (2)：107-110.

[98] 鲍杰，李渝生，曹广鹏，等. 澜沧江某水电站近坝库岸岩体倾倒变形的成因机制 [J]. 地质灾害与环境保护，2011，22（3）：47-51.

[99] 蔡静森，晏鄂川，王章琼，等. 反倾层状岩质边坡悬臂梁极限平衡模型研究 [J]. 岩土力学，2014，35（增1）：15-28.

[100] 陈从新，郑允，孙朝燚. 岩质反倾边坡弯曲倾倒破坏分析方法研究 [J]. 岩石力学与工程学报，2016，35（11）：2174-2187.

[101] 母剑桥. 反倾边坡倾倒破裂面优势形态及变形稳定性分析方法研究 [D]. 成都：成都理工大学，2017.

[102] 韩子夜，薛星桥. 地质灾害监测技术现状与发展趋势 [J]. 中国地质灾害与防治学报，2005，16（3）：138-141.

[103] 贺可强，雷建和. 边坡稳定性的神经网络预测研究 [J]. 地质与勘探，2001，37（6）：72-75.

[104] 贺续文，刘忠，廖彪，等. 基于离散元法的节理岩体边坡稳定性分析 [J]. 岩土力学，2011，32（7）：2200-2204.

[105] 傅晏. 干湿循环水岩相互作用下岩石劣化机理研究 [D]. 重庆：重庆大学，2010.

[106] 黄建文，李建林，周宜红. 基于AHP的模糊评判法在边坡稳定性评价中的应用 [J]. 岩石力学与工程学报，2007，26（增1）：2627-2632.

[107] 黄秋香，汪家林. 某具有软弱夹层的反倾岩坡变形特征探索 [J]. 土木工程学报，2011，44（5）：109-114.

[108] 黄润秋，许强. 工程地质广义系统科学分析原理及应用 [M]. 北京：地质出版社，1997.

[109] 黄润秋，许强. 斜坡失稳时间的协同预测模型 [J]. 山地学报，1997（1）：7-12.

[110] 黄润秋. 岩石高边坡发育的动力过程及其稳定性控制 [J]. 岩石力学与工程学报，2008，27（8）：1525-1544.

[111] 黄润秋，李渝生，严明. 斜坡倾倒变形的工程地质分析 [J]. 工程地质学报，2017，25（5）：1165-1181.

[112] 冷先伦，盛谦，廖红建，等. 反倾层状岩质高边坡开挖变形破坏机理研究 [J]. 岩石力学与工程学报，2004，23（增1）：4468-4472.

[113] 李克钢，侯克鹏，李旺. 指标动态权重对边坡稳定性的影响研究 [J]. 岩土力学，2009，30（2）：493-496.

[114] 李天斌，陈明东. 滑坡时间预报的费尔哈斯反函数模型法 [J]. 地质灾害与环境保护，1996（3）：13-17.

[115] 李秀珍，许强，刘希林. 基于GIS的滑坡综合预测预报信息系统 [J]. 工程地质学报，2005（3）：398-403.

[116] 刘楚乔. 边坡稳定性摄影监测分析系统研究 [D]. 武汉：武汉理工大学，2008.

[117] 刘沐宇. 基于范例推理的边坡稳定性智能评价方法研究 [D]. 武汉：武汉理工大学，2001.

[118] 刘端伶，谭国焕，李启光，等. 岩石边坡稳定性和Fuzzy综合评判法 [J]. 岩石力学与工程学报，1999，18（2）：170-175.

[119] 刘锋，魏光辉. 基于灰色关联的水利工程方案的模糊优选 [J]. 水利发电学报，2012，31（1）：10-14.

[120] 刘云鹏，黄润秋，邓辉. 反倾板裂岩体边坡振动物理模拟试验研究 [J]. 成都理工大学学报，2011，38 (4)：413 - 421.

[121] 卢海峰，刘泉声，陈从新. 反倾岩质边坡悬臂梁极限平衡模型的改进 [J]. 岩土力学，2012，33 (2)：577 - 584.

[122] 漆祖芳，唐忠敏，姜清辉，等. 大岗山水电站坝肩边坡开挖支护有限元模拟 [J]. 岩土力学，2008，29 (增1)：161 - 165.

[123] 孙钧，凌建明. 三峡船闸高边坡岩体的细观损伤及长期稳定性研究 [J]. 岩石力学与工程学报，1997，16 (1)：1 - 7.

[124] 史秀志，周健，郑玮，等. 边坡稳定性预测的 Bayes 判别分析方法及应用 [J]. 四川大学学报（工程科学版），2010，42 (3)：63 - 68.

[125] 王立伟，谢谟文，尹彦礼，等. 反倾层状岩质边坡倾倒变形影响因素分析 [J]. 人民黄河，2014 (4)：132 - 134.

[126] 王林峰，陈洪凯，唐红梅. 复杂反倾岩质边坡的稳定性分析方法研究 [J]. 岩土力学，2014，35 (增1)：181 - 188.

[127] 王宇，李晓，王梦瑶，等. 反倾岩质边坡变形破坏的节理有限元模拟计算 [J]. 岩石力学与工程学报，2013 (增2)：3945 - 3953.

[128] 位伟，段绍辉，姜清辉，等. 反倾边坡影响倾倒稳定的几种因素探讨 [J]. 岩土力学，2008 (增1)：431 - 434.

[129] 余成学，崔旋. 长河坝水电站右岸导流隧洞进口高边坡稳定性有限元计算分析 [J]. 岩石力学与工程学报，2009，28 (2)：3686 - 3691.

[130] 伍法权. 三峡工程库区影响 135m 水位蓄水的滑坡地质灾害治理工程及若干技术问题 [J]. 岩土工程界，2002，5 (6)：15 - 16.

[131] 殷坤龙，陈丽霞，张桂荣. 区域滑坡灾害预测预警与风险评价 [J]. 地学前缘，2007 (6)：85 - 97.

[132] 许强，汤明高，黄润秋. 大型滑坡监测预警与应急处置 [M]. 北京：科学出版社，2015.

[133] 许强，汤明高，徐开详，等. 滑坡时空演化规律及预警预报研究 [J]. 岩石力学与工程学报，2015，27 (6)：1104 - 1112.

[134] 张社荣，谭尧升，王超，等. 多层软弱夹层边坡岩体破坏机制与稳定性研究 [J]. 岩土力学，2014，35 (6)：1695 - 1702.

[135] 张世殊，裴向军，母剑桥，等. 溪洛渡水库星光三组倾倒变形体在水库蓄水作用下发展演化机制分析 [J]. 岩石力学与工程学报. 2015，34 (增2)：4091 - 4098.

[136] ABELLÁN A，CALVET J，VILAPLANA J M，et al. Detection and spatial prediction of rockfalls by means of terrestrial laser scanner monitoring [J]. Geomorphology，2010，119 (3 - 4)：162 - 171.

[137] ABIDIN H Z，ANDREAS H，GAMAL M，et al. Studying landslide displacements in the Ciloto area (Indonesia) using GPS surveys [J]. Journal of Spatial Science，2007，52 (1)：55 - 63.

[138] ADHIKARY D P. The modelling of flexural toppling of foliated rock slopes [D]. Ph. D. thesis，Department of Civil Engineering，University of Western Australia，1995.

[139] 许强，曾裕平. 具有蠕变特点滑坡的加速度变化特征及临滑预警指标研究 [J]. 岩

石力学与工程学报，2009，28（6）：1099－1106.

［140］ALEJANO L R，GÓMEZ－MÁRQUEZ I，MARTÍNEZ－ALEGRÍA R. Analysis of a complex toppling－circular slope failure［J］. Engineering Geology，2010，114（1）：93－104.

［141］ALZOUBI A K，MARTIN C D，CRUDEN D M. Influence of tensile strength on toppling failure in centrifuge tests［J］. International Journal of Rock Mechanics & Mining Sciences，2010，47（6）：974－982.

［142］AMINI M，MAJDI A，AYDAN O. Stability analysis and the stabilisation of flexural toppling failure［J］. Rock Mechanics and Rock Engineering，2009，42（5）：751－782.

［143］AMINI M，MAJDI A，VESHADI M A. Stability analysis of rock slopes against block－flexure toppling failure［J］. Rock Mech. Rock Eng. 2012（45）：519－532.

［144］AYALEW L，YAMAGISHI H，MARUI H，et al. Landslides in Sado Island of Japan：Part I. Case studies，monitoring techniques and environmental considerations［J］. Engineering Geology，2005，81（4）：419－431.

［145］AYDAN O，KAWAMOTO T. The stability of slopes and underground openings against flexural topping and their stabilization［J］. Rock Mechanics and Rock Engineering，1992，25（3）：143－165.

［146］BISHOP A W. The use of the slip circle in the stability analysis of slopes［J］. Geotechnique，1955：5（1），6－17.

［147］BOZZANO F，CIPRIANI I，MAZZANTI P，et al. Displacement patterns of a landslide affected by human activities：insights from ground－based In SAR monitoring［J］. Natural Hazards，2011，59（3）：1377－1396.

［148］CALCATERRA S，CESI C，MAIO C D，et al. Surface displacements of two landslides evaluated by GPS and inclinometer systems：a case study in Southern Apennines，Italy［J］. Natural Hazards，2012 61（1）：257－266.

［149］CRUDEN D M，HU X Q. Topples on underdip slopes in the Highwood Pass，Alberta，Canada［J］. Quarterly Journal of Engineering Geology，1994（27）：57－58.

［150］DAI F C，LEE C F. Landslide characteristics and slope instability modeling using GIS，Lantau Island，Hong Kong［J］. Geomorphology，2002 42（3－4）：213－228.

［151］GOODMAN R E，BRAY J W. Toppling of rock slopes［C］. Proceedings of ASCES pecialty Conference，RockEngineering for Foundations and Slopes，Vol. 2. Colorado：Boulder，1976：201－234.

［152］ZANBAKC. Designcharts for rocks lopes susceptible to toppling［J］. Journal of Geotechnical Engineering，ASCE，1983，109（8）：1039－1062.

［153］PRITCHARDMA. Numerical modeling of largescale toppling［M］. Vancouver，B. C：The University of British Columbia，1989.

［154］SCAVIAC，BARLAG，BERNAUDOV. Probabilistic stability analysis of block toppling failureinrock slopes［J］. International Journal of Rock Mechanics and Mining Sciences，1990，27（6）：465－478.

［155］陈祖煜，张建红，汪小刚. 岩石边坡倾倒破坏稳定分析的简化方法［J］. 岩土工程学报，1996，18（6）：92－95.

[156] 汪小刚，贾志欣，陈祖煜. 岩石边坡的倾倒破坏的稳定分析方法 [J]. 水利学报，1996 (3)：7-12.

[157] 李天扶. 论层状岩石边坡的倾倒破坏 [J]. 西北水电，2006 (4)：4-6.

[158] 杨保军，何杰，吉刚，等. 岩质边坡滑动-倾倒组合破坏模式稳定性分析 [J]. 岩土力学，2014，35 (8)：2335-2341.

[159] 郑允，陈从新，刘婷婷，等. 岩质反倾边坡局部锚杆加固分析方法研究 [J]. 岩石力学与工程学报，2017 (12)：1-12.

[160] ASHBY J. Sliding and toppling modes of failure in model and jointed rock slopes [D]. London：Royal School of Mines，1973.

[161] WHYTE R J. A study of progressive hanging wall caving at Chambishi copper mine in Zambia using the base friction model concept [R]. London：Imperial College，London University，1973.

[162] STEWART D P，ADHIKARY D P，JEWELL R J. Studies on the stability of model rock slopes [R]. Singapore：A. A. Balkema，1994.

[163] 黄润秋，王峥嵘，许强. 反倾向层状结构岩体边坡失稳破坏规律研究 [C] //成都理工学院工程地质研究所工程地质研究进展（二）. 成都：西南交通大学出版社，1994：47-51.

[164] 罗华阳，王敬，谢新宇，等. 五强溪水电站左岸边坡位移监测与变形特征 [J]. 大坝观测与土工测试，2000，24 (3)：22-24.

[165] 赵明华，刘建华，陈炳初，等. 边坡变形及失稳的变权重组合预测模型 [J]. 岩土力学，2007，28 (S1)：553-557.

[166] 阿发友，孔纪名，倪振强. 地震荷载作用下二元结构反倾开挖斜坡的变形破坏模型试验 [J]. 四川大学学报（工程科学版），2012，44 (S1)：20-25.

[167] ADHIKARY D P，DYSKIN A V. Modelling of Progressive and Instantaneous Failures of Foliated Rock Slopes [J]. Rock Mechanics and Rock Engineering，2007，40 (4)：349-362.

[168] 佘成学，熊文林，陈胜宏. 具有弯曲效应的层状结构岩体变形的 Cosserat 介质分析方法 [J]. 岩土力学，1994，(4)：12-19.

[169] 苏立海，李婉，李宁. 反倾层状岩质边坡破坏机制研究——以锦屏一级水电站左岸边坡为例 [J]. 四川建筑科学研究. 2012 (1)：109-114.

[170] 何怡，陈学军，苏丽娜. 反倾岩质边坡块状倾倒破坏模式研究 [J]. 矿业研究与开发，2016，36 (12)：51-55.

[171] 邢万波，周钟. 锦屏一级水电站左岸坝肩边坡的 3DEC 变形和稳定性分析与认识 [J]. 水电站设计，2010，26 (1)：8-14.

[172] 何传永，孙平，吴永平，等. 用 DDA 方法验证倾倒边坡变形的制动机制 [J]. 中国水利水电科学研究院学报，2013，11 (2)：107-111.

[173] 张国新，雷峥琦，程恒. 水对岩质边坡倾倒变形影响的 DDA 模拟 [J]. 中国水利水电科学研究院学报，2016，14 (3)：161-170.

[174] 蔡跃，三谷泰浩，江琦哲郎. 反倾层状岩体边坡稳定性的数值分析 [J]. 岩石力学与工程学报，2008，27 (12)：2517-2522.

[175] 王章琼，晏鄂川，尹晓萌，等. 层状反倾岩质边坡崩塌机理研究：以湖北鹤峰红莲

池铁矿边坡为例 [J]. 中南大学学报（自然科学版），2014，45（7）：2295-2302.
[176] 吴辉，马双科，郑娅娜. 基于离散元的某公路典型顺层边坡稳定性影响因素敏感性分析 [J]. 中外公路，2012，32（1）：70-75.
[177] LIVIERATOS E. Techniques and problems in geodetic monitoring of crustal movements at tectonically unstable regions [J]. Terrestrial and Space Techniques in Earthquake Prediction Research，1979（6）：515-530.
[178] DING X，REN D，MONTGOMERY B，et al. Automatic monitoring of slope deformations using geotechnical instruments [J]. Journal of Surveying Engineering，2000，126（2）：57-68.
[179] CALCATERRA S，CESI C，MAIO C D，et al. Surface displacements of two landslides evaluated by GPS and inclinometer systems：a case study in Southern Apennines，Italy [J]. Natural Hazards，2012，61（1）：257-266.
[180] 张华伟，王世梅，霍志涛，等. 自动位移计在树坪滑坡中的应用 [J]. 工程地质学报，2006，14（3）：401-404.
[181] SEZER E A，PRADHAN B，GOKCEOGLU C. Manifestation of an adaptive neuro-fuzzy model on landslide susceptibility mapping：Klang valley，Malaysia [J]. Expert Systems with Applications，2011，38（38）：8208-8219.
[182] OH H J，LEE S. Landslide susceptibility mapping on Panaon Island，Philippines using a geographic information system [J]. Environmental Earth Sciences，2010，62（5）：935-951.
[183] MURA J，PARADELLA W，GAMA F，et al. Monitoring of non-linear ground movement in an open pit iron mine based on an integration of advanced DIn SAR techniques using Terra SAR-X data [J]. Remote Sensing，2016，8（5）：409-426.
[184] 殷跃平，成余粮，王军，等. 汶川地震触发大光包巨型滑坡遥感研究 [J]. 工程地质学报，2011，19（5）：674-684.
[185] 鲁学军，史振春，尚伟涛，等. 滑坡高分辨率遥感多维解译方法及其应用 [J]. 中国图象图形学报，2014，19（1）：141-149.
[186] ZHANG M，CAO X，PENG L，et al. Landslide susceptibility mapping based on global and local logistic regression models in Three Gorges Reservoir area，China [J]. Environmental Earth Sciences，2016，75（11）：1-11.
[187] CÁRDENAS NY，MERA EE. Landslide susceptibility analysis using remote sensing and GIS in the western Ecuadorian Andes [J]. Natural Hazards，2016，81（3）：1829-1859.
[188] 牛颖超，周忠发，谢雅婷，等. 基于金字塔变换算法优化的遥感图像融合 [J]. 激光与光电子学进展，2017，54（1）：276-283.
[189] 金海元，徐卫亚，孟永东，等. 锦屏一级水电站左岸边坡稳定综合预报研究 [J]. 岩石力学与工程学报，2008，27（10）：2058-2063.
[190] 于玉贞，林鸿州，李广信. 边坡滑动预测的有限元分析 [J]. 岩土工程学报，2007，29（8）：1264-1267.
[191] 张振华，冯夏庭，周辉，等. 基于设计安全系数及破坏模式的边坡开挖过程动态变形监测预警方法研究 [J]. 岩土力学，2009，30（3）：603-612.